高等职业教育系列教材

低压电工上岗证技能训练

主编　杨　辉　黄邓平　王丽萍
参编　蒋勇辉　邱小群　林祖盛

机械工业出版社

本书根据原国家安全监管总局印发的《特种作业安全技术实际操作考试标准（试行）》及《特种作业安全技术实际操作考试点设备配备标准（试行）》，通过理论与实训相结合的教学方式，全面介绍了电工上岗基础知识、电力拖动控制线路、电网的组成与倒闸操作，以及电气安全的相关理论和实训操作知识。本书注重实际，强调应用，理论知识以够用为度，在实训中增加口述部分，各章有适量的习题。附录A~附录E分别为理论题库、特种作业人员安全技术培训考核管理规定、低压电工上岗证报名条件及上交资料、特种作业人员操作资格申请表和特种作业人员体检表，使读者对考证的流程和要求有充分的了解。附录F为习题参考答案，以方便广大读者学习和自测。

本书可作为中高职、中高专院校电子类和机电类专业的教材，也可供工程技术人员培训使用。

本书配有授课电子课件，需要的教师可登录www.cmpedu.com免费注册、审核通过后下载，或联系编辑索取（QQ：1239258369，电话：010-88379739）。

图书在版编目（CIP）数据

低压电工上岗证技能训练/杨辉，黄邓平，王丽萍主编．—北京：机械工业出版社，2019.6（2022.8重印）
高等职业教育系列教材
ISBN 978-7-111-62743-2

Ⅰ.①低…　Ⅱ.①杨…　②黄…　③王…　Ⅲ.①低电压—电工—高等职业教育—教材　Ⅳ.①TM08

中国版本图书馆CIP数据核字（2019）第092480号

机械工业出版社（北京市百万庄大街22号　邮政编码100037）
策划编辑：和庆娣　责任编辑：和庆娣　赵小花
责任校对：王明欣　责任印制：郜　敏
北京虎彩文化传播有限公司印刷
2022年8月第1版第7次印刷
184mm×260mm · 13印张 · 321千字
标准书号：ISBN 978-7-111-62743-2
定价：39.90元

电话服务　　　　　　　　　　　网络服务
客服电话：010-88361066　　机　工　官　网：www.cmpbook.com
　　　　　010-88379833　　机　工　官　博：weibo.com/cmp1952
　　　　　010-68326294　　金　　书　　网：www.golden-book.com
封底无防伪标均为盗版　　　机工教育服务网：www.cmpedu.com

高等职业教育系列教材
电子类专业编委会成员名单

出版说明

《国家职业教育改革实施方案》（又称“职教20条”）指出：到2022年，职业院校教学条件基本达标，一大批普通本科高等学校向应用型转变，建设50所高水平高等职业学校和150个骨干专业（群）；建成覆盖大部分行业领域、具有国际先进水平的中国职业教育标准体系；从2019年开始，在职业院校、应用型本科高校启动“学历证书+若干职业技能等级证书”制度试点（即1+X证书制度试点）工作。在此背景下，机械工业出版社组织国内80余所职业院校（其中大部分院校入选“双高”计划）的院校领导和骨干教师展开专业和课程建设研讨，以适应新时代职业教育发展要求和教学需求为目标，规划并出版了“高等职业教育系列教材”丛书。

该系列教材以岗位需求为导向，涵盖计算机、电子、自动化和机电等专业，由院校和企业合作开发，多由具有丰富教学经验和实践经验的“双师型”教师编写，并邀请专家审定大纲和审读书稿，致力于打造充分适应新时代职业教育教学模式、满足职业院校教学改革和专业建设需求、体现工学结合特点的精品化教材。

归纳起来，本系列教材具有以下特点：

1）充分体现规划性和系统性。系列教材由机械工业出版社发起，定期组织相关领域专家、院校领导、骨干教师和企业代表召开编委会年会和专业研讨会，在研究专业和课程建设的基础上，规划教材选题，审定教材大纲，组织人员编写，并经专家审核后出版。整个教材开发过程以质量为先，严谨高效，为建立高质量、高水平的专业教材体系奠定了基础。

2）工学结合，围绕学生职业技能设计教材内容和编写形式。基础课程教材在保持扎实理论基础的同时，增加实训、习题、知识拓展以及立体化配套资源；专业课程教材突出理论和实践相统一，注重以企业真实生产项目、典型工作任务、案例等为载体组织教学单元，采用项目导向、任务驱动等编写模式，强调实践性。

3）教材内容科学先进，教材编排展现力强。系列教材紧随技术和经济的发展而更新，及时将新知识、新技术、新工艺和新案例等引入教材；同时注重吸收最新的教学理念，并积极支持新专业的教材建设。教材编排注重图、文、表并茂，生动活泼，形式新颖；名称、名词、术语等均符合国家有关技术质量标准和规范。

4）注重立体化资源建设。系列教材针对部分课程特点，力求通过随书二维码等形式，将教学视频、仿真动画、案例拓展、习题试卷及解答等教学资源融入教材中，使学生的学习课上课下相结合，为高素质技能型人才的培养提供更多的教学手段。

由于我国高等职业教育改革和发展的速度很快，加之我们的水平和经验有限，因此在教材的编写和出版过程中难免出现疏漏。恳请使用本系列教材的师生及时向我们反馈相关信息，以利于我们今后不断提高教材的出版质量，为广大师生提供更多、更适用的教材。

机械工业出版社

前　言

《中华人民共和国安全生产法》规定：生产经营单位的特种作业人员必须按照国家有关规定经专门的安全作业培训，取得相应资格，方可上岗作业。为贯彻落实《特种作业人员安全技术培训考核管理规定》（国家安全监管总局令第30号）、《安全生产资格考试与证书管理暂行办法》（安监总培训〔2013〕104号）有关要求，规范特种作业安全技术实际操作考试，原国家安全监管总局组织制定了《特种作业安全技术实际操作考试标准（试行）》和《特种作业安全技术实际操作考试点设备配备标准（试行）》。为了进一步做好低压电工特种作业安全技术实际操作培训和考试工作，特编写了本书。

本书根据低压电工作业安全技术培训大纲及考核标准编写，考试方式主要有实际操作、仿真模拟操作和口述。本书全面介绍了取得低压电工上岗证所需的内容。第1章　电工上岗基础知识，主要内容有电工基本知识、交直流电路、电磁知识、电子技术常识等，实训有电工仪表安全使用和电工安全用具使用。第2章　电力拖动控制线路，主要内容有低压电网常用设备、常用电气图形符号和电气图形符号标准，实训有导线的连接，电动机单向连续运转接线（带点动控制），三相异步电动机正反运行的接线及安全操作，单相电能表带照明灯的安装及接线，以及带熔断器（断路器）、仪表、电流互感器的电动机运行控制电路接线。第3章　电网的组成与倒闸操作，主要内容有电网的组成、倒闸操作与接地系统等，实训有判断作业现场存在的安全风险、职业危害，以及结合实际工作任务，排除作业现场存在的安全风险、职业危害。第4章　电气安全，主要内容有触电伤害与急救、防止直接触电措施、防止间接触电措施、电气四防措施和电工操作安全等，实训有触电事故现场的应急处理、单人徒手心肺复苏操作、电工安全标示的辨识、灭火器的选择和使用。

本书在兼顾理论知识的同时，注重实际，强调应用。为了方便教学，各章有考试要点及适量的习题，附录有题库、各类相关表格以及习题参考答案等。本书可作为中高职、中高专院校电子类和机电类专业的教材，也可供工程技术人员培训使用。

本书由杨辉（珠海城市职业技术学院）、黄邓平（珠海城市职业技术学院）、王丽萍（珠海市技师学院）主编，蒋勇辉（珠海市技师学院）、邱小群（珠海城市职业技术学院）、林祖盛（珠海市技师学院）参编，全书由杨辉负责组织、统稿。此外珠海市共创职业培训学校李恩海、姚国付和袁朝添老师给予了指导和大力支持，在此表示感谢！

因编者水平有限，书中难免有疏漏之处，恳请读者批评指正。

编　者

目　录

第1章　电工上岗基础知识

电能已成为现代化建设、人民生活离不开的能源，电气安全就显得尤为重要。国家规定从事低压电工的工作人员取得电工上岗证才能作业，对电工上岗基础知识的熟练掌握有利于避免事故的发生和危害，保护设备安全以及人身安全。

电工上岗的基础知识主要分为理论与实操两部分。其中，理论包括：电工基础知识、交直流电路、电磁感应、电子技术常识等；实训包括电工仪表安全使用和电工安全用具使用。

1.1　电工基本知识

1.1.1　基本概念

1. 电流

电流的形成：电荷的定向移动形成电流，移动的电荷又称载流子。

电流的方向：习惯上规定正电荷移动的方向为电流的方向，因此电流的方向实际上与电子移动的方向相反。

电流的大小：常用电流强度来表示。电流强度指单位时间内通过导体横截面的电荷量，其习惯上又常被简称为电流。

若电流的方向不随时间变化，则称其为直流电流。其中，电流大小和方向都不随时间变化的电流称为恒定电流，简称直流，用符号 DC 表示；电流大小随时间呈周期性变化，但方向不变的电流，称为脉动电流。若电流的大小和方向都随时间变化，则称其为变动电流，其中电流的大小和方向呈周期性变化，且一个周期内电流平均值为零的变动电流，称为交变电流，简称交流，用符号 AC 表示。

直流的电流强度用符号 I 表示，交流的电流强度用符号 i 来表示。电流的单位是安培（A），另外，常用单位还有 kA、mA、μA。

在分析和计算较为复杂的直流电路时，经常会遇到某一电流的实际方向难以确定的问题，这时可先任意假定电流的参考方向，然后根据电流的参考方向列方程求解。如果计算结果 $I > 0$，表明电流的实际方向与参考方向相同；如果计算结果 $I < 0$，表明电流的实际方向与参考方向相反。

2. 电阻

电阻（R）表示物体对电流阻碍作用的大小，它是物体本身的一种性质，单位为欧姆，用 Ω 表示。它的大小决定于导体的材料、长度（l）和横截面积（s），可按下式计算：

$$R = \rho \frac{l}{s} \tag{1-1}$$

式中，ρ 称为材料的电阻率，电阻率的大小反映了物体的导电能力。

电阻率小、容易导电的物体称为导体；电阻率大、不容易导电的物体称为绝缘体；导电能力介于导体和绝缘体之间的物体称为半导体。

在具有固定阻值的金属材料等物体两端接上导线就构成了电阻器。常见电阻器的图形符号见表 1-1。

表 1-1　常见电阻器的图形符号

固定电阻器	可调电阻器	预调电阻器	电位器

3. 电压

电场力将单位正电荷从 a 点移到 b 点所做的功，称为 a、b 两点间的电压，用 U_{ab} 表示。电压的单位是伏特，简称伏，用 V 表示。常用电压单位还有 mV、kV 等。

4. 电位

电路中某一点与参考点之间的电压即为该点的电位，一般以“地”作为零电位。电位就如水位，若以地面为参考，可得出水位的高度。

电路中任意两点之间的电位差就等于这两点之间的电压，即 $U_{ab} = U_a - U_b$，故电压又称电位差。

注意：电路中某点的电位与参考点的选择有关，但两点间的电位差（电压）与参考点的选择无关。

5. 电动势

电源将正电荷从电源负极经电源内部移到正极的能力用电动势表示，电动势的符号为 E，单位为 V。

电动势的方向规定为在电源内部由负极指向正极。

对于一个电源来说，既有电动势，又有端电压。电动势只存在于电源内部；而端电压则是电源加在外电路两端的电压，其方向由正极指向负极。

6. 欧姆定律

部分电路欧姆定律：导体中的电流，与导体两端的电压成正比，与导体的电阻成反比。

$$I = \frac{U}{R} \tag{1-2}$$

全电路欧姆定律：闭合电路中的电流与电源的电动势成正比，与电路的总电阻（内电路电阻（r）与外电路电阻（R）之和）成反比。欧姆定律电路图如图 1-1 所示。

$$I = \frac{E}{R + r} \tag{1-3}$$

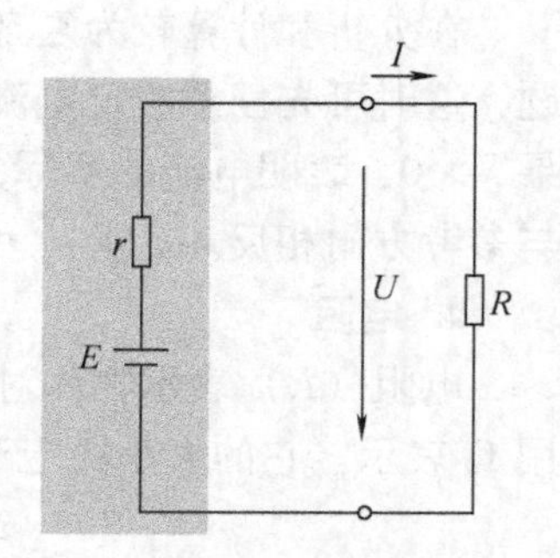

图 1-1　欧姆定律电路图

7. 电功

电流所做的功，简称电功（即消耗的电能），用字母 W 表示。

电流在一段电路上所做的功等于这段电路两端的电压 U、电路中的电流 I 和通电时间 t 三者的乘积，即

$$W = UIt \tag{1-4}$$

式中，W、U、I、t 的单位分别为 J、V、A、s。

8. 电功率

电流在单位时间内所做的功称为电功率，用字母 P 表示，单位为瓦特，简称瓦，用 W 表示。常用单位还有 kW、MW。

$$P = \frac{W}{t} = UI \tag{1-5}$$

对于纯电阻电路，上式还可以写为

$$P = I^2R \quad 或 \quad P = \frac{U^2}{R} \tag{1-6}$$

另外，电能的另一个常用单位是千瓦时（kW · h），即通常所说的 1 度电，它和焦耳 J 的换算关系为

$$1\text{kW} \cdot \text{h} = 3.6 \times 10^6\text{J}$$

9. 电流的热效应

电流通过导体时使导体发热的现象叫电流的热效应。

电流与它流过导体时所产生的热量之间的关系可用式 $Q = I^2Rt$ 表示，Q 的单位是 J，这种热也称焦耳热。

10. 负载的额定值

电气设备安全工作时所允许的最大电流、最大电压和最大功率分别称为它们的额定电流、额定电压和额定功率。

电气设备在额定功率下的工作状态称为额定工作状态，也称满载；低于额定功率的工作状态称为轻载；高于额定功率的工作状态称为过载或超载。

1.1.2 电路的构成

电路即电流流过的路径。

电路的基本组成：电源、负载、开关、连接导线，如图 1-2 所示。

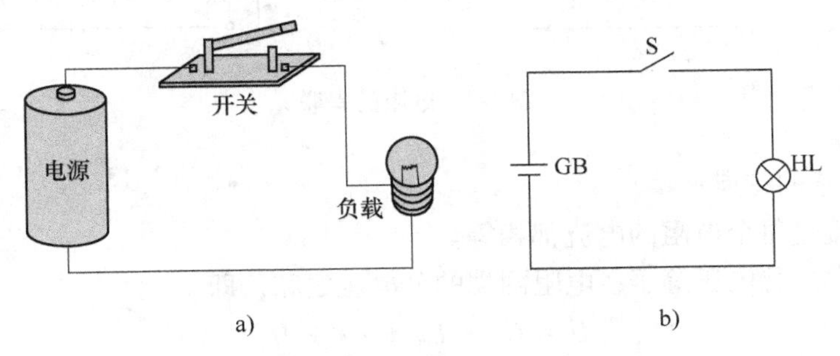

图 1-2 电路的构成

a）实物图 b）电路图

电路的主要作用：一是用于电能的传输、分配和转换；二是可以实现电信号的产生、传递和处理。

1.1.3 电路的状态

电路的 3 种状态是通路、开路（断路）、短路，如图 1-3 所示。

1. 通路

开关 SA 接到位置“3”时，电路处于通路状态。电路中电流为

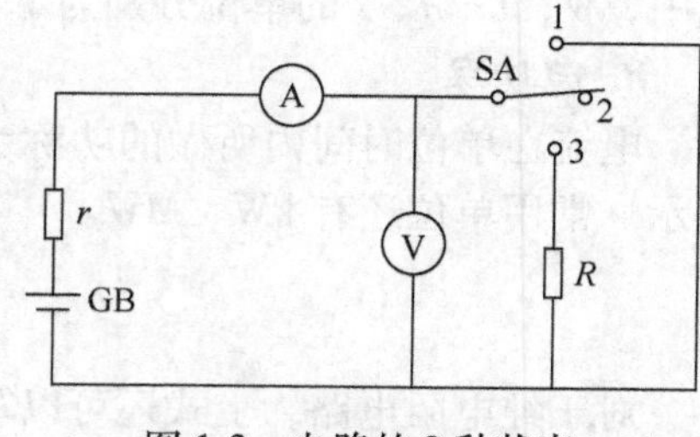

图 1-3　电路的 3 种状态

$$I=\frac{E}{R+r} \tag{1-7}$$

端电压与输出电流的关系为

$$U_{外}=E-U_{内}=E-Ir \tag{1-8}$$

2. 开路（断路）

开关 SA 接到位置“2”时，电路处于开路状态。此时 $I=0$，$U_{内}=Ir=0$，$U_{外}=E-Ir=E$。

即：电源的开路电压等于电源电动势。

3. 短路

开关 SA 接到位置“1”时，相当于电源两极被导线直接相连。电路中短路电流为

$$I_{短}=E/r \tag{1-9}$$

由于电源内阻一般都很小，所以短路电流极大。

此时电源对外输出电压

$$U=E-I_{短}r=0 \tag{1-10}$$

1.1.4　电阻元件及电阻的串联与并联

1. 串联

把多个元器件逐个顺次连接起来，就组成了串联电路。电阻的串联如图 1-4 所示。

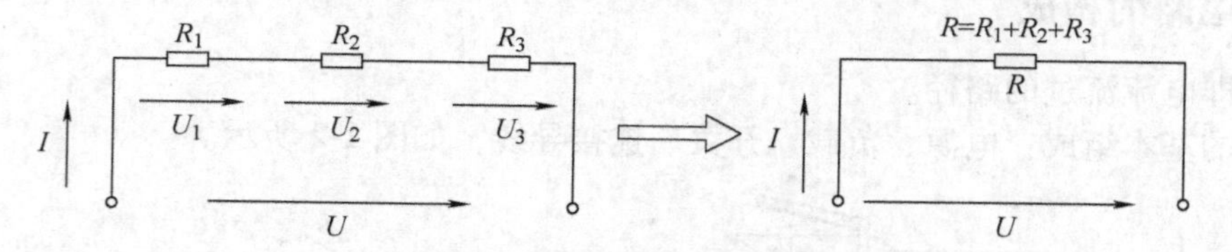

图 1-4　电阻的串联

电阻串联电路的特点：

1）电路中流过每个电阻的电流都相等。

2）电路两端的总电压等于各电阻两端的分电压之和，即

$$U=U_1+U_2+\cdots+U_n \tag{1-11}$$

3）电路的等效电阻（即总电阻）等于各串联电阻之和，即

$$R=R_1+R_2+\cdots+R_n \tag{1-12}$$

4）电路中各个电阻两端的电压与它的阻值成正比，即阻值越大的电阻分配到的电压越大，反之电压越小。

2. 并联

把多个元器件逐个头和头、尾和尾相连，就组成了并联电路。电阻的并联如图 1-5 所示。

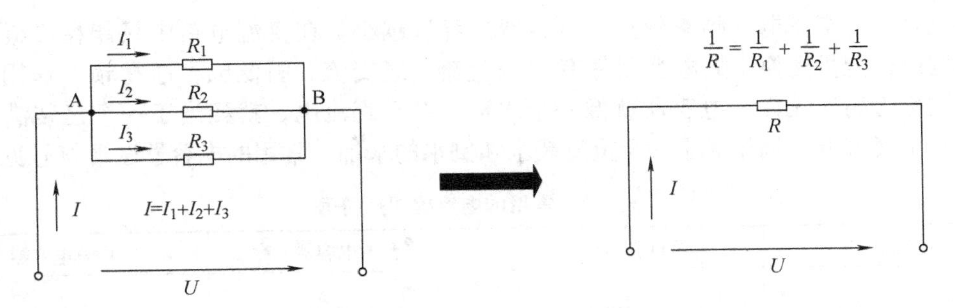

图 1-5　电阻的并联

电阻并联电路的特点：

1）电路中每个电阻的端电压都相等。

2）电路中电流的总电流等于各电阻的分电流之和，即

$$I = I_1 + I_2 + \cdots + I_n \tag{1-13}$$

3）电路的等效电阻（即总电阻）倒数等于各并联电阻倒数之和，即

$$\frac{1}{R} = \frac{1}{R_1} + \frac{1}{R_2} + \cdots + \frac{1}{R_n} \tag{1-14}$$

4）电路中各个电阻的电流与它的阻值反正比，即阻值越大的电阻分配到的电流越小，反之电流越大。

注意：大部分的电器设备都是并联工作状态，如图 1-6 所示。

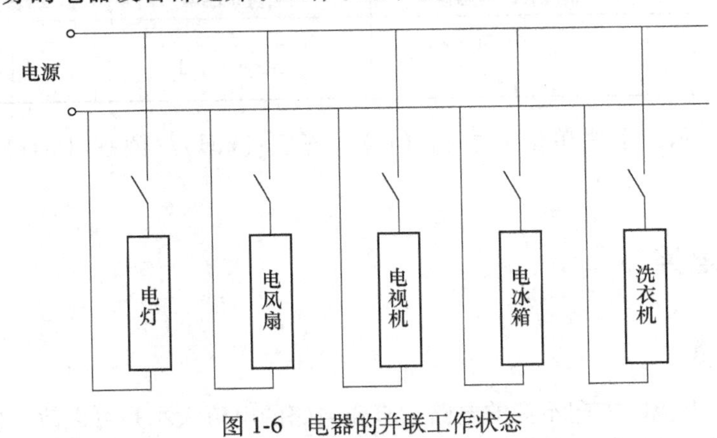

图 1-6　电器的并联工作状态

1.1.5　电容与电感

1. 电容

电容是电容器的参数。电容器是一种能存储电荷的元件，电容元件是电容器的理想化模型，是反映电场储能性质的电路参数。其由两块金属电极之间夹一层绝缘电介质构成。当在两金属电极间加上电压时，电极上就会存储电荷，电荷越多，板极间电压越大。电容元件不消耗电能，它在交流电路中与电源之间不停地进行电能与电场能的转换。转换产生的电流所做的功称为无功。电容元件对交流电流有阻碍作用，称为容抗（X_C），电容器的电容量越

大，容抗越小，交流电的频率越高，电容器的容抗越小。在直流电路中只能在极板积聚电荷，不能进行能量交换。故电容元件有“隔直流，通交流，阻低频，通高频”作用，因此电容也被称为高通元件。电容器就像一个水桶，对于直流电，就相当于一个已装满水的水桶；而对于交流电，就相当于一个重复装水和倒水的水桶。常用的电容器图形符号见表 1-2。

表 1-2　常用的电容器图形符号

电容器	可调电容器	预调电容器	电解电容器
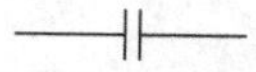			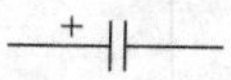 +

电容用 C 来表示，常用单位有法拉（F）、微法（μF）、皮法（pF）。$1\text{F}=10^6\mu\text{F}$，$1\mu\text{F}=10^6\text{pF}$。

2. 电感

电感是电感器的参数。电感器是能够把电能转化为磁能而存储起来的元件。电感器具有一定的电感，它阻碍电流变化的作用，称为感抗（X_L），线圈的自感系数越大，感抗就越大，交流电的频率越高，线圈的感抗也越大。电感元件在直流电路中感抗为 0，对直流电流基本无阻碍作用，因此电感元件有“通直流，阻交流，通低频，阻高频”的作用，所以也被称为低通元件。常用的电感器图形符号见表 1-3。

表 1-3　常用的电感器图形符号

电感器	带磁心的电感器	可变电感器	带固定抽头的电感器
	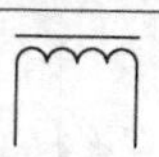	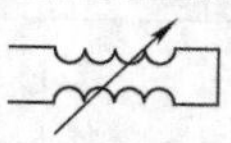	

电感用 L 来表示，常用单位有亨利（H）、毫亨（mH）、微亨（μH），$1\text{H}=10^3\text{mH}=10^6\mu\text{H}$。

1.2　交直流电路

1.2.1　直流电路

直流电路就是电流的方向不变的电路，直流电路的电流大小是可以改变的。大小方向都不变的电流称为恒定电流，如图 1-7 所示。

直流电流只会在电路闭合时流通，而在电路断开时将完全停止流动。在电源外，正电荷经电阻从高电位处流向低电位处；在电源内，靠电源的非静电力作用，克服静电力，正电荷又被从低电位处“搬运”到达高电位处，如此循环，构成闭合的电流线。所以，在直流电路中，电源的作用是提供不随时间变化的恒定电动势，为在电阻上消耗的焦耳热补充能量。如用干电池的手电筒，就构成一个直流电路。一般来说，把干电池、蓄电池当作电源的电路就可以看作直流电路，此外，把市电经过变压、整流

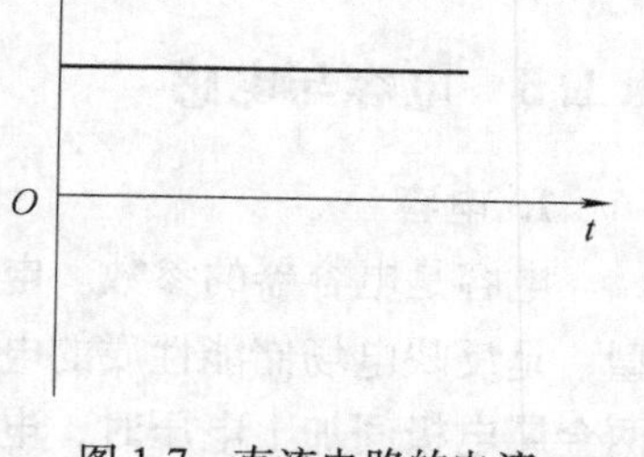

图 1-7　直流电路的电流

之后，作为电源而构成的电路，也是直流电路。普遍的低压电器都是采用直流供电，特别是由电池供电的电器。

在直流闭合电路中（如图 1-1 所示），端电压（U）的变化规律是：用电设备电阻变大，电路电流就会变小，端电压增大；反之，用电设备电阻变小，电路电流就会变大，端电压减小。因此，当用电设备完全断开时，即开路状态，用电设备电阻（R）为无穷大，电路电流 I 为 0，此时端电压等于电源电动势（$U=E$）。当电路发生短路时，用电设备电阻（R）趋近于 0，端电压 U 也趋近于 0，此时有 $I=E/r$，由于电源内阻（r）很小，电路中的电流 I 将非常大，会造成电源损坏，甚至引起火灾。

1.2.2 交流电路

1. 交流电

交流电与直流电的根本区别是：直流电的方向不随时间的变化而变化，交流电的方向则随时间的变化而变化。交流电是交变电动势、交变电压和交变电流的总称。交流电又可分为正弦交流电和非正弦交流电。正弦交流电的电压（或电流、电动势）大小和方向按正弦规律变化。非正弦交流电的电压（或电流、电动势）随着时间不按正弦规律变化，但可分解为一系列正弦交流电叠加合成的结果。本章只分析正弦交流电。常见的交流电波形如图 1-8 所示。

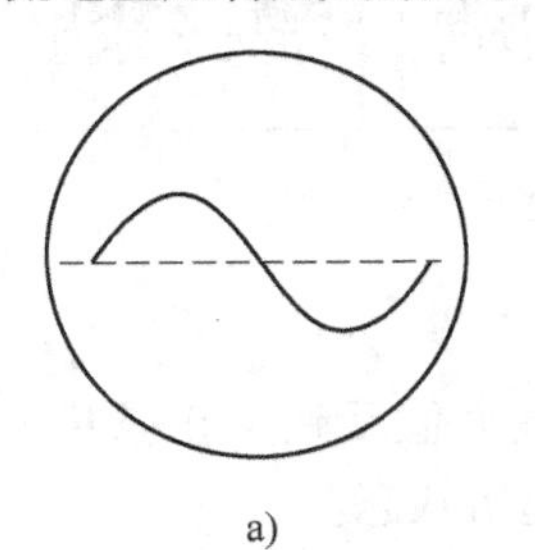
a)

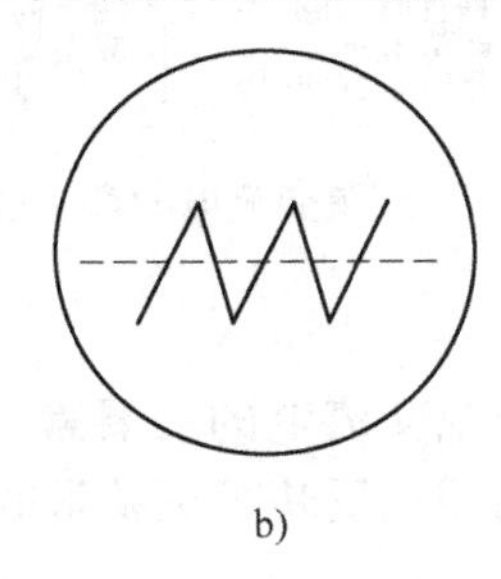
b)

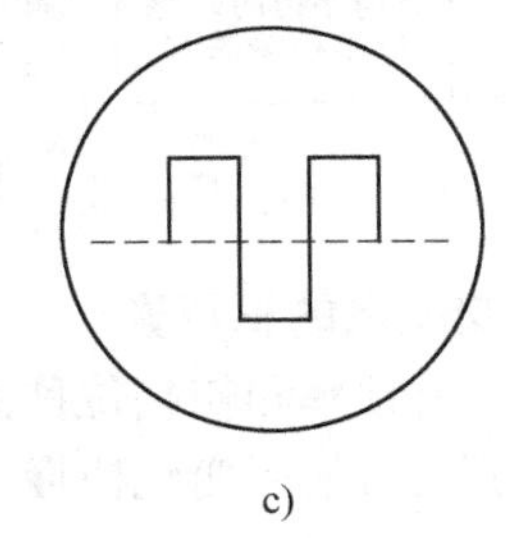
c)

图 1-8 常见的交流电波形
a）正弦波 b）三角波 c）方波

2. 正弦交流电的产生

正弦交流电可以由交流发电机提供，也可由振荡器产生。交流发电机主要是提供电能，振荡器主要是产生各种交流信号。正弦交流电的产生过程如图 1-9 所示。

正弦交流电动势的瞬时值表达式（也称解析式）为 $e = E_m \sin\omega t$，E_m 为电动势幅值。正弦交流电压、电流等表达式与此相似。

3. 正弦交流电的最大值、有效值和平均值

最大值：正弦交流电在一个周期所能达到的最大瞬时值，又称峰值、幅值。最大值用大写字母加下标 m 表示，如 E_m、U_m、I_m。

有效值：加在同样阻值的电阻上，在相同的时间内产生与交流电作用下相等的热量的直流电的大小。有效值用大写字母表示，如 E、U、I。

正弦交流电的有效值和最大值之间有如下关系

$$有效值 = \frac{1}{\sqrt{2}} \times 最大值 \approx 0.707 \times 最大值 \tag{1-15}$$

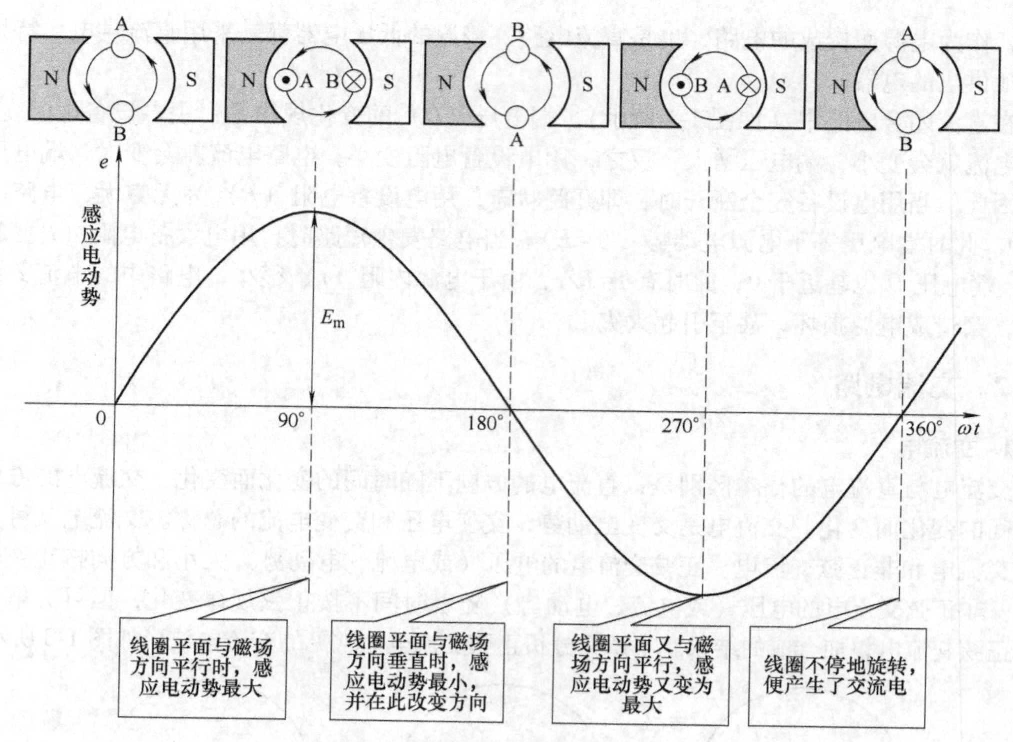

图 1-9　正弦交流电的产生过程

4. 正弦交流电的三要素

最大值、角频率和初相位称为正弦交流电的三要素。最大值反映了正弦量的变化范围，角频率反映了正弦量的变化快慢，初相位反映了正弦量的起始状态。

5. 简单正弦交流电路

简单的正弦交流电路分为纯电阻交流电路、纯电容电路和纯电感交流电路三种。

（1）纯电阻交流电路

交流电路中如果只考虑电阻的作用，这种电路称为纯电阻电路。白炽灯、卤钨灯、电暖器、工业电阻炉等都可近似地看作纯电阻电路。在这些电路中，当外电压一定时，影响电流大小的主要因素是电阻 R。

由图 1-10 可知，在正弦电压的作用下，电阻中通过的电流也是一个同频率的正弦交流电流，且与加在电阻两端的电压同相位。在纯电阻电路中，电流与电压的瞬时值、最大值、有效值都符合欧姆定律。

（2）纯电感交流电路

由电阻很小的电感线圈组成的交流电路，可

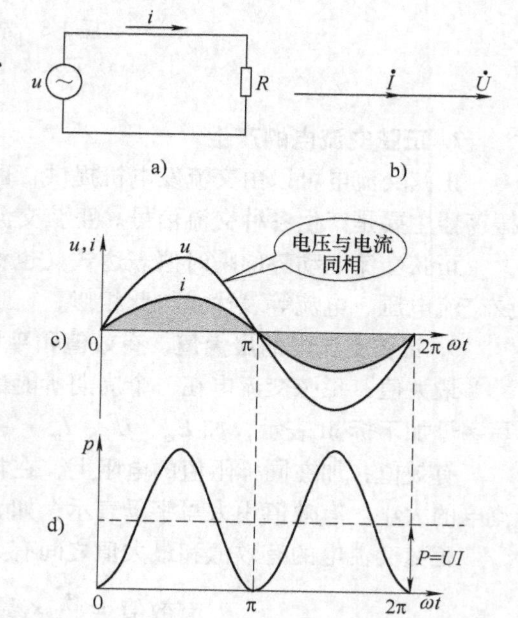

图 1-10　纯电阻交流电路的电压、电流和功率

以近似地看作纯电感电路。

由图 1-11 可知，电压比电流超前 90°，即电流比电压滞后 90°。瞬时功率在一个周期内有时为正值，有时为负值。瞬时功率为正值，说明电感从电源吸收能量转换为磁场能存储起来；瞬时功率为负值，说明电感又将磁场能转换为电能返还给电源。

瞬时功率在一个周期内吸收的能量与释放的能量相等。也就是说纯电感电路不消耗能量，它是一种储能元件。

通常用瞬时功率的最大值来反映电感与电源之间转换能量的规模，称为无功功率，用 Q_L 表示，单位名称是乏，符号为 var。无功功率并不是“无用功率”，“无功”两字的实质是指元件间发生了能量的互逆转换，而元件本身没有消耗电能。实际上许多具有电感性质的电动机、变压器等设备都是根据电磁转换原理利用“无用功率”而工作的。

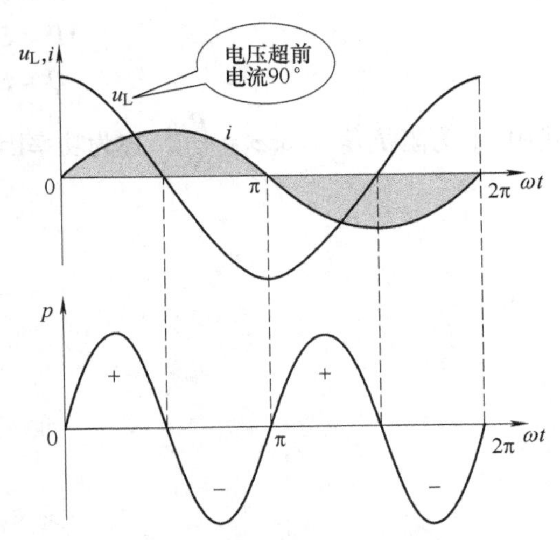

图 1-11　纯电感交流电路的电压、电流和功率

（3）纯电容交流电路

把电容器接到交流电源上，如果电容器的电阻和分布电感可以忽略不计，可以把这种电路近似地看作纯电容电路。

由图 1-12 可知，纯电容电路中，电压比电流滞后 90°，即电流比电压超前 90°。电容也是储能元件。瞬时功率为正值，电容从电源吸收能量转换为电场能存储起来；瞬时功率为负值，电容将电场能转换为电能返还给电源。纯电容电路不消耗功率，平均功率为零。

在实际应用中，除利用电容器“通交隔直”的特性将其作为隔直电容（隔开直流信号）以外，亦可利用“通高频，阻低频”的特性将其作为旁路电容器。隔直电容器的电容量一般较大，旁路电容器的电容量一般较小。

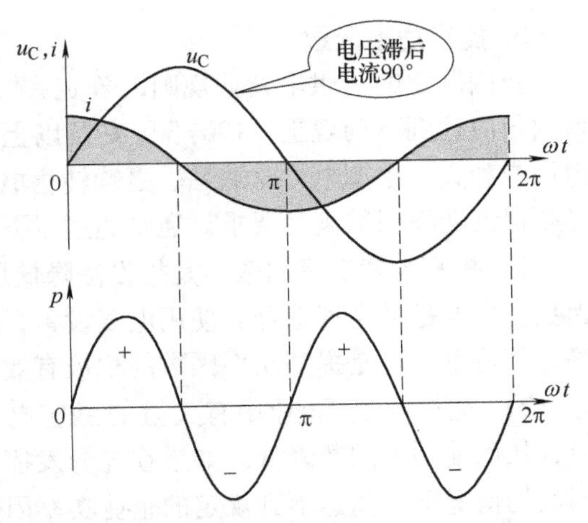

图 1-12　纯电容交流电路的电压、电流和功率

1.2.3　功率因数

1. 电压三角形、阻抗三角形和功率三角形

电压三角形、阻抗三角形和功率三角形如图 1-13 所示。

2. 功率因数

电压与电流有效值的乘积称为视在功率，用 S 表示，单位为伏安（VA）。视在功率并不代表电路中消耗的功率，它常用于表示电源设备的容量。视在功率 S 与有功功率 P 和无功功率 Q 的关系为

$$\left.\begin{aligned}S &= \sqrt{P^2 + Q^2} \\ P &= S\cos\varphi \\ Q &= S\sin\varphi\end{aligned}\right\} \tag{1-16}$$

式中，φ 为阻抗角，$\cos\varphi = \dfrac{P}{S}$，称为功率因数，它表示电源功率被利用的程度。

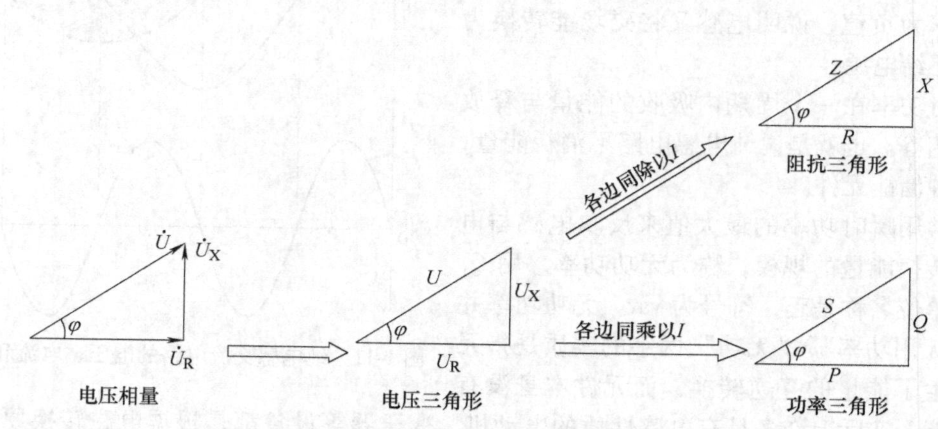

图 1-13　电压三角形、阻抗三角形和功率三角形

3. 提高功率因数

我国制定的《供电营业规则》规定："用户在当地供电企业规定的电网高峰负荷时的功率因数应达到下列规定：100 千伏安及以上高压供电的用户功率因数为 0.90 以上。其他电力用户和大、中型电力排灌站、趸购转售电企业，功率因数为 0.85 以上。"因此，电力用户必须保证功率因数满足要求。通常通过以下方式来提高功率因数。

1）提高自然功率因数。是指设法降低用电设备本身所需的无功功率，从而改善其功率因数。主要是从合理选择和使用电气设备，改善它们的运行方式以及提高对它们的检修质量等方面着手。这是提高功率因数的积极有效的方法。

2）人工补偿。企业中有大量的感应电动机、电焊机、电弧炉及气体放电灯等感性负荷，从而使功率因数降低。如果在充分发挥设备潜力、改善设备运行性能、提高其自然功率因数的情况下，尚达不到规定的企业功率因数要求，则需考虑人工补偿，并联电容器。补偿方式主要有集中补偿、分散补偿、个别补偿三种。

并联电容器作为提高功率因数的手段也有其缺点：使用寿命短，损坏后难以修复；其无功出力与电压的二次方成正比，这样，当系统电压降低时，就需要更多的无功功率进行补偿以提高系统的电压，而电容器却因电压低而降低了无功出力；反之，若系统不需要补偿时，电容器仍然作为无功装置向电网补偿，使负载电压过分地提高。这些都是不利的因素。

1.2.4　三相交流电

1. 三相交流电动势的产生

如图 1-14 所示，三相绕组始端分别用 U_1、V_1、W_1 表示，末端用 U_2、V_2、W_2 表示，分别称为 U 相、V 相、W 相。发电机的三根引出线及配电站的三根电源线分别以黄、绿、红三种颜色为标志。三个绕组在空间位置上彼此相隔 120°。转子在原动机带动下以角速度 ω 作逆时针匀速转动时，三相定子绕组依次切割磁感线，产生三个对称的正弦交流电动势。三相交流电动势的瞬时值及相量如图 1-15 所示。

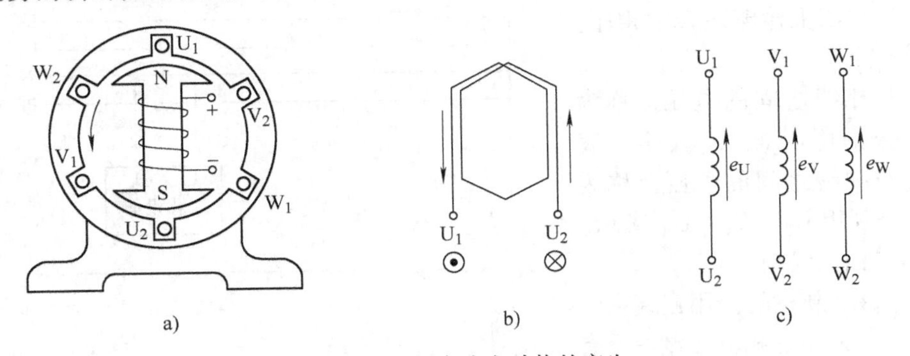

图 1-14　三相交流电动势的产生

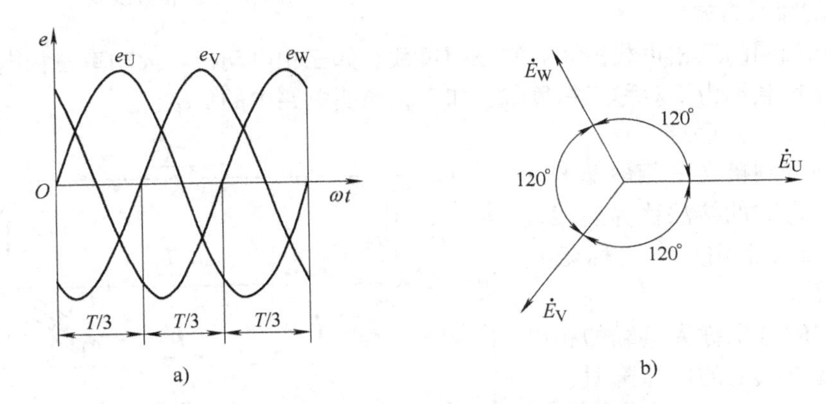

图 1-15　三相交流电动势的瞬时值及相量

2. 电源的接线方式

（1）三相四线制

三相四线制是把发电机三个线圈的末端连接在一起，成为一个公共端点（称为中性点），如图 1-16a 所示。

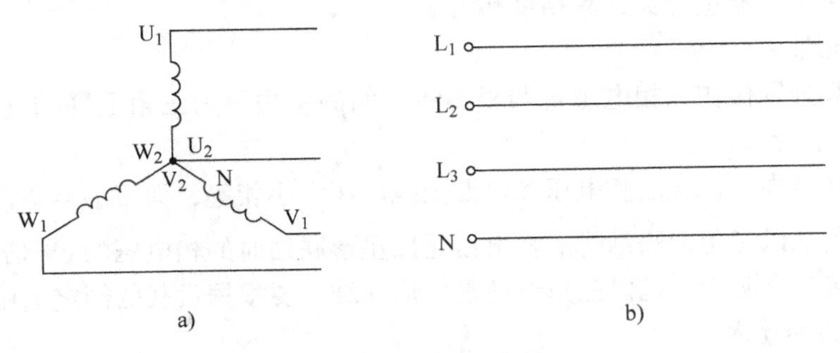

图 1-16　三相四线制

从中性点引出的线称为中性线，简称中线，在单相电路中又被称为零线。零线或中线所用导线一般用淡蓝色表示。从三个线圈始端引出的输电线称为相线或端线，俗称火线。有时为了简便，常不画发电机的线圈连接方式，只画四根输电线表示相序，如图 1-16b 所示。

相线与相线之间的电压，称为线电压，分别用 U_{UV}、U_{VW}、U_{WV} 表示。相线与中线之间的电压，称为相电压，分别用 U_U、U_V、U_W 表示。

（2）三相五线制

目前，许多新建的民用建筑在配电布线时，已采用三相五线制，设有专门的保护零线。如图 1-17 所示。

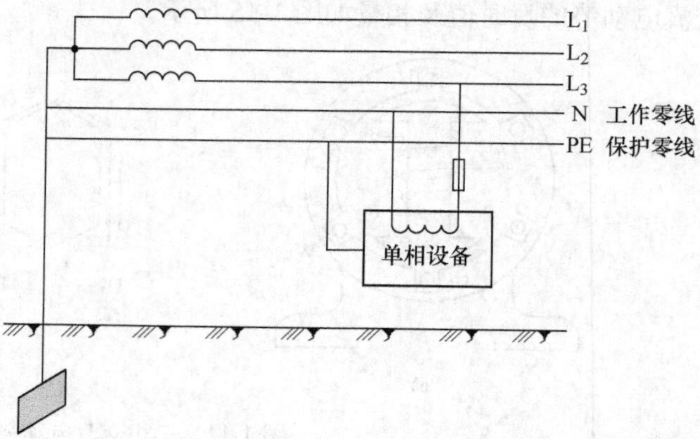

图 1-17　三相五线制

3. 负载的接线方式

各相负载相同的三相负载称为对称三相负载，如三相电动机、大功率三相电路。各相负载不同的三相负载称为不对称三相负载，如三相照明电路中的负载。

（1）星形（Y）联结

三相负载分别接在三相电源的一根相线和中线之间的接法称为三相负载的星形联结（常用“Y”标记），如图 1-18 所示。

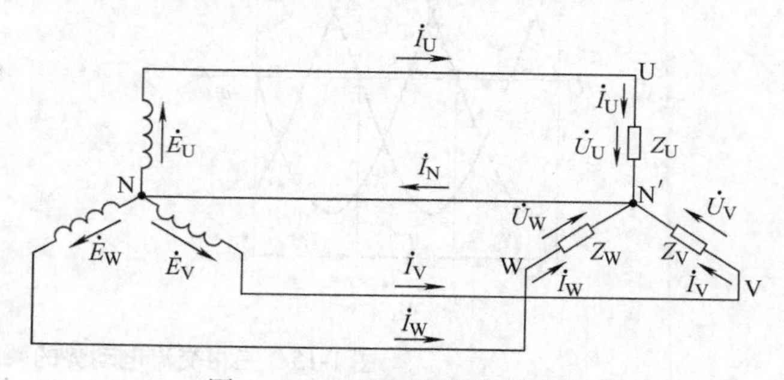

图 1-18　三相负载的星形联结

负载两端的电压称为负载的相电压。在忽略输电线上的电压降时，负载的相电压就等于电源的相电压，电源的线电压为负载相电压的 $\sqrt{3}$ 倍。流过每相负载的电流称为相电流，流过每根相线的电流称为线电流，相电流与线电流大小相等。

负载星形联结时，中线电流为各相电流的相量和。在三相对称电路中，由于各相负载对称，所以流过三相电流也对称，其相量和为零。

（2）三角形联结

把三相负载分别接在三相电源每两根相线之间的接法称为三角形联结（常用“△”标记），如图 1-19 所示。

在三角形联结中，负载的相电压和电源的线电压大小相等，即 $U_{相\triangle} = U_{线\triangle}$。

三相对称负载以三角形联结时的相电压是以星形联结时的相电压的 $\sqrt{3}$ 倍。

三相负载接到电源中，是以三角形还是星形联结，要根据负载的额定电压而定。

4. 三相负载的功率

在三相交流电源中，三相负载消耗的总功率为各相负载消耗的功率之和，即

$$P = P_U + P_V + P_W \tag{1-17}$$

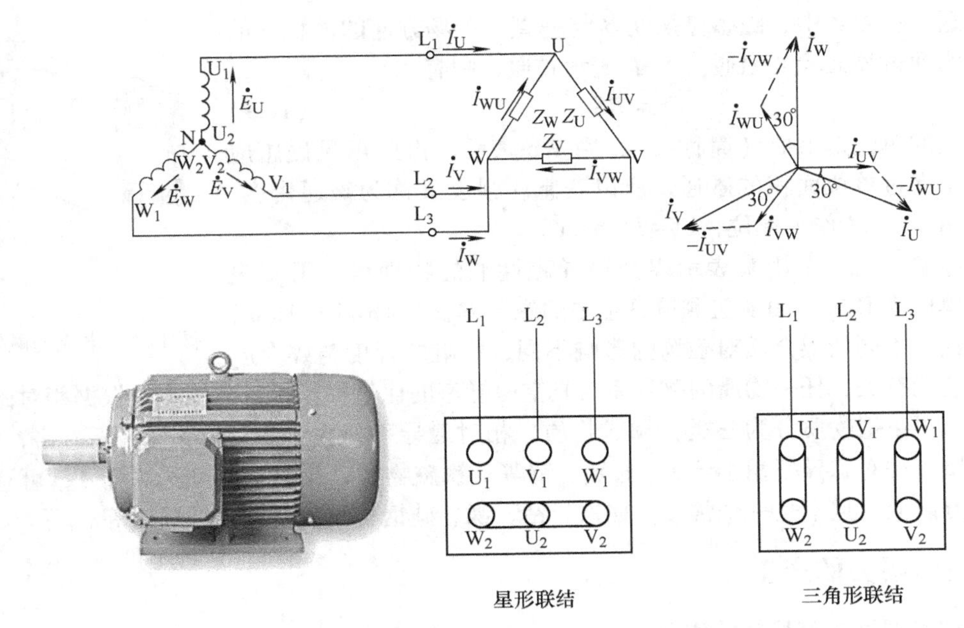

图 1-19　三相异步电动机及其联结方式

在对称三相电路中，$P = 3U_{相} I_{相} \cos\varphi = 3P_{相}$。

三相对称负载不论是连成星形还是连成三角形，其总的有功功率均为

$$P = \sqrt{3} U_{线} I_{线} \cos\varphi \tag{1-18}$$

式中，φ 为负载相电压与相电流之间的相位差。

1.3　电磁知识

某些物体能够吸引铁、镍、钴等物质的性质称为磁性。具有磁性的物体称为磁体，磁体分天然磁体和人造磁体两大类。磁体两端磁性最强的部分称磁极，指北的磁极称北极（N），指南的磁极称南极（S）。任何磁体都具有两个磁极，而且无论把磁体怎样分割总保持有两个异性磁极。磁极之间的作用力通过磁场进行传递。

当两个磁极靠近时，它们之间也会产生相互作用的力：同名磁极相互排斥，异名磁极相互吸引。

1.3.1　磁场的产生

在磁体周围的空间中存在着一种特殊的物质——磁场。不仅磁铁能产生磁场，电流也能产生磁场，这种现象称为电流的磁效应，如图 1-20 所示。

磁感应强度：在磁场中，垂直于磁场方向的通电导线，所受电磁力 F 与电流 I 和导线长度 l 的乘积 Il 的比值称为该处的磁感应强度，用 B 表示。磁感应强度的单位是特斯拉，简称特，用符号 T 表示。磁感应强度是有方向的，它的方向就是该点的磁场的方向。磁感线的疏密程度可以大致反映磁感应强度的大小。在同一个磁场的磁感线分布图上，磁感线越密的地方，磁感应强度越大，磁场越强。

磁通：在磁场中，磁感应强度 B 与垂直于磁场方向的面积 S 的乘积称为通过该面积的磁通。用 Φ 表示磁通，则有

$$\Phi = BS \tag{1-19}$$

磁通的单位是韦伯（简称韦），用 Wb 表示。由此可见磁感应强度等于穿过单位面积的磁通，所以磁感应强度又称为磁通密度，并且可用 Wb/m^2 作为单位，$1T = 1Wb/m^2$。

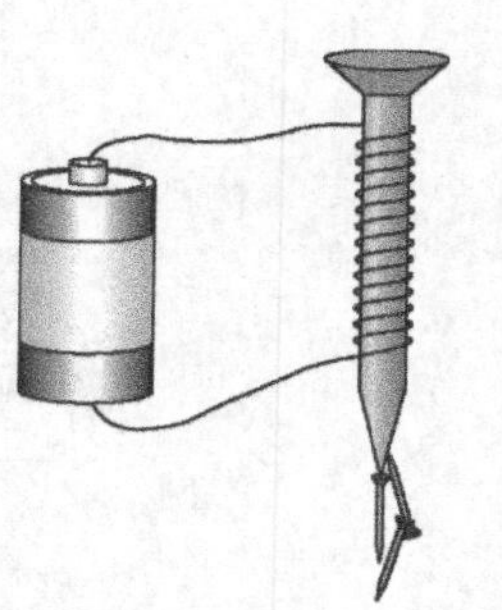

磁导率：是一个用来表示媒介质导磁性能的物理量，用 μ 表示，其单位为 H/m。由实验测得真空中的磁导率 $\mu_0 = 4\pi \times 10^{-7}$ H/m，为一常数。不同的媒介质对磁场的影响不同，影响的程度与媒介质的导磁性能有关，任一物质的磁导率与真空磁导率的比值称作相对磁导率。根据相对磁导率的大小，可以把物质分为三类：顺磁物质，相对磁导率稍大于 1，如空气、铝、铬、铂等；反磁物质，相对磁导率稍小于 1，如氢、铜等；铁磁物质，相对磁导率远大于 1，可达几百甚至数万以上，且不是一个常数，如铁、钴、镍、硅钢、坡莫合金、铁氧体等。

图 1-20　电流的磁效应

1.3.2　磁场力的产生

1. 磁场对通电直导体的作用

通常把通电导体在磁场中受到的力称为电磁力，也称安培力。通电直导体在磁场内的受力方向可用左手定则来判断。

把一段通电导线放入磁场中，当电流方向与磁场方向垂直时，导线所受的电磁力最大。利用磁感应强度的表达式 $B = F/Il$，可得电磁力的计算式为

$$F = BIl \tag{1-20}$$

2. 通电平行直导线间的作用

两条相距较近且相互平行的直导线，当通以相同方向的电流时，它们相互吸引（见图 1-21a）；当通以相反方向的电流时，它们相互排斥（见图 1-21b）。

3. 磁场对通电线圈的作用

磁场对通电矩形线圈的作用是电动机旋转的基本原理。

在均匀磁场中放入一个线圈，当给线圈通入电流时，它就会在电磁力的作用下旋转起来，如图 1-22 所示。

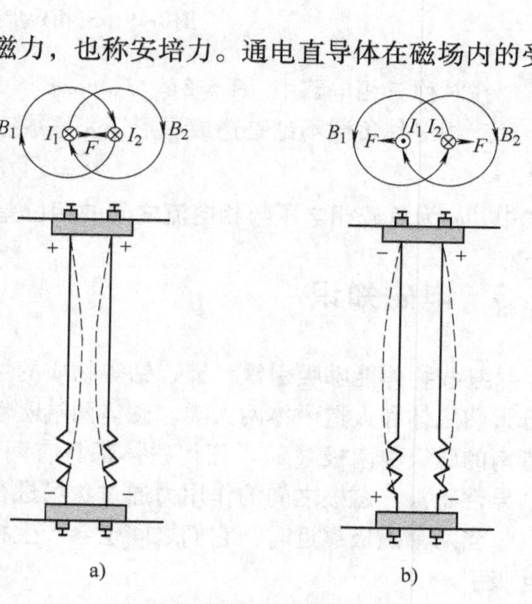

图 1-21　通电平行直导线间的作用

a）同向相吸　b）反向相斥

1.3.3　电磁感应

利用磁场产生电流的现象称为电磁感应现象，产生的电流称为感应电流，产生感应电流的电动势称为感应电动势。

1. 楞次定律

在线圈回路中产生感应电动势和感应电流的原因是磁铁的插入和拔出导致线圈中的磁通

发生了变化，如图 1-23 所示。

楞次定律指出了磁通的变化与感应电动势在方向上的关系，即：感应电流产生的磁通总是阻碍原磁通的变化。

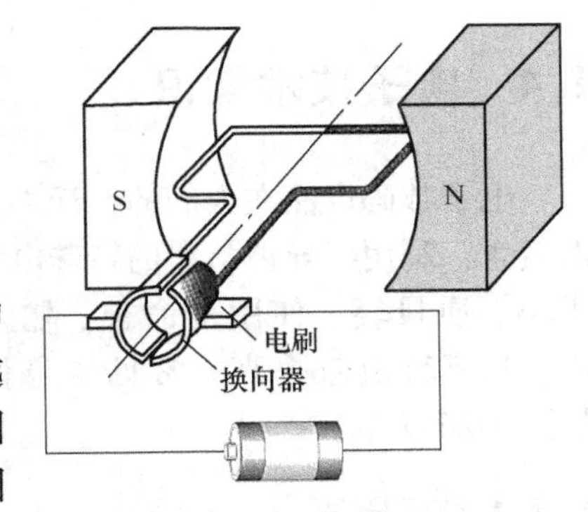

图 1-22　磁场对通电线圈的作用

2. 法拉第电磁感应定律

如图 1-23 所示的实验，如果改变磁铁插入或拔出的速度，就会发现，磁铁运动速度越快，指针偏转角度越大，反之越小。而磁铁插入或拔出的速度，反映的是线圈中磁通变化的速度。即：线圈中感应电动势的大小与线圈中磁通的变化率成正比。这就是法拉第电磁感应定律。

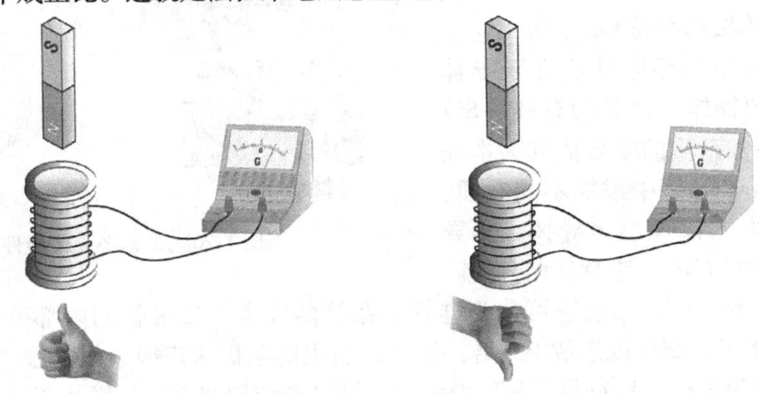

图 1-23　楞次定律及法拉第电磁感应定律示意图

3. 直导线切割磁感线产生感应电动势

感应电动势的方向可用右手定则判断，如图 1-24 所示。平伸右手，拇指与其余四指垂直，让磁感线穿入掌心，拇指指向导体运动方向，则其余四指所指的方向就是感应电动势的方向。

以上电与磁的关系，常称为电磁感应原理，发电机、电动机、变压器等大量设备都是利用电磁感应原理制成的。如发电机就是应用导线切割磁感线产生感应电动势的原理发电的，实际应用中，将导线做成线圈，使其在磁场中转动，从而得到连续的电流，如图 1-25 所示。

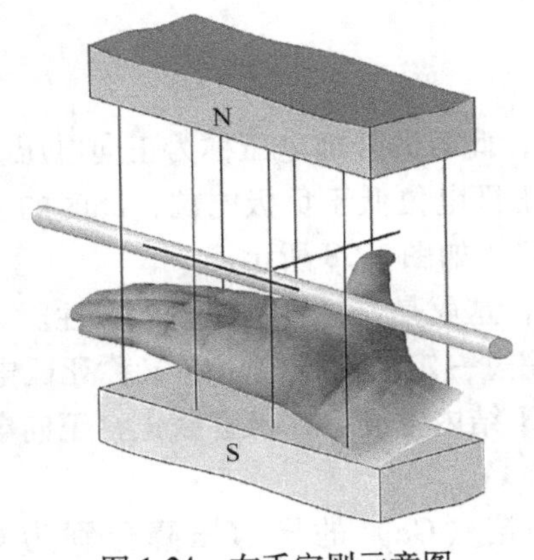

图 1-24　右手定则示意图

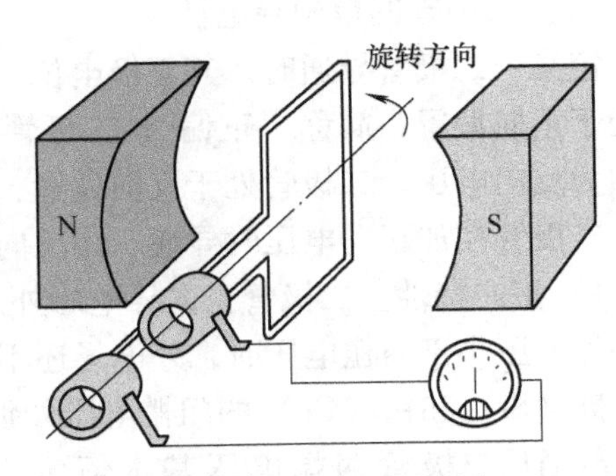

图 1-25　发电机原理图

1.4 电子技术常识

电子数码产品在人们的生活中无处不在，其中包括大量的半导体电子器件。半导体器件的概念：利用半导体材料的特殊电特性来完成特定功能的电子器件。半导体器件的特点：体积小、质量轻、使用寿命长、输入功率小、功率转换效率高。常见半导体器件如图 1-26 所示。

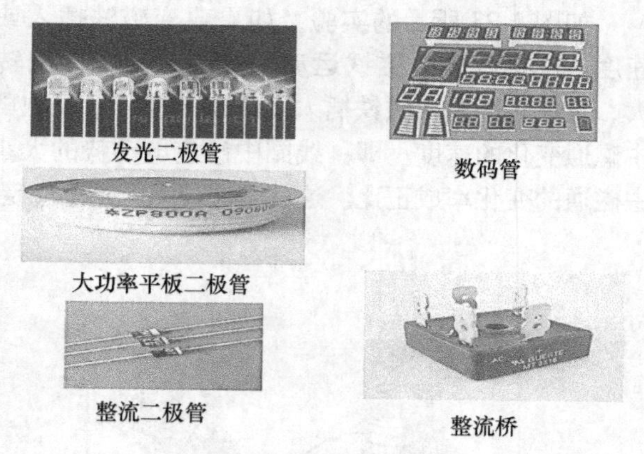

图 1-26　常见半导体器件

1.4.1　二极管

1. 二极管的结构和符号

半导体材料是指导电性能介于导体和绝缘体之间的物体，常见的有硅（Si）和锗（Ge）。不加杂质的半导体称为本征半导体。在本征半导体中添加不同杂质，能产生 P 型半导体和 N 型半导体。半导体二极管制造材料有硅、锗及其化合物。

按照所用材料不同，二极管可分为硅管和锗管两大类。二极管的内部分为 P 型半导体区和 N 型半导体区，交界处形成 PN 结，从 P 区引出的电极为正极，用符号“A”表示，从 N 区引出的电极为负极，用符号“K”表示。二极管的结构和符号如图 1-27 所示。

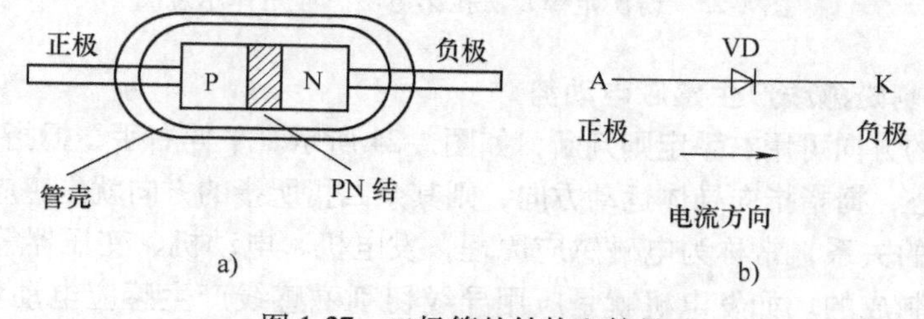

图 1-27　二极管的结构和符号

2. 二极管的工作特点和主要参数

（1）二极管的单向导电性

定义：二极管导通时，其正极电位高于负极电位，此时的外加电压称为正向电压，二极管处于正向偏置，简称“正偏”；二极管截止时，其正极电位低于负极电位，此时的外加电压称为反向电压，二极管处于反向偏置，简称“反偏”，如图 1-28 所示。

二极管在加正向电压时导通，加反向电压时截止，这就是二极管的单向导电性。

1）正向特性。二极管正向导电时外加电压必须超过一定的门槛电压（又称死区电压）。当外加电压小于门槛电压时，外电场还不足以削弱 PN 结内电场，二极管截止，正向电流为零。硅（Si）和锗（Ge）的门槛电压分别为 0.5V、0.1V。

导通后二极管两端电压基本恒定，硅（Si）和锗（Ge）的导通压降分别为 0.7V、0.3V。正偏时电阻小，具有非线性。

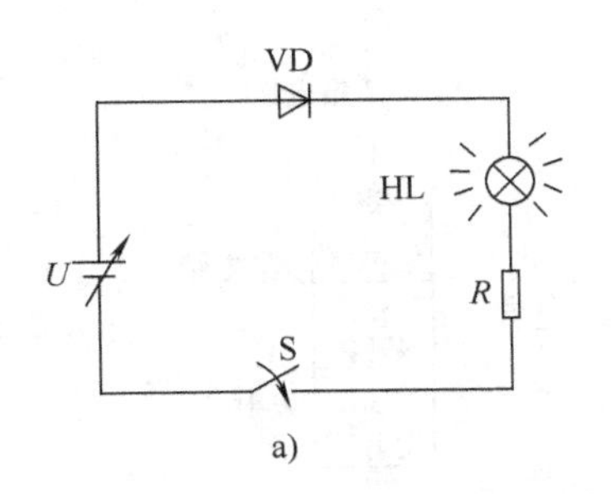

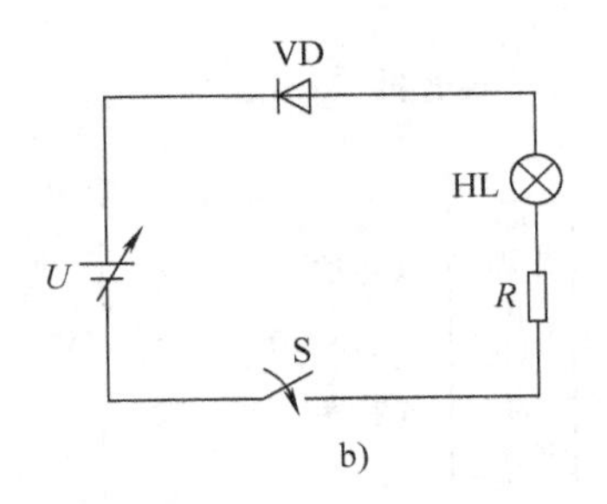

图 1-28　二极管的单向导电性

a）正偏导通　b）反偏截止

2）反向特性。反偏时，电阻大，反向电流很小，但反向击穿时，反向电流急剧增大，存在电击穿现象。

稳压二极管的正常工作状态是反向击穿状态。

（2）二极管的伏安特性曲线

所谓二极管的伏安特性就是加到二极管两端的电压与流过二极管的电流之间的关系。二极管的伏安特性可用一条曲线来表示，即为二极管的伏安特性曲线，如图 1-29 所示。

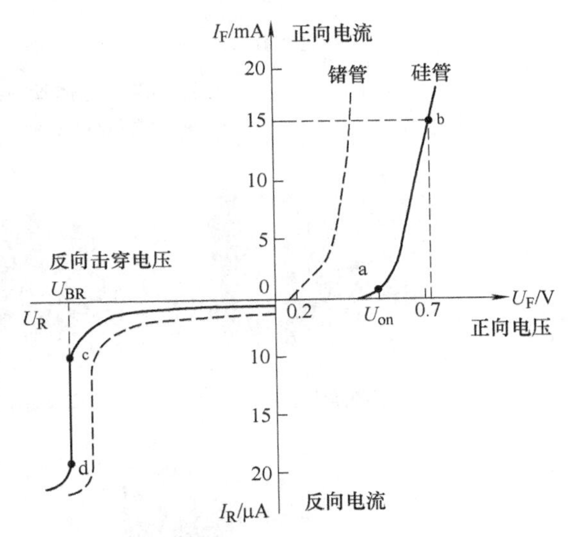

图 1-29　二极管的伏安特性曲线

1）最大整流电流 I_{FM}：二极管长期运行时允许通过的最大正向平均电流。

2）最高反向工作电压 U_{RM}：二极管正常工作时所允许外加的最高反向电压。

3）反向电流 I_R：在规定的反向电压（$<U_{BR}$）和环境温度下的反向电流。

3. 二极管的分类

1）按材料分类，有硅二极管和锗二极管等。

2）按二极管的构造分类，有点接触型二极管和面接触型二极管等。

3）按用途分类，有整流二极管、稳压二极管、发光二极管和光电二极管。

1.4.2　晶体管

半导体三极管又叫晶体管，由于它在工作时半导体中的电子和空穴两种载流子都起作用，因此属于双极型器件，也叫作双极结型晶体管（Bipolar Junction Transistor，BJT），它是放大电路的重要器件。

1. 晶体管结构和图形符号及其分类

晶体管的结构和图形符号如图 1-30 所示，晶体管的分类如图 1-31 所示。

2. 晶体管的电流放大作用

共发射极交流电流放大系数（β）等于集电极电流变化大小（ΔI_C）与基极电流变化大

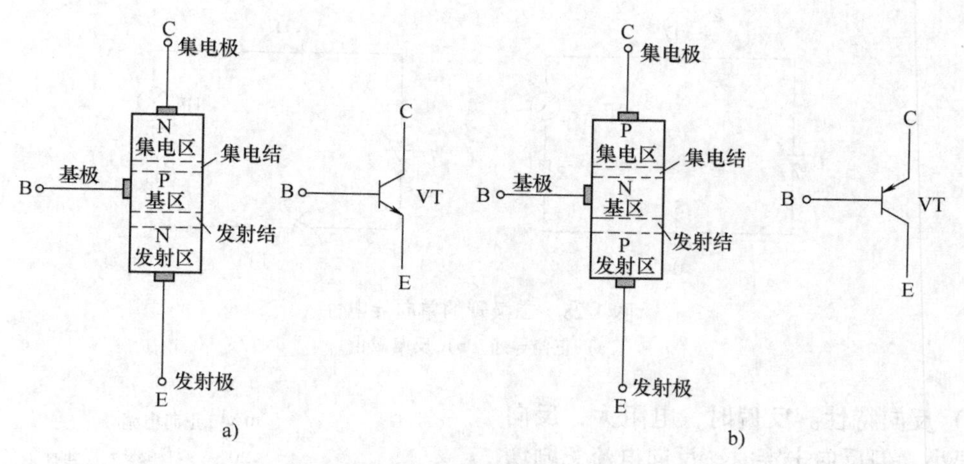

图 1-30　晶体管的结构和图形符号

a）NPN 型晶体管　b）PNP 型晶体管

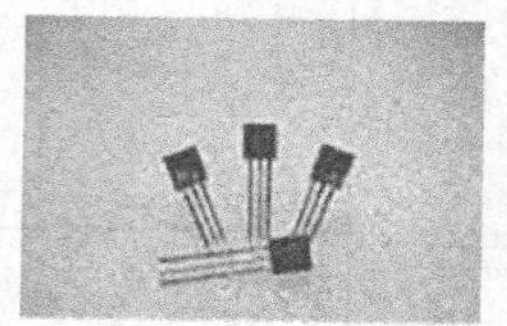

低频晶体管

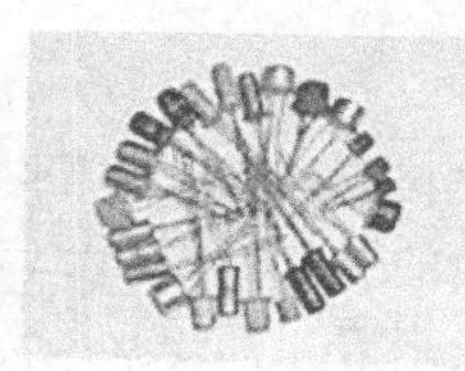

高频晶体管

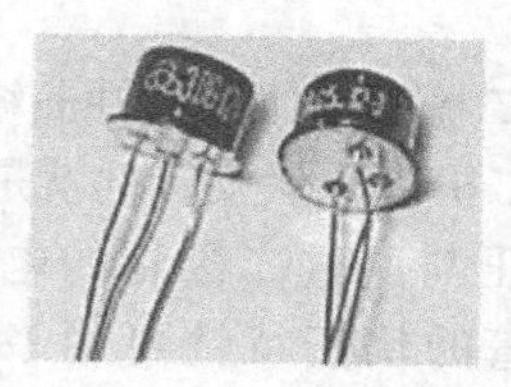

小功率晶体管

大功率晶体管

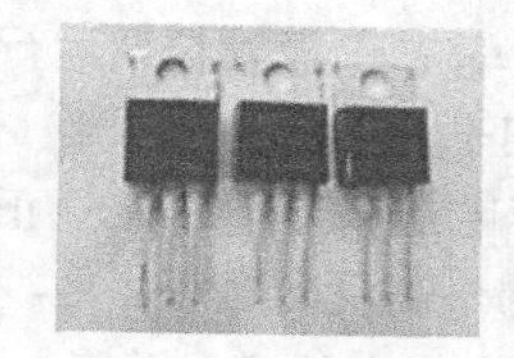

开关晶体管

图 1-31　晶体管的分类

小（ΔI_B）的比值。

$$\beta=\frac{\Delta I_C}{\Delta I_B} \tag{1-21}$$

当 I_B 有一微小的变化时，就能引起 I_C 较大的变化，这种现象称为晶体管的电流放大作用。β 值的大小表明了晶体管电流放大能力的强弱。必须强调的是，这种放大能力实质上是 I_B 对 I_C 的控制能力，因为无论 I_B 还是 I_C 都来自电源，晶体管本身是不能放大电流的。

3. 晶体管的伏安特性曲线

（1）输入特性

晶体管的输入特性是研究基极电流 I_B 与发射结电压 U_{BE} 之间的关系。如图 1-32 所示，当 U_{CB}>1V 后，U_{CE} 数值的改变对输入特性曲线影响不大。但是环境温度变化时，晶体管的输入特性曲线会发生变化。

(2) 输出特性

晶体管的输出特性曲线用于研究集电极电流 I_C 与电压 U_{CE} 之间的关系，是在基极电流 I_B 一定的情况下测试出来的。由图 1-33 中晶体管的输出特性曲线可以看出，晶体管工作时有三个可能的工作工域：截止区、放大区和饱和区。晶体管的三个工作区及其特点见表 1-4。

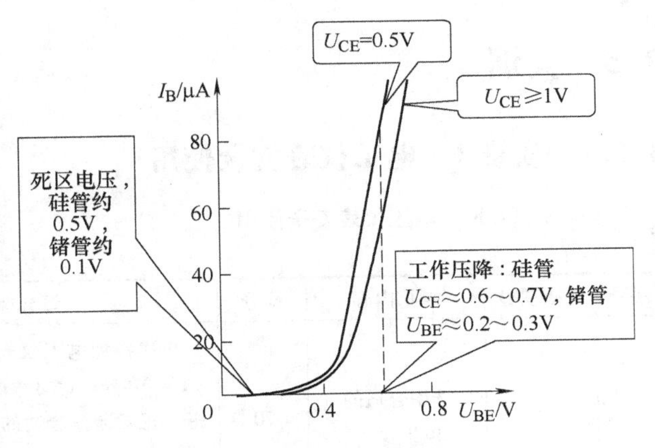

图 1-32 晶体管的输入特性

4. 晶体管在电路中的基本连接方式

有三种基本连接方式：共发射极、共基极及共集电极接法，如图 1-34 所示。最常用的是共发射极接法。

表 1-4 晶体管的三个工作区及其特点

	截止区	放大区	饱和区
条件	发射结反偏或零偏	发射结正偏且集电结反偏	发射结和集电结都正偏
特点	$I_B=0$、$I_C\approx0$	$\Delta I_C=\beta\Delta I_B$	I_C 不再受 I_B 控制

5. 晶体管的极限参数

(1) 集电极最大允许电流 I_{CM}

集电极电流过大时，晶体管的 β 值会降低，集电极最大允许电流 I_{CM} 一般规定为 β 值下降到正常值的 2/3 时所对应的集电极电流。

(2) 集电极 发射极反向击穿电压 $U_{(BR)CEO}$

基极开路时，加在集电极和发射极之间的最大允许电压。

(3) 集电极最大允许耗散功率 P_{CM}

集电极电流 I_C 流过集电结时会消耗功率而产生热量，使晶体管温度升高。根据晶体管的最高温度和散热条件来规定最大允许耗散功率 P_{CM}，要求 $P_{CM}\geqslant I_CU_{CE}$。

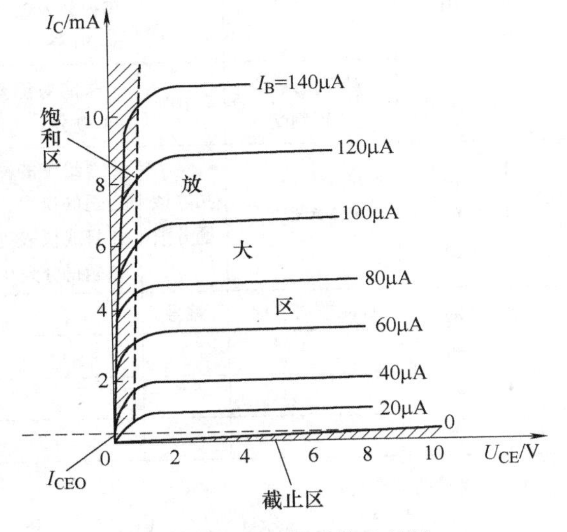

图 1-33 晶体管的输出特性

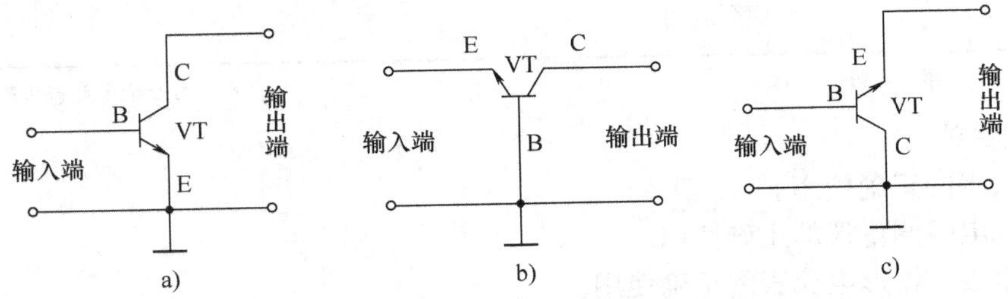

图 1-34 晶体管在电路中的基本连接方式

a) 共发射极接法 b) 共基极接法 c) 共集电极接法

1.5 实训

1.5.1 实训1 电工仪表安全使用

考核项目：K11 电工仪表安全使用　　　　考核时间：10分钟

姓名：　　　　准考证号：

序号	考核项目	考核内容	配分	评分标准	考核情况记录	扣分	得分
1	电工仪表安全使用	选用合适的电工仪表	20	口述各种电工仪表的作用，不正确扣3~10分。针对考评员布置的测量任务，正确选择合适的电工仪表（万用表、钳形电流表、兆欧表、接地电阻测试仪），仪表选择不正确扣10分			
		仪表检查	20	正确检查仪表的外观，未检查外观扣5分。未检查合格证，扣5分。未检查完好性，扣10分			
		正确使用仪表	50	遵循安全操作规程，按照操作步骤正确使用仪表。操作步骤违反安全规程得分为0，操作步骤不完整视情况扣5~50分			
		对测量结果进行判断	10	未能对测量的结果进行分析判断，扣10分			
2	否定项	否定项说明	扣除该题分数	对给定的测量任务，无法正确选择合适的仪表，违反安全操作规范导致自身或仪表处于不安全状态等，考生该题得分为0，终止该项目考试			
3	被测数据	被测数据名称	符号	读数	单位		
4	考核时间登记： ______时______分至______时______分				合计		
评分人签字			核分人				

考核日期：　　年　　月　　日　　　　＊＊市安全生产宣传教育中心制

1. 实训目的

1）兆欧表的正确使用。

2）接地电阻测量仪的正确使用。

3）万用表、钳形电流表的正确使用。

2. 实训器材

兆欧表　　　　1

接地电阻测量仪　　　　1

钳形电流表　　　　　　1

万用表　　　　　　　　1

电动机　　　　　　　　1

3. 实训内容与步骤

一、万用表的使用

任务：每人一个万用表，用万用表分别测量交流电压、直流电压、直流电流和电阻，并记录数据。

万用表也称万能表，一般是可测量交流电压、直流电压、直流电流和电阻等的仪表，其面板如图 1-35 所示。

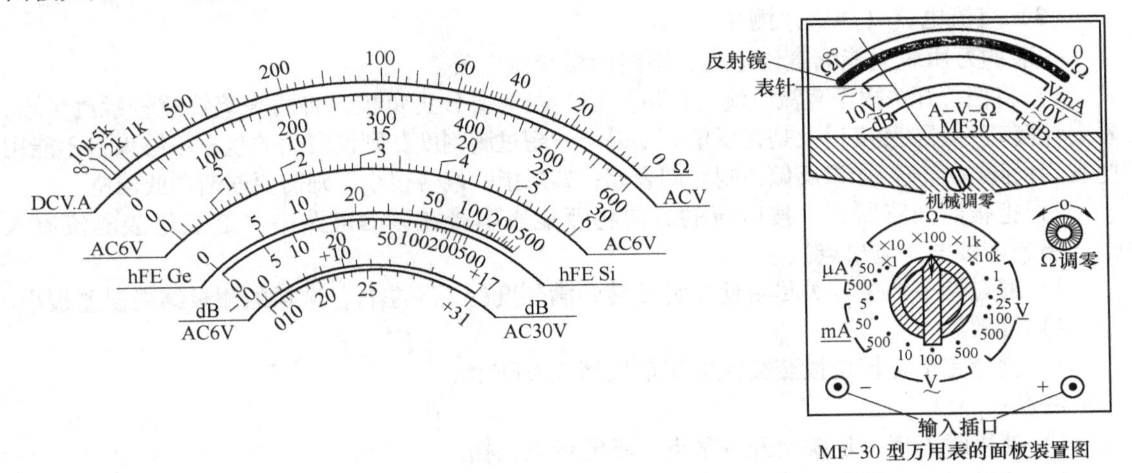

图 1-35　万用表面板

使用方法如下所述。

（1）交流电压（ACV）测量

1）将档位开关拨至交流电压（ACV）最大档，表笔不分正负极。将两表笔快速轻触测量点，看表针摆动的剧烈程度。如果指针超过满刻度，则说明表的量程不够大，不能用此表测量此电压值；如果指针偏转很小，则需要逐渐调低档位。

2）测量时通过换档尽量让指针偏转到满刻度的 2/3 左右，这样的测量结果误差最小。

3）读数。

4）测量完毕后将档位拨至交流电压最大档或 OFF 档。

注意：

1）换档时，表笔一定要离开测量点，不能带电换档。

2）读数时，表针和反射镜上的表针影子应重合。

3）测量时，万用表和测量点为并联关系。

（2）直流电压（DCV）测量

1）将档位开关拨至直流电压（DCV）最大档，表笔要分正负极。将两表笔快速轻触测量点，看表针摆动的剧烈程度以及是否反偏。如果指针超过满刻度，则说明表的量程不够大，不能用此表测量此电压值；如果反偏，则对调表笔；如果指针偏转很小，则需要逐渐调低档位。

2）测量时通过换档尽量让指针偏转到满刻度的2/3左右，这样的测量结果误差最小。

3）读数。

4）测量完毕后将档位拨至交流电压最大档或OFF档。

注意：

1）换档时表笔一定要离开测量点，不能带电换档。

2）测量时，一定要区分正负极。

3）读数时，表针和反射镜上的表针影子应重合。

4）测量时，万用表和测量点为并联关系。

（3）直流电流（DCA）测量

一般的万用表只能测直流电流，不能测量交流电流。

1）将档位开关拨至直流电流（DCA）档，表笔要分正负极，将两表笔快速轻触测量点，看表针摆动的剧烈程度以及是否反偏。如果指针超过满刻度，则说明表的量程不够大，不能用此表测量此电流值；如果反偏，则对调表笔；如果指针偏转很小，则需要逐渐调低档位。

2）把被测回路断开，按电流的方向将万能表串接在被测电路中（红表笔接电流流入点，黑表笔接电流流出点）。

3）通过调节档位开关尽量使指针偏转到满刻度的2/3左右，这样的测量结果误差最小。

4）读数。

5）测量完毕将档位拨至交流电压最大档或OFF档。

注意：

1）换档时表笔一定要离开测量点，不能带电换档。

2）测量时，一定要区分正负极。

3）读数时，表针和反射镜上的表针影子应重合。

4）测量时，万用表和测量点为串联关系。

（4）电阻（R）测量

1）将档位开关拨至欧姆档（Ω）的合适档位。

2）将两表笔短接，旋转调零旋钮，使指针指到“0”的位置。

3）将两表笔分别接到被测电阻的两端。

4）读数：测量值 = 表头的读数 × 转换开关的倍数。单位为Ω。

注意：

1）通过调节档位开关尽量使指针指到刻度盘中间的1/3~2/3处，这样做可以减小测量误差，使测量值更精确。并且，此处的表盘刻度比较均匀。

2）被测电阻不能有并联支路。

3）要断电测量。

4）如果被测的电阻接在电路中，则要断开一端。

5）测量时，手不能同时接触元件的两端。

二、钳形电流表的使用

钳形电流表如图1-36所示。

任务：每组两人，每组一个钳形电流表，用钳形电流表测量交流电流，并记录数据。

作用：钳形电流表是用来测量正在运行的电气线路交流电流大小的仪表（相当于一个电流互感器）。

使用方法如下所述。

1）根据被测电流的种类、电压等级正确选择钳形电流表，钳形电流表的额定电压要大于被测线路的电压等级。

2）将档位开关切换到最大档。

3）将待测的一根导线放在钳口的中心位置（不能同时放两根或多根），测量时表应水平放置，闭合钳口。

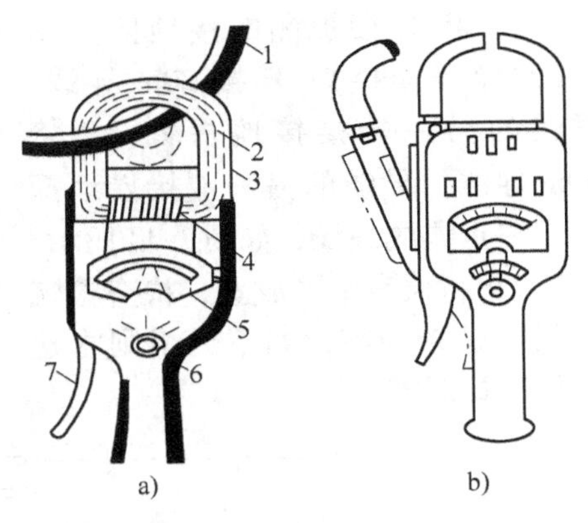

图 1-36　钳形电流表

a）结构　b）钳口张开

1—载流导线　2—铁心　3—磁通　4—线圈　5—电流表　6—该表量程的旋钮　7—扳手

4）如果此时指针超过了最大值，则说明表的最大量程小于正在运行的电气线路电流值，不能用此表进行测量。如果指针偏转的角度很小，则应逐渐减小档位，注意：换档时要打开钳口，退出线路。一般要尽量让指针指到满刻度的 2/3 左右，这样的读数误差最小。

5）测量完大电流后，再次测量小电流时，应将铁心张合多次，消除铁心剩磁，提高测量精度。

6）读数。

7）如果档位开关拨至最小档时指针的偏转角度仍很小，可将被测线路在钳口上多绕几圈来进行测量，但此时的读数只是参考值，实际值 = 表的读数 ÷ 所绕的圈数。

三、接地电阻测量仪的使用

任务：每组两人，每组一个测量仪，用接地电阻测试仪对模拟电阻进行接地电阻测试，并记录数据。

所谓接地，就是将电气设备正常运行时不带电的金属部分及其他应接地的部分通过接地线与埋在地下的接地体紧密地连接起来。正常接地一般分为工作接地和保护（安全）接地。衡量接地好坏的主要指标是接地电阻值 $R_{地}$（包括接地体本身电阻及其周围土壤的流散电阻）。一般变压器中性点接地又称工作接地，$R_{地} = (0.5 \sim 10)\Omega$（当变压器容量大于 100kVA 时 $R_{地} \leqslant 4\Omega$，变压器容量小于 100kVA 时 $R_{地} \leqslant 10\Omega$），防雷接地 $R_{地} \leqslant 10\Omega$，工厂防静电接地 $R_{地} \leqslant 100\Omega$。降低接地电阻的措施：①引外接地；②深埋接地；③采用人工土壤接地，如换土法、增加化学填料等。

接地电阻测量仪又称接地电阻表，是一种专门用于直接测量各种接地装置接地电阻的测量仪。

接地电阻测量仪的作用：测量接地体与大地的接触电阻（如果接地电阻太大，设备漏电时，很容易会发生触电意外。）单位为 Ω。

仪表的面板组成：接线柱，包括接地端（E）、电位端（P）、电流端（C），如图 1-37 所示；检流计；倍率开关；电位器刻度盘。

操作步骤如下。

1）将 E 接被测的接地体（用 5m 的导线连接）；P 接 20m 导线，导线的另一端接接地探针；C 接 40m 导线，导线的另一端接接地探针；三点连成一线，如图 1-38 所示。

2）将仪表水平放置，检查检流计指针是否为零，如不为零则将检流计机械调零。

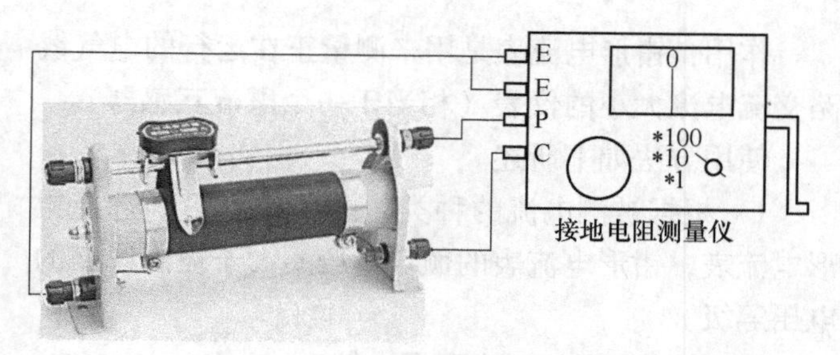

图 1-37　接地电阻测量仪接线图

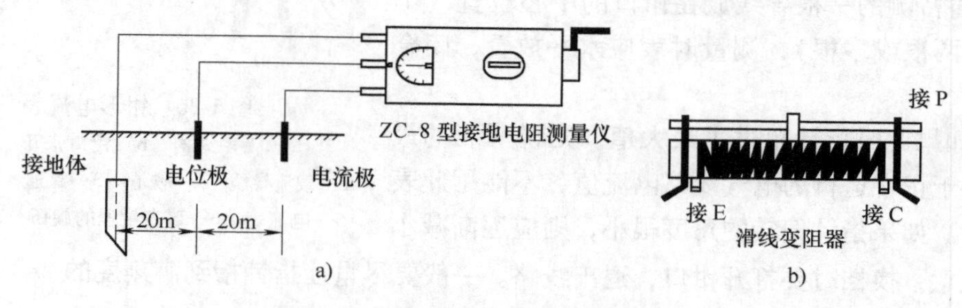

图 1-38　实际与模拟接地电阻测试

a）实际接线　b）模拟接线

3）将倍率开关转至合适的位置，转动摇柄，同时转动电位器刻度盘，使检流计指针指“0”。

4）当检流计的指针接近平衡时，加快转动发电机摇柄，使其达到 120r/min，再转动电位器刻度盘，使检流计的指针指“0”。

5）读数 = 刻度盘的读数 × 倍率开关的倍数。

6）判定所测接地电阻是否合格标准：

低压配电系统接地电阻	$R_{地} \leqslant 4\Omega$
零线重复接地电阻	$R_{地} \leqslant 10\Omega$
独立避雷系统接地电阻	$R_{地} \leqslant 4\Omega$

7）当测量值小于 1Ω 时，应将两个 E 端的连接片分开，分别用导线与接地体相连，以消除测量时连接导线电阻的附加误差。操作方法同上。

8）当检流计的灵敏度过高时，可将两根探针插入土壤中的深度调浅一些，当检流计灵敏度过低时，可向探针周围注水使其湿润。

注意：

1）禁止在雷雨天气或被测物带电时进行测量。

2）仪表运输时须小心轻放，避免剧烈震动。

四、兆欧表的使用

任务：每组两人，每组一个，用兆欧表对电动机绕组（绕组与地，绕组与绕组）的绝缘电阻进行测试，并记录于表中。

兆欧表是绝缘电阻表的俗称，也有人称之为摇表，是一种使用简便，测量高电阻的直读式仪表，一般用来测量电路、电机绕组、电缆、电气设备等的绝缘电阻。单位为 MΩ。

（1）兆欧表的选用

根据被测电气设备的工作电压来选择兆欧表的电压等级，选用原则为兆欧表的电压等级应略高于被测电气设备的工作电压等级。具体如下。

- 测 500V 以下的电气设备时，选 500V 的兆欧表。
- 测 500~1000V 的电气设备时，选 1000V 的兆欧表。
- 测 1000V 以上的电气设备时，选 2500V 的兆欧表。

（2）兆欧表的接线和测量

兆欧表有三个接线柱，分别是 E、L 和 G。其中，E 表示接地端，L 表示接线路端，G 表示保护环（屏蔽）端。保护环的作用是减少测量误差。

测量电动机绝缘电阻的方法如下。测量电动机的绝缘电阻只需要检查电动机的绕组与外壳的绝缘（R_{UE}、R_{VE}、R_{WE}）、绕组与绕组之间的绝缘（R_{UV}、R_{UW}、R_{VW}），且每次测量的阻值不小于 0.5MΩ，此电动机才能使用，否则其绝缘电阻达不到要求而不能使用。

测量电动机绕组与外壳之间的绝缘电阻测量方法：将 E 接电动机的外壳（固定不动），L 分别接电动机的三个引出端（U、V、W），G 不接。L 每换一个端子测量一次，测量时将兆欧表匀速摇动 120r/min，读数要在兆欧表匀速摇动过程中获取。

（3）兆欧表的使用注意事项

1）安全事项。

①测量前一定要将设备电源断开，对内部有储能元件（电容器）的设备还要进行放电。

②读数完毕后，不要立即停止摇动摇柄，应逐渐减速使其慢慢停转，以便通过被测设备的线路电阻和表内的阻尼将发出的电能消耗掉。

③禁止在雷电时、带电设备上、附近有高压带电体的设备上进行测量，只能在设备不带电又不可能受其他电源感应而带电的情况下进行测量。

2）测量前的准备工作。

①测量电气设备的绝缘电阻前，必须先将设备“停电”，然后对测量点“验电、放电、接地”，在保证测量点确实无电的情况下方可进行测量，并在每次测量完后都应立即放电，防止发生触电事故。

②使用前必须先检查兆欧表的好坏（校表），即进行开路试验和短路试验。开路试验过程为，两表笔分开，将兆欧表匀速摇 120r/min，此时指针应指到无穷大的位置；短路试验过程为，缓慢转动摇柄，将（E）和（L）快速轻碰接触，短路连接时间不能过长，此时指针应指到“0”的位置。如能达到上述要求，则说明表是可用的，否则，说明兆欧表质量欠佳和测量误差超标。

③兆欧表摇速为 120r/min，测量时通常要摇动 1min 待指针稳定后方可读取数据，而且要边摇手柄边读数。手柄停止转动后，指针会随机停在任何一个位置。

④兆欧表的引出线不能接错。如果接错会使测量结果产生误差或无法进行测量。测量时手不能碰触表的引出端子（因为表的引出端子电压为高电压）。

注意： 每次测量后要放电。

接线方法如图 1-39 所示。

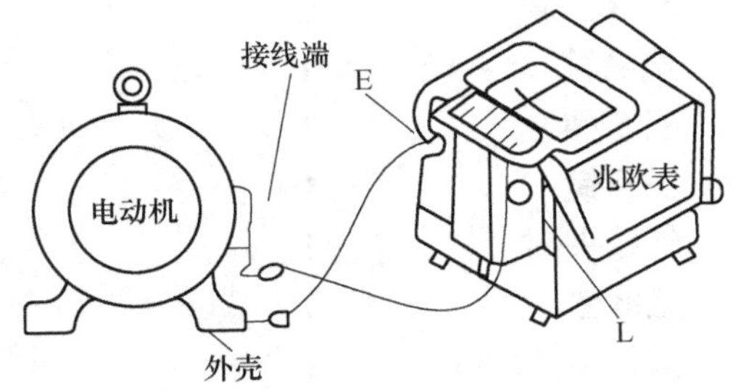

图 1-39　测量电动机的绝缘电阻

1.5.2　实训2　电工安全用具使用

考核项目：K12 电工安全用具使用

考核时间：10分钟

姓名：　　　　　　　　　　　　　　　　　　　　　　准考证号：

序号	考核项目	考核内容	配分	评分标准	考核情况记录	扣分	得分
1	低压电工个人防护用品使用	个人防护用品的用途及结构	30	口述低压电工个人防护用品（低压验电器、绝缘手套、绝缘鞋（靴）、安全帽、护目镜、绝缘夹钳、绝缘垫、携带型接地线、脚扣、安全带、登高板等用品中抽考三种）的作用及使用场合，叙述有误扣3~15分。口述各种低压电工个人防护用品的结构组成，叙述有误扣3~15分			
		个人防护用品的检查	15	正确检查外观，未检查外观扣5分。未检查合格证，扣5分。未检查可使用性，扣5分			
		正确使用个人防护用品	40	遵循安全操作规程，按照操作步骤正确使用个人防护用品。操作步骤违反安全规程得分为0，操作步骤不完整视情况扣5~40分			
		个人防护用品的保养	15	未正确口述所选个人防护用品的保养要点，扣3~15分			
2	考核时间登记： ________时________分至________时________分				合计		
评分人签字		核分人					

考核日期：　　年　　月　　日　　　　　　　　　　　　　　＊＊市安全生产宣传教育中心制

1. 实训目的

1）掌握常用低压电工个人防护用品的用途。

2）掌握各种常用低压电工个人防护用品的结构组成。

2. 实训器材

低压验电器　　1
绝缘手套　　1
绝缘靴　　1
安全帽　　1
护目镜　　1
绝缘夹钳　　1
绝缘垫　　1
携带型接地线　　1
脚扣　　1

安全带　　　　　　1

登高板　　　　　　1

3. 实训内容与步骤

实验器材每组学生一套，3 人一组，学生通过对各种常用的低压电工个人防护用品的使用，掌握其用途及结构。具体内容如下。

一、低压验电器的用途、结构和使用

低压验电器俗称电笔，如图 1-40 所示。检测的电压范围为 60~500V。

用途：用来测试低压线路、电气设备是否带电。任何线路、电气设备未经验电，一律视为有电，不得用手触摸。

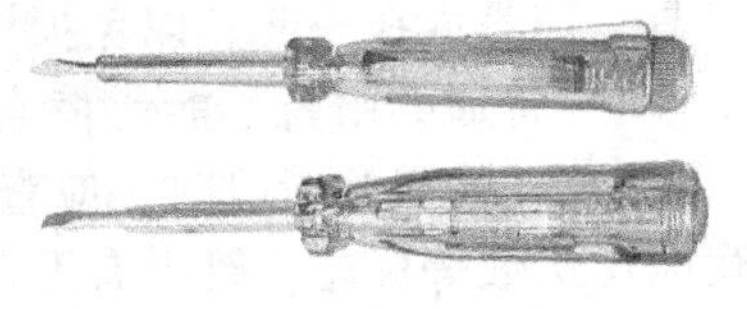

图 1-40　低压验电器

构造：传统低压验电器由壳体、探头、氖管、电阻、弹簧和笔尾金属体（帽）等组成。

低压验电器的使用注意事项如下。

1）使用前，必须对低压验电器进行检查，待验明良好后方可使用。

2）使用低压验电器时，必须穿绝缘靴进行。

3）在明亮光线下测试时，应注意避光仔细测试。

4）测量线路或电气设备是否带电时，如果低压验电器氖管不亮，应多测两三次，以防误测。

二、绝缘手套的用途和使用

绝缘手套如图 1-41 所示。

用途：采用绝缘性能良好的特种橡胶制成，是电气绝缘辅助安全用具，不能直接接触设备带电部分，主要用来防止接触电压对工作人员的伤害。在低压（1kV 以下）带电设备上工作时，可作为基本安全用具，绝缘手套的长度至少应超过手腕 10cm。

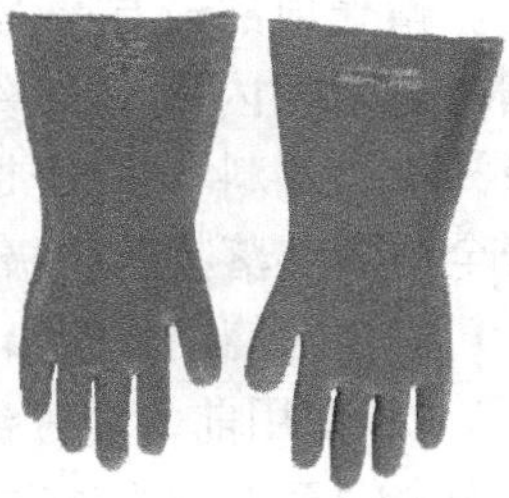

图 1-41　绝缘手套

绝缘手套使用注意事项如下。

1）使用前，应检查是否在检验期内。查看橡胶是否完好，查看表面有无损伤、磨损或破漏、划痕等。检查破漏具体方法为：将手套朝手指方向卷曲，当卷到一定程度时，手指若鼓起，就说明手套不漏气，即为良好。

2）使用时，操作者应将外衣袖口放入手套中，以防发生意外。

3）使用后，应将绝缘手套内外擦净、晾干，最后撒上一些滑石粉，以免粘连。并应存放在专用柜内，避免过冷、过热、阳光直射。不要与其他工具和用具放在一起，以免损坏胶质。

4）普通的医疗、化验用的手套不能代替绝缘手套。

5）使用橡皮绝缘手套时，绝缘手套应内衬一副线手套。

6）绝缘手套应统一编号，现场使用的最少应保持两副，且应每 6 个月定期检验一次。检验合格的手套应具有明显标志和检验日期。

三、绝缘靴的用途和使用

绝缘靴如图 1-42 所示。

用途：采用绝缘性能良好的特殊橡胶制成，用于人体与地面绝缘，作为防护跨步电压、接触电压的基本安全用具。

图 1-42　绝缘靴

绝缘靴使用注意事项如下。

1）使用前，应检查是否在检验期内。查看表面有无损伤、磨损或破漏、划痕等，如有砂眼漏气，应禁止使用。

2）使用时，操作者应将裤口放入靴子的伸长部分里。

3）使用后，应将绝缘靴内外擦净、晾干，以免粘连。并应存放在专用柜内，避免过冷、过热、阳光直射。不要与其他工具、用具放在一起，以免损坏胶质。

4）普通的雨靴不能代替绝缘靴。

5）在购买绝缘靴时，应查验靴上是否有绝缘永久标志，如红色闪电符号，靴底是否有耐电压伏数等标志，靴内有无合格证、安全鉴定证、生产许可证编号等。

6）绝缘靴应统一编号，现场使用的最少应保持两副，且应每 6 个月定期检验一次。检验合格的绝缘靴应具有明显标志和检验日期。

四、安全帽的用途、结构和使用

安全帽如图 1-43 所示。

图 1-43　安全帽

用途：是一种用来保护工作人员头部，减轻来自高空落物对头部产生冲击伤害的安全防护用具。

结构：由帽壳和帽衬两部分组成。帽壳采用椭圆半球形薄壳结构，表面很光滑，这样可使物体坠落到帽壳时容易滑走。帽壳顶部设有增强顶筋，可以提高帽壳承受冲击的强度。帽衬是帽壳内所有部件的总称，如帽箍、顶带、后枕箍带、吸汗带、垫料、下颏带等。帽衬起吸收冲击力的作用，它是安全帽高空落物防护极其重要的部件。

安全帽使用注意事项如下。

1）使用前，应仔细检查有无龟裂、下凹、裂痕和磨损等情况，是否在检验期内，并调节安全帽至人体头顶和帽壳内顶的空间至少有 32mm 的距离。

2）使用时，安全帽必须戴正，并把下颏带系结实，否则安全帽容易掉落而起不到防护作用。

3）使用过程中要爱护安全帽，不要坐在上边休息，以免使其强度降低或损坏。

4）永久性标志清楚（包括制造厂名称及商标、型号、制造年月、许可证编号等）。

5）使用的安全帽必须是符合国家标准、质量合格，并由国家定点厂生产的产品。

6）安全帽应按规定进行检验，无试验合格标志及超过检验合格期的不准使用。

五、护目镜的用途和使用

护目镜如图 1-44 所示。

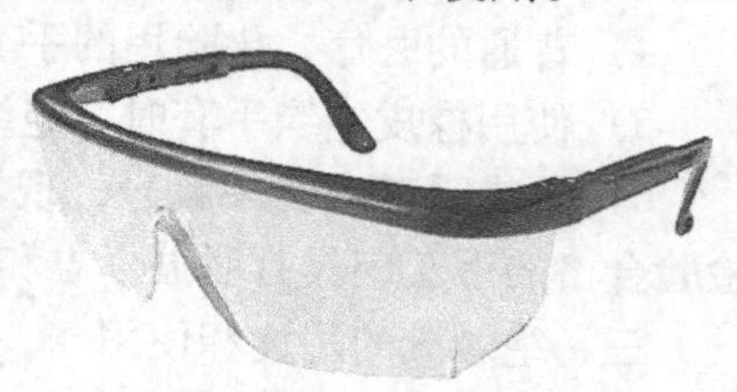
图 1-44　护目镜

用途：是在操作、维护和检修电气设备或线路时，用来保护工作人员眼睛免受电弧灼伤和防止脏物落入眼内的安全防护用具。

护目镜分为防打击护目镜，防辐射线护目镜，防有害液体护目镜，防灰尘、烟雾及各种有毒气体护目镜。

护目镜使用注意事项如下。

1）根据工作性质、工作场所选择护目镜，并按出厂时标明的遮光编号或使用说明书使用。

2）使用前，检查护目镜是否表面光滑，无气泡、杂质，镜架平滑，宽窄和大小适合使用者的要求。

3）护目镜应保管于干净、不易碰撞的地方。

六、绝缘夹钳的用途、结构和使用

绝缘夹钳如图 1-45 所示。

图 1-45　绝缘夹钳

用途：一般是用浸过绝缘漆的电木、胶木或玻璃钢制成的。结构包括工作部分、绝缘部分与手握部分。主要用于设备带电的情况下，拆卸和安装熔断器或执行其他类似工作。在 35kV 及以下的电力系统中，绝缘夹钳列为基本安全用具之一。但在 35kV 以上的电力系统中一般不用绝缘夹钳。

绝缘夹钳使用注意事项如下。

1）操作前，先检查其型号与操作设备的电压等级是否相符，是否在检验期内。表面应用清洁的干布擦拭干净，使其表面干燥、清洁。

2）操作时，操作者戴绝缘手套和护目镜，根据需要穿绝缘靴或站在绝缘台（垫）上并注意保持身体平衡。操作者的手握部位不得越过护环，并将其握紧。

3）操作后，绝缘夹钳应保存在专用的箱子内，以防受潮和磨损。

4）绝缘夹钳每 3 个月做一次外观检查，并对钳口进行开闭活动性能检验，每年做耐压试验一次。

七、绝缘垫的用途和使用

绝缘垫如图 1-46 所示。

图 1-46　绝缘垫

用途：采用特殊橡胶制成的橡胶板，表面有防滑槽纹，其厚度不应小于 5mm，最小尺寸不得小于 0. 8m×0. 8m。绝缘垫只作为辅助安全用具，一般铺在配电房的地面上，以便在带电操作断路器或隔离开关时增强操作人员对地绝缘性，防止接触电压与跨步电压对人体的伤害。

绝缘垫使用注意事项如下。

1）使用前，检查绝缘垫有无裂纹、划痕等，发现有问题时要立即禁止使用并及时更换。

2）在使用过程中，应保持绝缘垫干燥、清洁，注意防止与酸、碱及各种油类物质接触，以免受腐蚀后老化、龟裂或变黏，从而降低其绝缘性能。

3）绝缘垫应避免阳光直射或锐利金属划伤，存放时应避免与热源（如取暖器等）距离太近，以免急剧老化变质，绝缘性能下降。

4）绝缘垫应每 6 个月用低温肥皂水清洗一次，每年定期检验一次。

八、携带型接地线的用途、结构和使用

携带型接地线俗称“保命线”，如图 1-47 所示。

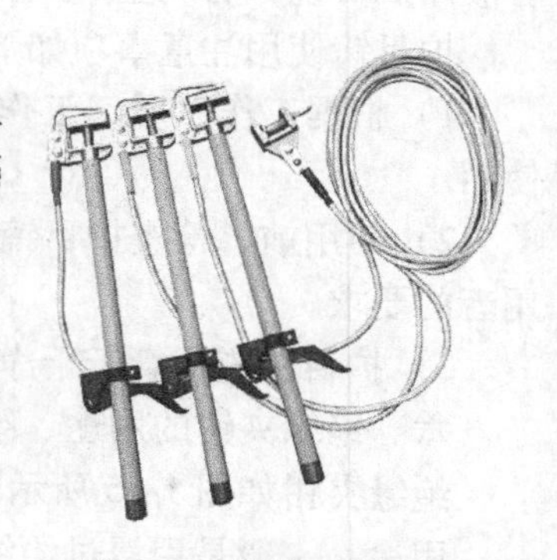

图 1-47　携带型接地线

用途：当高压设备停电检修或进行其他工作时，为了防止停电设备突然来电和邻近高压带电设备对停电设备所产生的感应电压对人体的危害，需要用携带型接地线将停电设备已停电的三相电源短路并接地，同时将设备上的残余电荷对地放掉。

结构：携带型接地线主要由多股软导线和接线夹组成。三根短的软导线用于接三相导线，一根长的软导线用于接接地体。携带型接地线的接线夹必须坚固有力，软铜导线的截面积不应少于 $25mm^2$，各部分连接必须牢固。

携带型接地线使用注意事项如下。

1）每次装设前，应检查其是否在检验期内，多股软铜线应无损伤，绝缘棒表面必须光滑、无裂缝，棒身应直，各处连接应牢固。

2）装设接地线前应验电，装、拆接地线时均应使用绝缘棒和戴绝缘手套。接地线与接地极的连接要牢固可靠，严禁用缠绕的方法进行接地，禁止使用短路线或其他导线代替接地线。挂接地线时要先将接地端接好，然后再将接地线挂在导线上，拆接地线的顺序与此相反。

3）装设接地线必须由两人进行。

4）严禁工作人员或其他人员擅自移动或拆除已挂接好的接地线。

5）每组接地线均应编号，存放在固定的地点，并对号入座。接地线应每 5 年定期检验一次。

九、脚扣的用途、工作原理和使用

脚扣如图 1-48 所示。

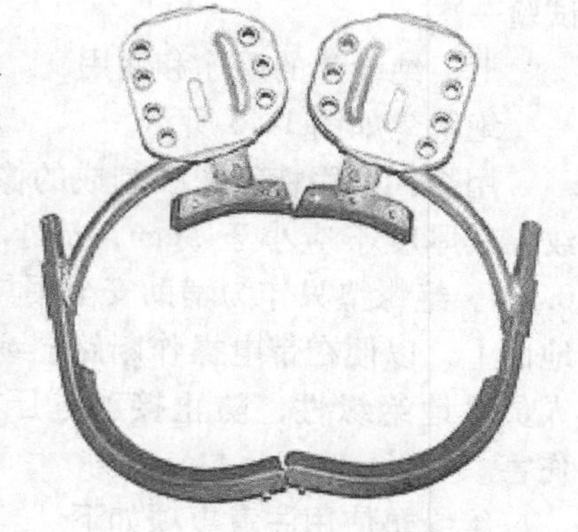

图 1-48　脚扣

用途：它是一种弧形铁制工具，供工作人员套在鞋上爬电线杆子使用。一般采用高强无缝管制作，经过热处理，具有重量轻、强度高、韧性好、可调性好、轻便灵活、安全可靠、携带方便等优点，是电工攀爬不同规格的水泥杆或木质杆的理想工具。水泥杆伸缩多用脚扣、双保险围杆安全带均选用精密优质材料制作，扣环上装有橡胶套或橡胶垫（起防滑作用），使用方便灵活、安全可靠。用脚扣在杆上作业易疲劳，故只宜在杆上短时间作业时使用。

工作原理：利用杠杆作用，借助人体自身重量，使另一侧紧扣在电线杆上，产生较大的摩擦力，从而使人易于攀爬；而抬脚时因脚上承受重力减小，扣自动松开。脚扣的工作利用了力学中的自锁现象。如果作用于物体的主动力的合力 Q 的作用线在摩擦角之内，则无论这个力多么大，总有一个全反力 R 与之平衡，物体保持静止；反之，如果主动力的合力 Q 的作用线在摩擦角之外，则无论这个力多么小，物体也不可能保持平衡。这种与力大小无关而与摩擦角有关的平衡条件称为自锁条件，这种现象叫自锁现象。

脚扣使用注意事项如下。

1）在使用脚扣前应进行外观检查，看其各部分是否有裂纹、腐蚀、断裂现象，脚扣皮带是否牢固可靠。若有，应禁止使用。在不用时，亦应每月进行一次外观检查。

2）登杆前，应对脚扣进行人体冲击试登，以检验其强度。其方法是，将脚扣系于钢筋混凝土杆上离地 0.5m 处左右，借人体重量猛力向下蹬踩。脚扣（包括脚套）无变形及任何损坏方可使用。

3）应按电杆的规格选择脚扣，并且不得用绳子或电线代替脚扣皮带系脚。

4）上、下杆的每一步，必须使脚扣不完全套入并可靠地扣住电杆，才能移动身体，否则会造成事故。

5）脚扣不能随意从杆上往下摔扔，作业前后应轻拿轻放，并妥善保管，存放在工具柜里，放置应整齐。

十、安全带的用途、结构和使用

安全带如图 1-49 所示。

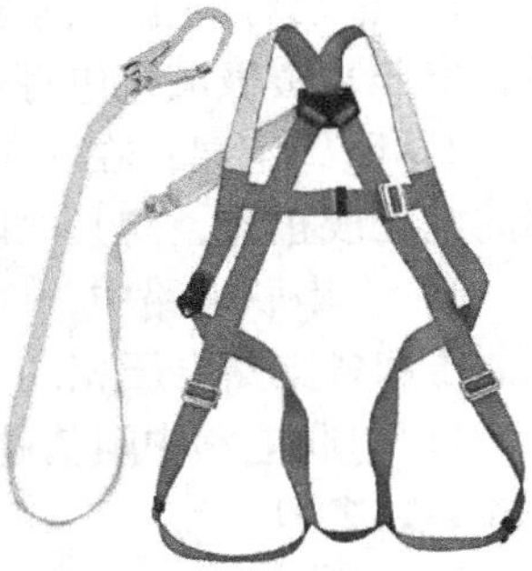

用途：它是高空作业时防止发生高空摔跌的重要安全用具，必须具有足够的、符合安全规程规定的机械强度。无论用登高板或脚扣都要配合使用安全带。

结构：安全带用皮革、帆布、化纤材料制成，由腰带、腰绳、保险绳组成。

安全带使用注意事项如下。

1）使用前，应检验其是否在检验期内，并进行全面的外观检查，应无破损、变质及金属配件断裂，并做人体冲击试验。

图 1-49　安全带

2）一般应高挂低用，将其挂在牢固的构件上，并防止摆动、碰撞，带（绳子）被尖锐物割伤或磨损。不能将安全带打结使用，以免发生冲击时安全绳从打结处断开。应将安全挂钩挂在连接环上，不能直接挂在安全绳上，以免发生坠落时安全绳被割断。

3）安全带使用和存放时，应避免接触高温、明火和酸类物质，以及有锐角物体和坚硬物体等。

4）安全带（指绵纶等材料）需要清洗时，可放在低温水中用肥皂轻轻搓洗，再用清水漂干净，然后晾干。不允许将其浸入热水中，以及在烈日下暴晒或用火烤。

5）安全带应半年进行一次静荷试验，试验荷重 225kg，试验时间为 5min。

十一、登高板的用途、结构和使用

登高板又称踏板，用来攀登电杆，如图 1-50 所示。

结构：登高板由脚板、绳索、铁钩组成。脚板由坚硬的木板制成，绳索为 16mm 多股白棕绳或尼龙绳，绳两端系在踏板两头的扎结槽内，绳顶端系在铁挂钩上。绳的长度应与使用者的身材相适应，一般在一人一手长左右。踏板和绳均应能承受 2206N（300 公斤）的拉力试验。

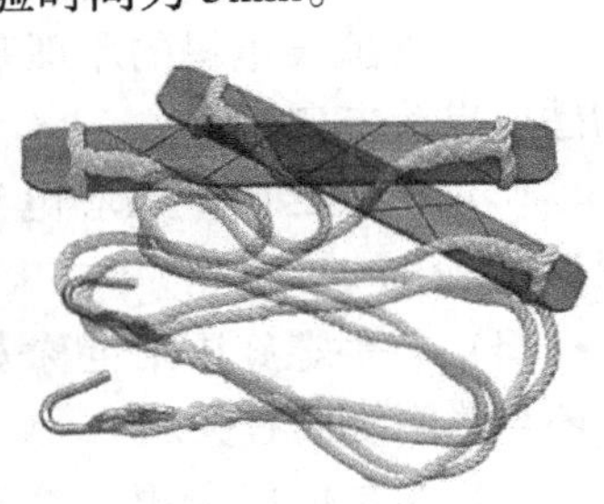

图 1-50　登高板

登高板使用注意事项如下。

1）踏板使用前，要检查踏板有无裂纹或腐朽、劈裂及其他机械或化学损伤。

2）绳索有无腐朽、断股或松散无断股。

3）绳索同脚踏板固定牢固。

4）踏板挂钩时必须正勾，钩口向外、向上，切勿反勾，以免造成脱钩事故。

5）登杆前，应先将踏板勾挂好使踏板离地面15～20cm，用人体做冲击载荷试验，检查踏板有无下滑、是否可靠。

6）为了保证在杆上作业时人体平衡，不使踏板摇晃，站立时两脚前掌内侧应夹紧电杆。

7）确保定期检验、有记录、未超期使用。

1.6 考试要点

1）电动势的正方向规定为从低电位指向高电位，所以测量时电压表正极应接电源正极，电压表负极应接电源的负极。

2）欧姆定律：在一个闭合电路中，当导体温度不变时，通过导体的电流与加在导体两端的电压成正比，与其电阻成反比。

3）在串联电路中，电流处处相等，电路总电压等于各电阻的分电压之和；并联电路的总电压和各支路电压相同，各支路上的电流不一定相等。

4）串联电路中阻值越大两端电压越高；几个电阻并联后的总电阻的倒数等于各并联电阻的倒数之和。

5）对称三相电源是由最大值、频率相同，初相相差120°的三个正弦交变电源连接组成的供电系统。

6）使用负载三角形联结时，相电压等于三相电源的线电压；使用星形联结时，三相总电流等于零。

7）正弦波形的三要素为最大值、频率、初相角。正弦交流电的周期用T来表示，频率为周期的倒数，我国的工频为50Hz。

8）我国的照明电压为220V，此值为有效值；三相交流电路中，A相用黄色标记。

9）磁力线是一种闭合曲线，规定小磁针的北极所指的方向是磁力线的方向；空气属于顺磁性材料。

10）载流导体在磁场中可能会受到磁场力的作用，力的大小与导体的有效长度成正比。

11）交流发电机的原理基于电磁感应，右手定则用于判断直导体切割磁力线时所产生的感应电流方向。

12）楞次定律，感应电流的方向总是使感应电流的磁场阻碍引起感应电流的磁通的变化。

13）右手螺旋法则也称安培定则，通电线圈产生的磁场方向不但与电流方向有关，而且还与线圈绕向有关。

14）半导体指导电性介于导体和绝缘体之间的物体，单极型半导体器件是场效应晶体管。

15）PN结两端加正向电压时，其正向电阻小，PN结导通时，其内外电场方向不一致。

16）晶体管具有电流放大功能。

17）稳压二极管的正常工作状态是反向击穿状态。

18）用电笔验电时，电笔电流对人体无害，不需要赤脚站立。电笔发光不能说明线路一定有电。对地电压为50V以上的带电设备验电时，氖泡式低压验电器就可能显示无电。

19）使用竹梯作业时，梯子放置时与地面夹角以60°左右为宜。

20）安全带是登杆作业必备的保护用具，无论用登高板或脚扣都要用其配合。

21）挂登高板时，应钩口向外并且向上。

22）使用脚扣进行登杆作业前，应对脚扣进行人体载荷冲击试验；作业时，上、下杆的每一步必须使脚扣完全套入并可靠地扣住电杆，才能移动身体，否则会造成事故。

23）电工钳、电工刀、螺钉旋具是常用电工基本工具。

24）剥线钳是用来剥除小导线头部表面绝缘层的专用工具，使用剥线钳剥线时应选用比导线直径稍大的刃口。尖嘴钳150mm是指其总长度为150mm。

25）螺钉旋具的规格是以柄部外面的杆身长度和直径表示，多用螺钉旋具的规格是以它的全长（手柄加旋杆）表示。

26）电动式仪表可直接用于交、直流测量，且精确度高。

27）使用万用表测量电阻时，黑表笔接表内电源的正极，指针指在刻度盘中间时测量值最准确。每换一次欧姆档都要进行欧姆调零。万用表电阻档不能测量变压器的绕组电阻。

28）指针式万用表一般可以测量交直流电压、直流电流和电阻。测量电阻时标度尺最右侧是零。

29）用万用表 $R\times1\text{k}\Omega$ 欧姆档测量二极管时，红表笔接一只脚、黑表笔接另一只脚测得的电阻值为几百欧姆，反向测量时电阻值很大，则该二极管是好的。

30）钳形电流表是利用电流互感器的原理制造的，既能测交流电流，也能测量直流。但交流钳形电流表不能测量交直流电流。切换量程时应先退出导线，再转动量程开关。

31）用钳形电流表测量电动机空转电流时，不能直接用小电流档一次测量出来，以免造成仪表损坏。

32）兆欧表可以用来测量线路设备的绝缘电阻，还可以用来测量吸收比。使用兆欧表前必须切断被测设备的电源。用兆欧表测量电阻的单位是兆欧。

33）遥测大容量设备吸收比是测量60s时的绝缘电阻与15s时的绝缘电阻之比。

34）测量接地电阻时，电位探针应接在距接地端20m的地方。

35）接地电阻表主要由手摇发电机、电流互感器、电位器以及检流计组成。

1.7 习题

一、判断题

1. 基尔霍夫第一定律是节点电流定律，是用来证明电路上各电流之间关系的定律。（　）

2. 并联电路中各支路上的电流不一定相等。（　）

3. 电压的方向是由高电位指向低电位，是电位升高的方向。（　）

4. 几个电阻并联后的总电阻等于各并联电阻的倒数之和。（　　）

5. 串联电路中，电流处处相等。（　　）

6. 对称三相电源是由频率相同、初相相差120°的三个正弦交变电源连接组成的供电系统。（　　）

7. 载流导体在磁场中一定受到磁场力的作用。（　　）

8. 在磁路中，当磁阻大小不变时，磁通和磁动势成反比。（　　）

9. 若磁场中各点的磁感应强度大小相同，则该磁场为均匀磁场。（　　）

10. 电工刀的手柄无绝缘保护，不能在带电导线或器材上剖切，以免触电。（　　）

11. 电工钳、电工刀、螺钉旋具是常用电工基本工具。（　　）

12. 剥线钳是用来剥除导线头部表面绝缘层的专用工具。（　　）

13. 常用的绝缘安全防护用具有绝缘手套、绝缘靴、绝缘隔板、绝缘垫、绝缘站台等。（　　）

14. 绝缘棒在闭合或拉开高压隔离开关和跌落式熔断器、装拆携带式接地线，以及进行辅助测量和试验时使用。（　　）

15. 用验电笔验电时，应赤脚站立，保证与大地有良好接触。（　　）

16. 用验电笔检查时，电笔发光就说明线路一定有电。（　　）

17. 万用表使用后，转换开关可置于任意位置。（　　）

18. 电压表在测量时，量程要大于或等于被测线路电压。（　　）

19. 用钳形电流表测量电流时，尽量将导线置于钳口铁心中心，以减少测量误差。（　　）

20. 万用表在测量电阻时，指针指在刻度盘中间时最准确。（　　）

二、选择题

1. 电动势的方向是（　　）。

A. 从负极指向正极　　B. 从正极指向负极　　C. 与电压方向相同

2. 安培定则也叫（　　）。

A. 左手定则　　B. 右手定则　　C. 右手螺旋定则

3. 三相四线制的零线的截面积一般（　　）相线截面积。

A. 大于　　B. 小于　　C. 等于

4. 将一根导线均匀拉长为原来的2倍，则它的电阻值为原电阻值的（　　）倍。

A. 1　　B. 2　　C. 4

5. 二极管的导电特性是（　　）导电。

A. 单向　　B. 双向　　C. 三向

6. 一般电器所标或仪表所指示的交流电压、电流的数值是（　　）。

A. 最大值　　B. 有效值　　C. 平均值

7. 交流10kV母线电压是指交流三相三线制的（　　）。

A. 线电压　　B. 相电压　　C. 线路电压

8. 单极型半导体器件是（　　）。

A. 二极管　　B. 双极性晶体管　　C. 场效应晶体管

9. 纯电容元件在电路中（　　）电能。

A. 消耗　　B. 储存　　C. 分配

10. 当电压为5V时，导体的电阻为5Ω，那么当电压为2V时，导体的电阻值为（　　）Ω。

A. 10　　B. 5　　C. 2

11. 引起电光性眼炎的主要原因是（　　）。

A. 可见光　　B. 红外线　　C. 紫外线

12. 绝缘手套属于（　　）安全用具。

A. 辅助　　B. 直接　　C. 基本

13. 绝缘安全用具分为（　　）安全用具和辅助安全用具。

A. 直接　　B. 间接　　C. 基本

14. 尖嘴钳150mm是指（　　）。

A. 其总长度为150mm　　B. 其绝缘手柄为150mm　　C. 其开口为150mm

15. 螺钉旋具的规格是以柄部外面的杆身长度和（　　）表示。

A. 厚度　　B. 半径　　C. 直径

16. （　　）仪表由固定的永久磁铁，可转动的线圈及转轴、游丝、指针、机械调零机构等组成。

A. 磁电式　　B. 电磁式　　C. 感应式

17. （　　）仪表由固定的线圈，可转动的铁心及转轴、游丝、指针、机械调零机构等组成。

A. 磁电式　　B. 电磁式　　C. 感应式

18. 钳形电流表使用时应先用较大量程，然后再视被测电流的大小变换量程。切换量程时应（　　）。

A. 直接转动量程开关

B. 先退出导线，再转动量程开关

C. 一边进线一边换档

19. 用万用表测量电阻时，黑表笔接表内电源的（　　）。

A. 两极　　B. 负极　　C. 正极

20. 绝缘电阻表的两个主要组成部分是手摇（　　）和磁电式流比计。

A. 电流互感器　　B. 直流发电机　　C. 交流发电机

21. 有时候用钳形电流表测量电流前，要把钳口开合几次，目的是（　　）。

A. 消除剩余电流　　B. 消除剩磁　　C. 消除残余应力

22. 万用表电压量程2.5V是指当指针指在（　　）位置时电压值为2.5V。

A. 1/2量程　　B. 满量程　　C. 2/3量程

第 2 章　电力拖动控制线路

由于电力在生产、传输、分配、使用和控制等方面的优越性，使得电力拖动具有方便、经济、效率高、调节性能好等优点，所以电力拖动获得了广泛的应用。电动机在电力拖动中扮演了重要的角色。据统计，在整个电能消耗中，电动机的能耗约为60%~70%，而整个电动机的耗能中，三相异步电动机又居首位。目前，在日常生活中使用的电风扇、洗衣机、空调、冰箱等家用电器都采用了电力拖动技术。

该章的主要内容有电动机、电动机控制与保护、常用电器及其图形符号等，同时有考证相关的电力拖动控制实训。

2.1 低压电网常用设备

2.1.1 电动机

电动机是低压电网中的主要动力设备，其分类如图 2-1 所示。

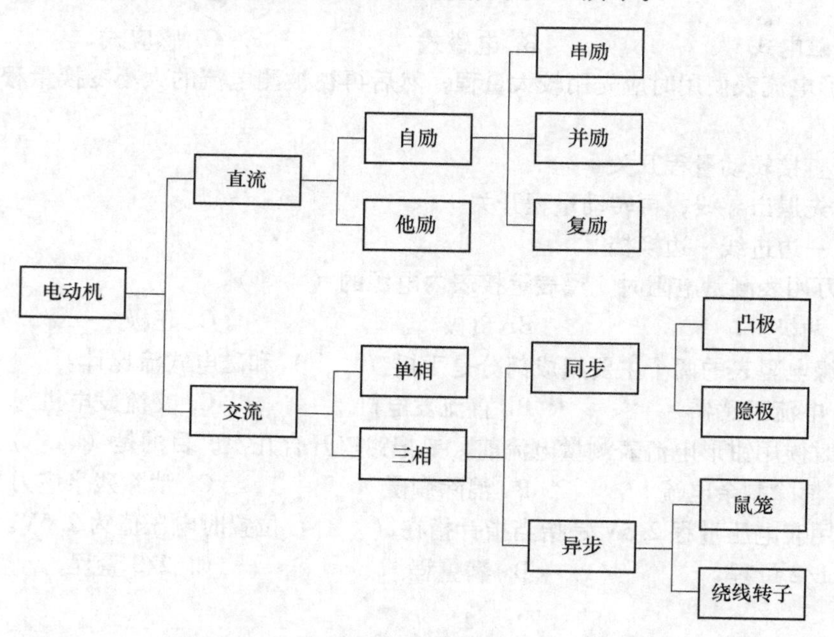

图 2-1　电动机的分类

1. 三相异步电动机

（1）三相异步电动机种类

1）根据防护形式分类，分为开启式、防护式、封闭式、防爆式。

2）根据转子形式分类，分为普通笼型、高起动转矩笼型（多速）、绕线型。

(2) 异步电动机工作原理

1) 定子旋转磁场的产生。

三相交流电机的定子都有对称的三相绕组。任意一相绕组通交流电流时产生的是脉动磁场，但若以平衡三相电流通入三相对称绕组，就会产生一个在空间旋转的磁场。如图 2-2 所示，当三相电流如①阶段所示时，根据右手螺旋定则可知磁场的方向向上，同理，②阶段时磁场的方向向右，以此类推，再经历③、④、⑤阶段后定子电流所产生的磁场旋转了一周，然后进入下一个循环。

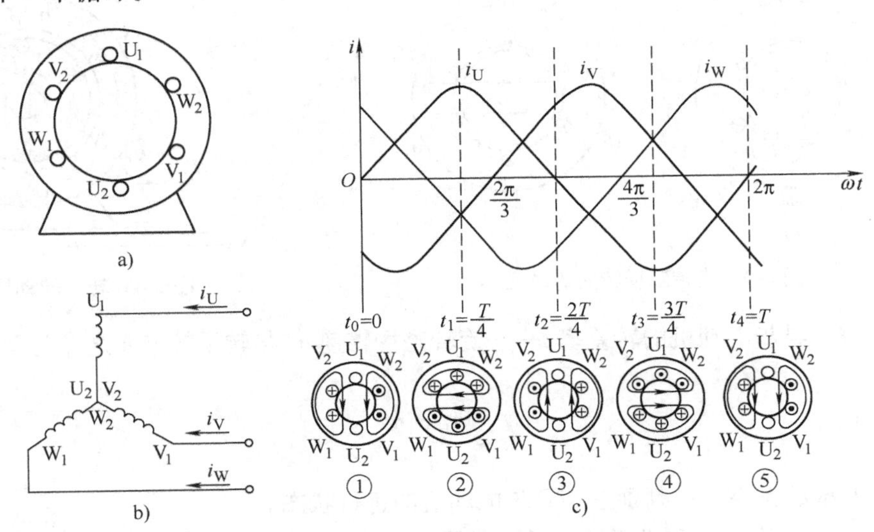

图 2-2 定子旋转磁场的产生

产生旋转磁场的必要条件：对称三相定子绕组中通入对称三相交流电流。

2) 旋转磁场的转速。

同步转速：

$$n_1 = \frac{60f}{p} \tag{2-1}$$

式中，n_1 为三相电动机定子旋转磁场每分钟的转速（r/min）；f 为定子电流频率（Hz）；p 为磁极对数。

常见的同步转速见表 2-1。

表 2-1 常见的同步转速

磁极对数 p/对	1	2	3	4	5
旋转磁场转速 n_1/(r/min)	3000	1500	1000	750	600

3) 旋转磁场的方向。

如图 2-2 所示，三相电流相序为 U→V→W 的，三相绕组 U、V、W 按顺时针方向排列，绕组中的电流按顺时针方向先后达到最大值，故旋转磁场的转向为顺时针。

如果将定子绕组的三相电源线中的任意两相交换，则绕组中三相电流的相序即由顺时针变为逆时针，旋转磁场也相应地逆时针反向旋转，如图 2-3 所示。

结论：旋转磁场的旋转方向取决于绕组中三相电流的相序。

4）三相异步电动机的旋转原理。

①转子转动原理。在定子三相绕组中通入三相交流电时，在电动机气隙中即形成旋转磁场；转子绕组在旋转磁场的作用下产生感应电流；载有电流的转子导体受电磁力的作用，产生电磁转矩使转子旋转，如图 2-4 所示。

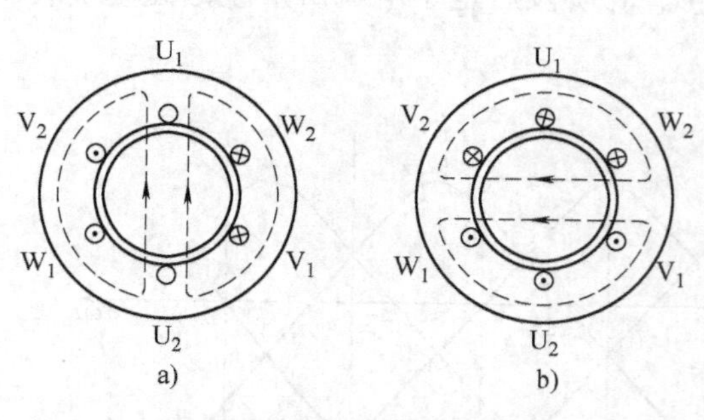

图 2-3 旋转磁场转向的改变

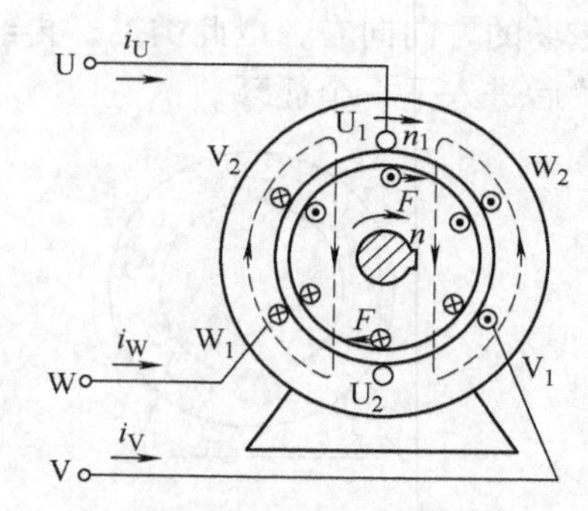

图 2-4 转子转动原理

②转差率。异步电动机的转差率 s——旋转磁场转速 n_1 与转子转速 n 之差与同步转速 n_1 之比，即

$$s=\frac{n_1-n}{n_1} \tag{2-2}$$

根据转差率的大小，可判别三相异步电动机的运行状态。

- 当 $s=1$ 时，表示电动机正处于通电瞬间。
- 当 $s>0.1$ 时，表示电动机正处于起动过程或过载状态中。
- s 很接近 0 时，表示电动机正处于空载或轻载状态中。
- $s<0$ 时，表示电动机正处于再生发电制动状态。

（3）绕线转子异步电动机

绕线转子异步电动机的电机转子是铜线绕制的绕组，可以通过集电环在转子绕组中串接电阻来改善电动机的机械特性，从而达到减小起动电流、增大起动转矩以及调节转速的目的。绕线转子异步电动机及其符号如图 2-5 所示。

图 2-5 绕线转子异步电动机及其符号

（4）电动机的调速

由三相异步电动机的转速公式 $n=(1-s)\dfrac{60f}{p}$ 可知，改变异步电动机转速可通过三种方法来实现：一是改变电源频率 f，简称变频调速；二是改变转差率 s，简称变转差率调速；三是改变磁极对数 p，简称变极调速。

变极调速是通过改变定子绕组的连接方式来实现的，它是有级调速，且只适用于笼型异步电动机。

（5）电动机的起动

1）笼型三相异步电动机

全压起动：起动时加在电动机定子绕组上的电压为电动机的额定电压。

减压起动：利用起动设备将电压适当降低后，加到电动机的定子绕组上进行启动，待电动机起动运转后，再使其电压恢复到额定电压正常运转。主要有如下四种。

①定子绕组串接电阻减压起动

电动机起动时，在电动机的定子绕组上串联电阻，由于电阻的分压作用，使加在电动机的定子绕组上的电压低于电源电压，待起动后，再将电阻短接，电动机便在额定电压下正常运行。

②自耦变压器减压起动

在电动机起动时利用自耦变压器来降低加在电动机定子绕组上的起动电压。待电动机起动后，再使电动机与自耦变压器脱离，从而在全压下正常运行。

③Y-△减压起动

电动机起动时，把电动机的定子绕组接成星形，电动机定子绕组电压低于电源电压起动，起动即将完毕时再恢复成三角形，电动机便在额定电压下正常运行。

④延边三角形减压起动

延边三角形如图 2-6 所示。起动时，把定子三相绕组的一部分联结成三角形，另一部分联结成星形，每相绕组上所承受的电压，比三角形联结时的相电压要低，比星形联结时的相电压要高。电动机延边三角形减压起动，待电动机起动运转后，再将绕组联结成三角形，全压运行。

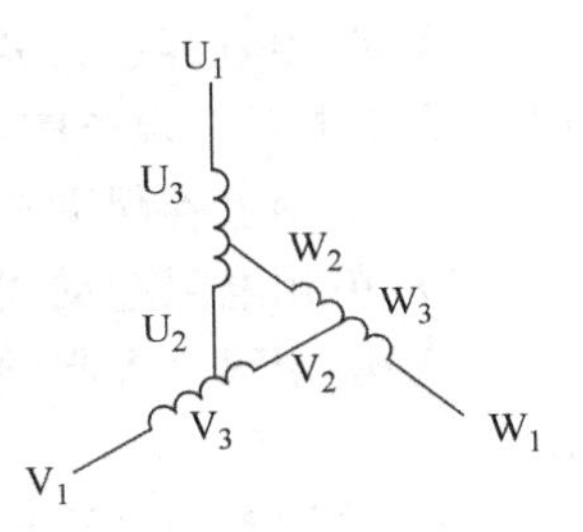

图 2-6　延边三角形

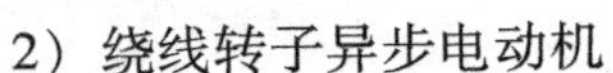

2）绕线转子异步电动机

绕线转子异步电动机的起动方式主要有如下三种。

①转子串接三相电阻起动

起动时，在转子回路串入Y形联结、分级切换的三相起动电阻器，以减小起动电流、增加起动转矩。随着电动机转速的升高，逐级减小可变电阻。起动完毕后，切除可变电阻器，转子绕组被直接短接，电动机便在额定状态下运行。

②转子绕组串联频敏变阻器起动

频敏变阻器是一种阻抗值随频率明显变化、静止的无触点电磁元件。它实质上是一个铁心损耗非常大的三相电抗器。在电动机起动时，将频敏变阻器串接在转子绕组中，起动完毕短接切除频敏变阻器。

③凸轮控制器起动

中、小容量绕线转子异步电动机的起动、调速及正反转控制，常常采用凸轮控制器来实现，以简化操作，如桥式起重机上大部分采用这种控制线路。

（6）电动机的制动

所谓制动，指给电动机一个与转动方向相反的转矩使它迅速停转（或限制其转速）。制动的方法一般分为两类：机械制动和电力制动。

机械制动是利用机械装置使电动机断开电源后迅速停转的方法。常用的方法有电磁抱闸制动器制动和电磁离合器制动两种。电磁抱闸制动器可分为断电制动型和通电制动型。

电力制动是使电动机在切断电源停转的过程中，产生一个与电动机实际旋转方向相反的电磁力矩（制动力矩），迫使电动机迅速制动停转。电力制动的常用方法有反接制动、能耗制动、电容制动和再生发电制动。

1）反接制动：在停机时，把电动机反接，则其定子旋转磁场反向旋转，在转子上产生的电磁转矩亦随之变为反向，称为制动转矩。

2）能耗制动：电动机切断交流电源后，立即在定子线组的任意两相中通入直流电，利用转子感应电流受静止磁场的作用以达到制动目的。

3）电容制动：当电动机切断交流电源后，立即在电动机定子绕组的出线端接入电容器来迫使电动机迅速停转的方法叫电容制动。

4）再生发电制动：一种比较经济，仅限制电动机转速的制动方法。制动时不需要改变线路即可从电动运行状态自动地转入发电制动状态，把机械能转换成电能，再回馈到电网。再生发电制动方法仅适用于电动机转速大于同步转速时的情况。常用于起重机械起吊重物下降时的制动，使重物平稳下降。

2. 单相异步电动机

（1）单相异步电动机的分类

按启动和运行方式分为五类。

1）单相电容运行式异步电动机。常用于家用小功率设备中或各种家用电器（如电风扇、吸尘器等）设备中。

2）单相电容起动式异步电动机。常用于洗衣机、小型空气压缩机等。

3）单相电阻起动式异步电动机。常用于电冰箱、空调压缩机中。

4）单相双电容起动式异步电动机。这种电动机有较大的起动转矩，广泛用于小型机床设备。

5）单相罩极式异步电动机。适用于小功率负载，如仪表风扇等。

（2）单相异步电动机的结构

单相异步电动机的结构与一般小型三相笼型异步电动机相似，如图 2-7 所示。

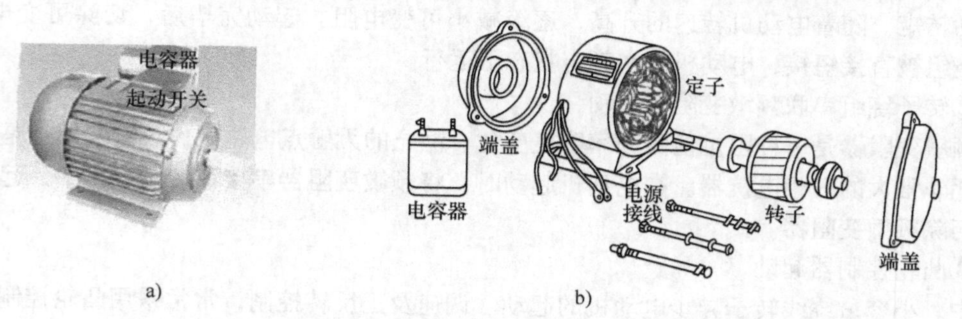

图 2-7　单相异步电动机的结构

a）外形　b）内部结构

1）定子。定子由定子铁心、定子绕组、机座和起动部分组成。

①定子铁心。定子铁心用硅钢片叠压而成。

②定子绕组。定子铁心槽内放置两套绕组，一套是主绕组，也称工作绕组；另一套是副绕组，又称起动绕组。

③机座。机座用铸铁或铝铸造而成，起固定铁心和支撑端盖的作用。

2）转子。单相异步电动机的转子与三相异步电动机笼型转子相同，采用笼型结构。

3）起动元件。通常起动元件为电容器或电阻器。

4）起动开关。起动开关的作用是起动时接通起动绕组，起动结束后自动切断起动绕组。

（3）单相电容运行式异步电动机的工作原理

在三相异步电动机模块中曾讲到，当三相定子绕组通入三相对称交流电流时，则产生旋转磁场，在电磁力矩的作用下转子转动；而单相电动机的工作绕组通入单相交流电时，产生的是脉动磁场而不是旋转磁场，脉动磁场并不能使转子自行起动。

1）脉动磁场的电磁转矩。

单相异步电动机工作绕组通入单相交流电时，产生的脉动磁场如图 2-8a 所示。脉动磁场分解成两个大小相等（$B_1=B_2$）、方向相反的旋转磁场。

从图 2-8b 中看出：在 t_0 时刻 B_1、B_2 处在反向位置，矢量合成为零；在 t_1 时刻 B_1 顺时针旋转 45°，B_2 逆时针旋转 45°，矢量合成为 $1B$；在 t_2 时刻 B_1、B_2 又各转了 45°，相位一致，矢量合成为 $2B$……

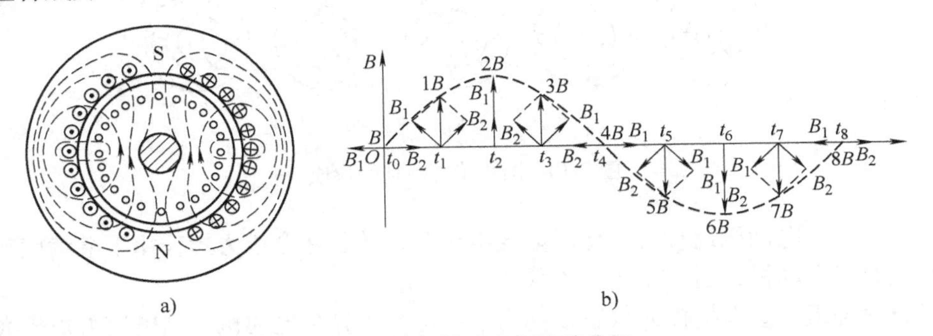

图 2-8　单相脉动磁场及其分解

a）单相电动机工作绕组的脉动磁场　b）脉动磁场的分解

两个旋转磁场产生的转矩曲线如图 2-9 所示的两条虚线。

转矩曲线 T_1 是顺时针旋转磁场产生的，转矩曲线 T_2 是逆时针旋转磁场产生的。在 $n = 0$ 处，两个力矩大小相等、方向相反，合成力矩 $T = 0$。在 $n \neq 0$ 处，两个力矩大小不相等、方向相反，合成力矩 $T \neq 0$。

图中合成力矩 T 用实线表示，可以看出，脉动磁场虽然起动力矩为零，但起动后电动机就有运转力矩了，电动机正反向都可转动，旋转方向由起动时所加外力的方向决定。因此，单相异步电动机必须施加初始外力，才能使电动机起动运转。

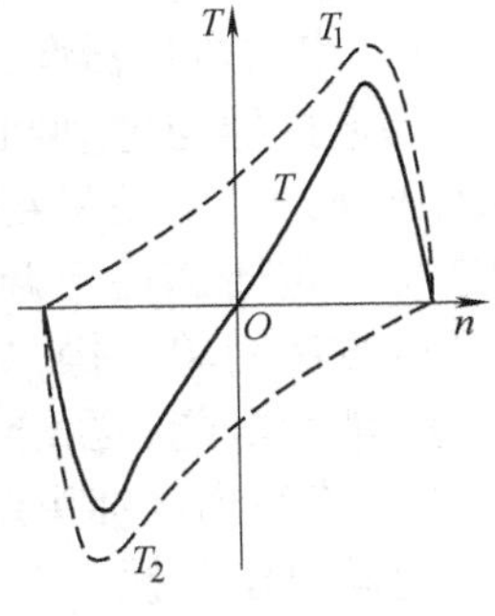

图 2-9　单相异步电动机的转矩特性

2）单相电容运行式异步电动机的工作原理。

①在电动机定子铁心上彼此间隔 90°嵌放两套绕组，主绕组 LZ 和副绕组 LF。

②在起动绕组 LF 中串入电容器，再与工作绕组并联在单相交流电源上，经电容器分相

后，产生两相相位差为90°的交流电，如图2-10a所示。

③与三相电流产生旋转磁场一样，相位差为90°的两相电流也能产生如图2-10b所示的旋转磁场。旋转磁场的转速为

$$n_s = \frac{60f}{p} \tag{2-3}$$

④转子在旋转磁场中受电磁转矩的作用与旋转磁场同向异步转动。

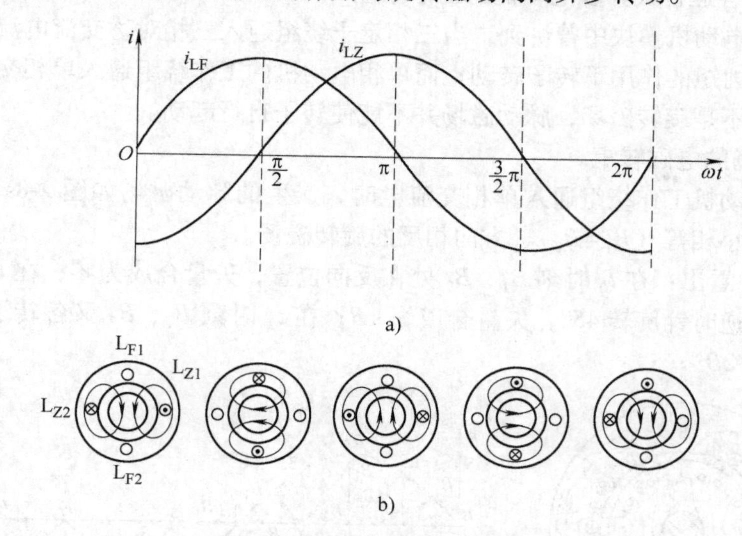

图2-10　两相旋转磁场的形成

如果单相异步电动机运转后，将起动绕组切断，转子在合成力矩作用下继续旋转，称为电容起动式异步电动机，适用于较轻负载。

如果起动绕组一直保持接通状态，称为电容运行式异步电动机，其电磁力矩较大，适用于较重负载。

（4）单相异步电动机的调速

单相异步电动机的调速方式一般有串联电抗器调速、绕组内部抽头调速、晶闸管调速等。

1）串联电抗器调速

将电抗器与电动机的两个绕组串联，利用电抗器产生电压降，使电动机绕组上的电压下降，从而将电动机转速由额定转速往下调，其控制电路如图2-11所示。这种调速方法简单、操作方便，但只能有级调速，且电抗器上会消耗电能。在老式电风扇上常使用这种调速方式。

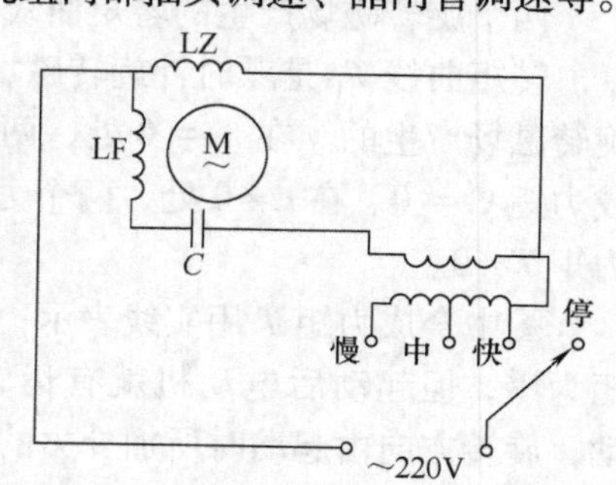

图2-11　串联电抗器调速控制电路图

2）绕组内部抽头调速

电动机定子铁心上有工作绕组LZ、起动绕组LF和中间绕组LL，通过开关改变中间绕组与工作绕组及起动绕组的接法，从而改变电动机内部气隙磁场的大小，使电动机的输出转矩也随之改变，其电路原理如图2-12所示。

这种调速方法无需电抗器，材料省、耗电少，但绕组嵌线和接线复杂，电动机和调速开关接线较多，且是有级调速。

3）晶闸管调速

利用改变晶闸管的导通角，来改变加在单相异步电动机 M 上的交流电压，从而调节电动机的转速。其电路原理如图 2-13 所示。这种调速方法可以做到无级调速，节能效果好，常用于新式电风扇调速。

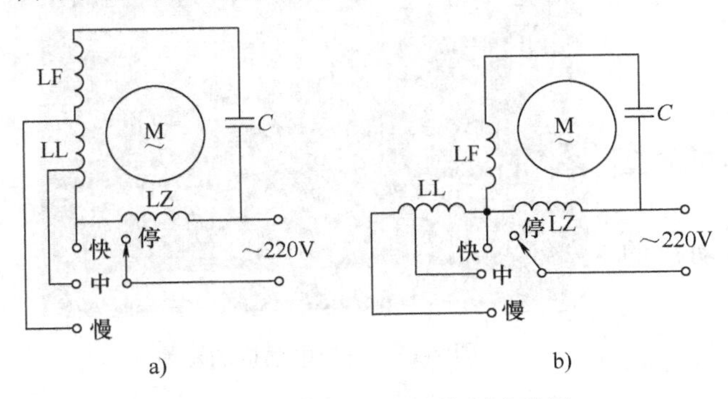

图 2-12　绕组抽头调速控制电路图

a）内置抽头　b）外置抽头

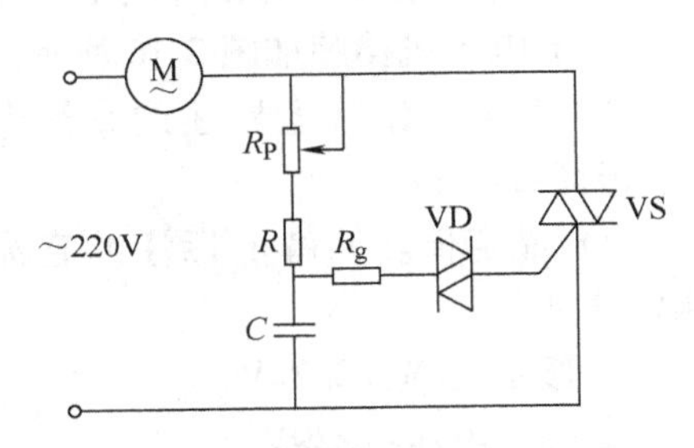

图 2-13　晶闸管调速电路原理图

3. 直流电动机

（1）直流电动机的基本结构

直流电动机由两大部分组成：定子和电枢（转子），如图 2-14 所示。

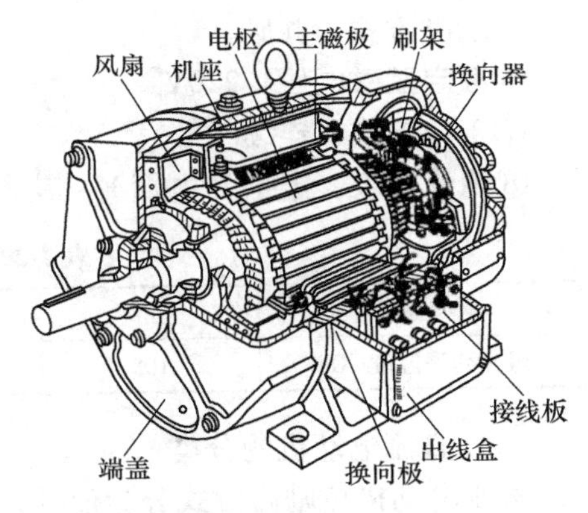

图 2-14　直流电动机的内部结构图

1）定子。定子部分包括机座、主磁极、换向极、端盖、电刷装置等。

①机座如图 2-15a 所示。机座通常用铸钢件经机械加工而成，也有的采用钢板焊接而成。

②主磁极如图 2-15b 所示。铁心是用薄钢板冲制后叠装而成的，绕组是用漆包线或扁铜线绕制而成的。

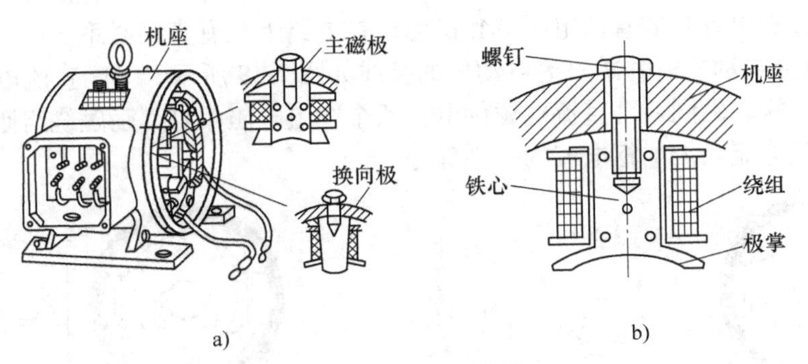

图 2-15　直流电动机的机座及主磁极结构

a）直流电动机的机座　b）主磁极结构

③换向极。它是位于两个主磁极之间的小磁极，用于产生换向磁场，以减小电流换向时产生的火花。

④端盖。端盖用于安装轴承和支撑电枢，一般为铸钢件。

⑤电刷装置。通过电刷与换向器表面滑动接触，把电源电流引入电枢。电刷用石墨粉压制而成，也称为炭刷。

2）电枢。包括电枢铁心、电枢绕组、换向器、转轴和风扇。

（2）直流电动机的铭牌数据

直流电动机铭牌如图 2-16 所示。

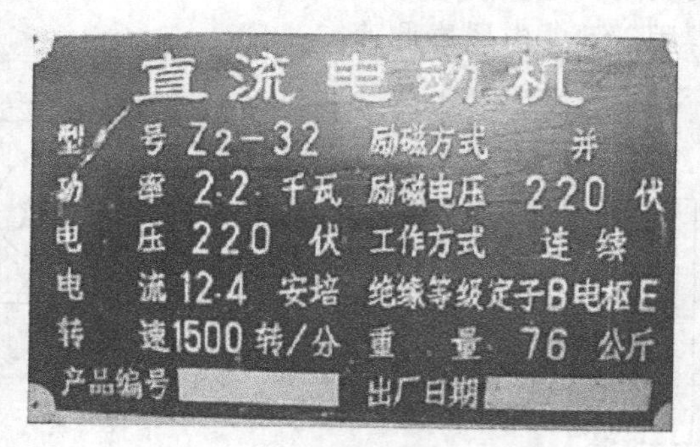

图 2-16 直流电动机的铭牌

1）型号。铭牌上标注的直流电动机的型号如图 2-17 所示。

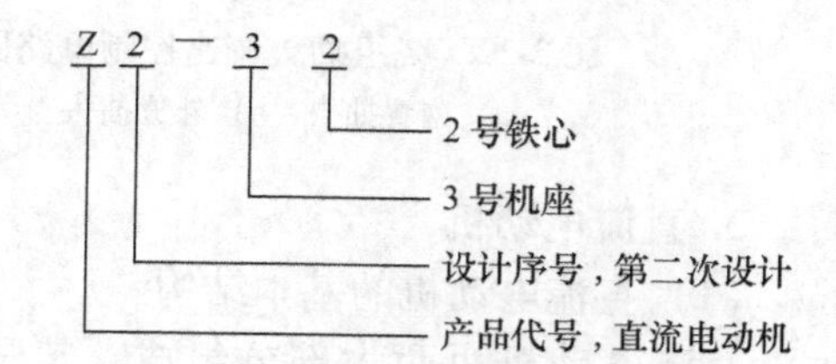

图 2-17 直流电动机的型号

2）额定值。铭牌上标注的直流电动机的额定值如下。

①额定功率：2. 2kW

②额定电压：220V

③额定电流：12. 4A

④额定转速：1500r/min

⑤励磁方式：并励

⑥额定励磁电压：220V

⑦工作方式：连续

⑧绝缘等级：定子 B 电枢 E，其含义见表 2-2。

表 2-2 绝缘材料耐热性能等级

绝缘等级	A	E	B	F	H
最高允许温度/℃	105	120	130	155	180

（3）直流电动机的分类

直流电动机按励磁方式分为他励、并励、串励、复励 4 种。

1）他励直流电动机。他励直流电动机的接线如图 2-18 所示。他励直流电动机的励磁绕组与电枢绕组分别由各自的直流电源单独供电，在电路上没有直接联系。

2）并励直流电动机。并励直流电动机的接线如图 2-19 所示。并励直流电动机的励磁绕组与电枢绕组并联，由同一个直流电源供电。两个绕组电压相等，励磁绕组匝数多，导线截面积较小，励磁电流只占电枢电流的一小部分。

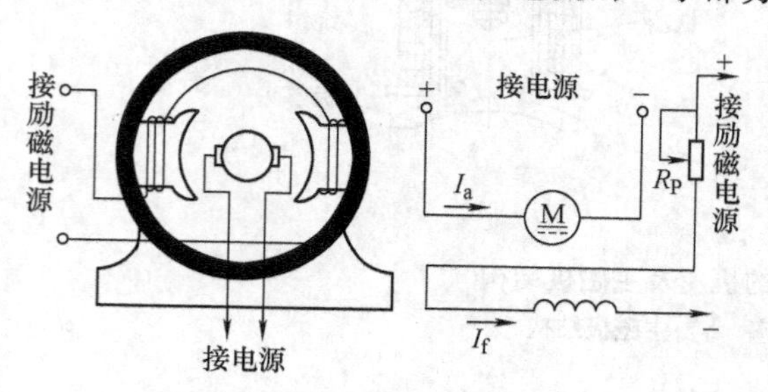

图 2-18 他励直流电动机接线图

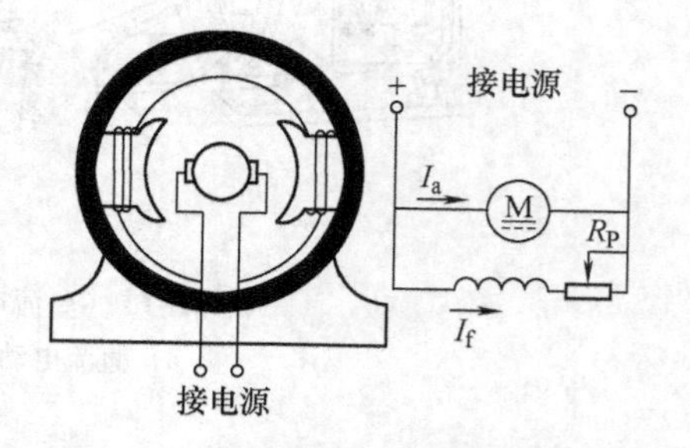

图 2-19 并励直流电动机接线图

3）串励直流电动机。串励直流电动机的接线如图 2-20 所示。串励直流电动机的励磁绕组与电枢绕组串联，由同一个直流电源供电，流过励磁绕组和电枢绕组的电流相等。励磁绕组匝数少，导线截面积较大，励磁绕组上的电压降很小。

4）复励直流电动机。复励直流电动机的接线如图 2-21 所示。复励直流电动机有两个励磁绕组，一个与电枢绕组并联，另一个与电枢绕组串联，由同一个直流电源供电。

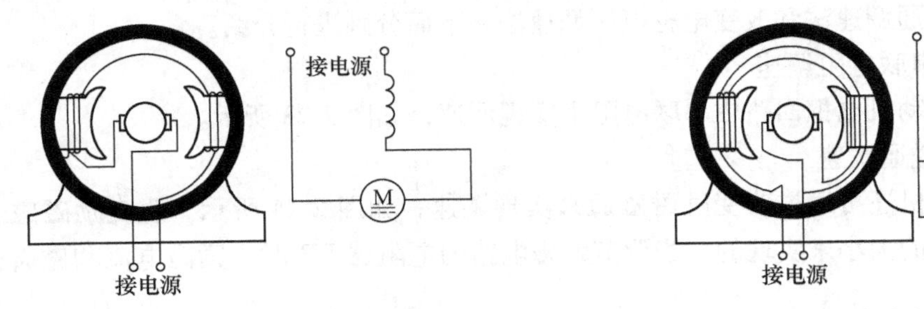

图 2-20　串励直流电动机接线图　　　图 2-21　复励直流电动机接线图

（4）直流电动机的工作原理

直流电动机的工作原理如图 2-22 所示。

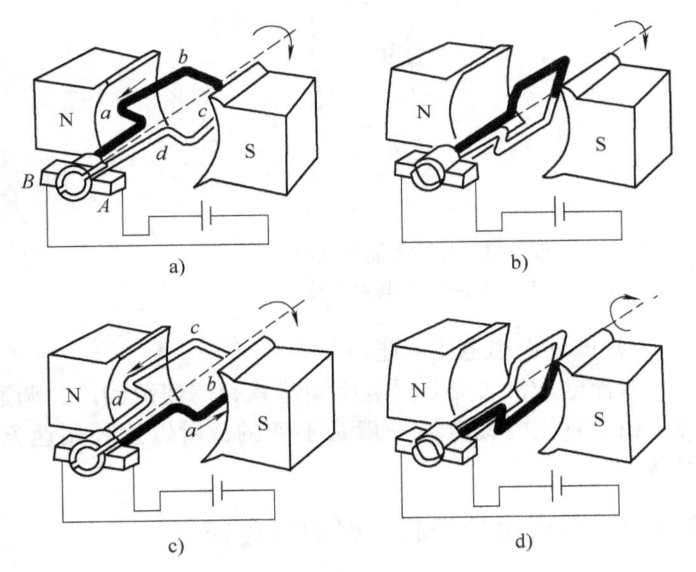

图 2-22　直流电动机的工作原理图

1）如图 2-22a 所示，电流由 A 电刷流入，B 电刷流出，线圈 $abcd$ 中的电流方向如图中箭头所示，用左手定则可判断出线圈在力矩作用下顺时针方向旋转。

2）如图 2-22b 所示，当线圈转到此位置时，电刷 A 及 B 刚好处在两个换向器之间的空隙上，线圈中没有电流流过。

3）如图 2-22c 所示，线圈由于惯性继续转动到该位置时，虽然线圈中导体在磁极中所处的位置正好与图 2-22a 位置时相反，但由于换向器的作用，仍能保持在 N 极下的导体中的电流方向不变，既保证线圈所受力矩方向不变，从而使电动机按原方向转下去。

4）如图 2-22d 所示，当线圈转到此位置时，电刷 A 及 B 刚好处在两个换向器之间的空隙上，待线圈因惯性转过该位置时，线圈中的电流再次换向。

5）电磁转矩

由电枢绕组中的电流 I_a 与磁通 Φ 相互作用产生的电磁转矩是直流电动机的驱动转矩，电动机带动生产机械运动，实现了直流电能转换为机械能输出。

电磁转矩常用下式表示

$$T = C_T \Phi I_a \tag{2-4}$$

式中，T 是电磁转矩（N·m）；C_T 是电动机结构常数；Φ 是磁极的磁通（Wb）；I_a 是电枢电流（A）。

上式表明，当磁通 Φ 一定时，电磁转矩 T 与电枢电流 I_a 成正比。

（5）直流电动机的调速

根据直流电动机的转速公式可知，直流电动机有三种调速方法，即电枢回路串联电阻调速法、改变励磁磁通调速法和改变电枢电压调速法。下面分别进行介绍。

1）电枢回路串联电阻调速

在并励直流电动机电枢回路中串联电阻来实现调速，如图 2-23 所示。

2）改变励磁磁通调速

并励直流电动机还可通过改变励磁磁通来实现调速，如图 2-24 所示。改变励磁磁通是通过改变励磁电流的大小来实现的。当调节励磁电路的电阻器 RP 时，励磁电流和磁通也随之改变。

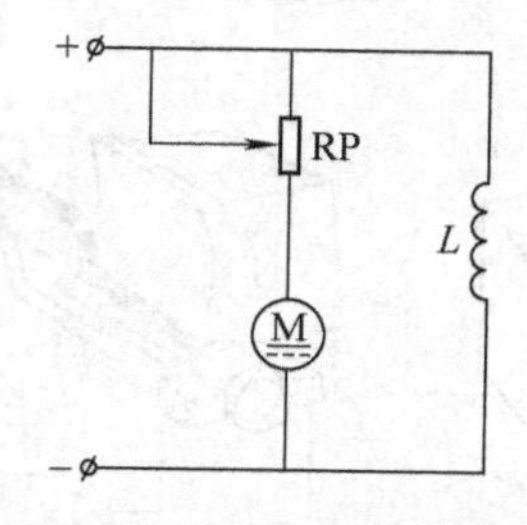

图 2-23　并励直流电动机电枢回路串联电阻调速

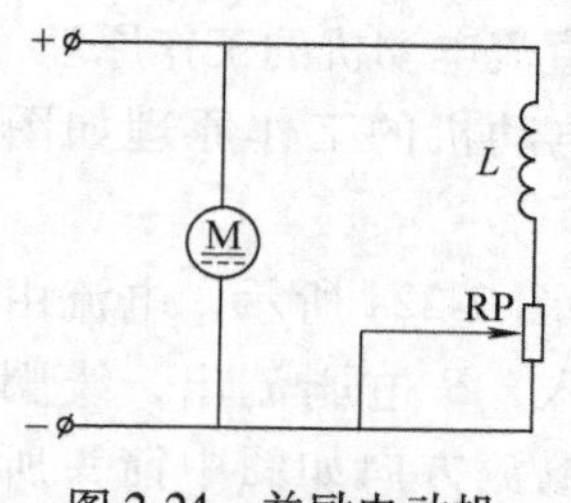

图 2-24　并励电动机改变励磁磁通调速

3）改变电枢电压调速

直流电动机改变电枢电压调速具有调速范围广、调速平滑性好、可实现无级调速的优点。由于直流电源电压一般是不变的，所以这种调速方法必须配置专用的直流电源调压设备。

2.1.2　电动机的控制、保护与选择

1. 电动机的控制原则

1）行程控制原则。根据生产机械运动部件的行程或位置，利用行程开关来控制电动机的工作状态。

2）时间控制原则。利用时间继电器按一定时间间隔来控制电动机的工作状态。

3）速度控制原则。根据电动机的速度变化，利用速度继电器来控制电动机的工作状态。

4）电流控制原则。根据电动机主回路电流的大小，利用电流继电器来控制电动机的工作状态。

2. 电动机的保护

电动机的保护主要包括短路保护、过载保护、欠电压保护、失电压/零压保护、过电流保护及弱磁保护等，详见表 2-3。

表 2-3　电动机的保护

保护类型	故障危害	常用保护电器
短路保护	短路电流，使电动机、电器及导线等电气设备严重损坏，甚至引发火灾	熔断器 低压断路器
过载保护	温升超过其允许值，导致电动机的绝缘材料变脆，寿命缩短	热继电器
欠电压保护	电动机欠电压下运行，负载没有改变。欠电压下电动机转速下降，定子绕组的电流增加	接触器 电磁式电压继电器
失电压保护/零压保护	发生电网突然停电后，当电源电压恢复正常时，电动机便会自行起动运转	接触器 中间继电器
过电流保护	限制电动机的起动或制动电流过大	电磁式过电流继电器
弱磁保护	若直流电动机起动时电动机的励磁电流太小，产生的磁场太弱，将会使电动机的起动电流很大	弱磁继电器（即欠电流继电器）

3. 电动机的选择

选择电动机的基本原则：电动机能够完全满足生产机械在机械特性方面的要求；在电动机工作过程中，其功率能被充分利用；电动机的结构形式应适合周围环境条件。

（1）电动机额定功率的选择

1）连续工作制电动机额定功率的选择。

①恒定负载下电动机额定功率的选择

$$P_{N} \geqslant P_{L} \tag{2-5}$$

式中，P_N 是电动机的额定功率（kW）；P_L 是负载功率（kW）。

②变化负载下电动机额定功率的选择

以周期性变化负载为例，如图 2-25 所示。

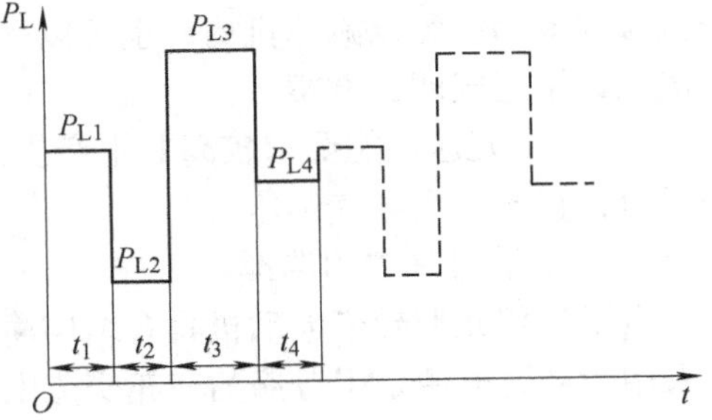

图 2-25　周期性变化负载

$$P_{Lj} = \frac{P_{L1}t_1 + P_{L2}t_2 + \cdots + P_{Ln}t_n}{t_1 + t_2 + \cdots + t_n} = \frac{\sum_{i=1}^{n} P_{Li}t_i}{\sum_{i=1}^{n} t_i} \tag{2-6}$$

式中，P_{Lj} 是负载的平均功率（kW）；P_{L1}、P_{L2}、…、P_{Ln} 是各段负载的功率（kW）；t_1、t_2、…、t_n 是各段负载工作所用时间（s）。

按 $P_N \geqslant (1.1 \sim 1.6) P_{Lj}$ 预选电动机。如果在工作过程中大负载所占的比例较大，则系数应选得大些。

2）短期工作制电动机额定功率的选择。选择电动机的额定功率 P_N 只要不小于负载功率 P_L 即可，即满足 $P_N \geqslant P_L$。

3）周期性断续工作制电动机额定功率的选择。周期性断续工作制电动机功率的选择方法和连续工作制变化负载下的功率选择相类似。

当负载持续率≤10%时，按短期工作制选择；当负载持续率≥70%时，可按长期工作制选择。

（2）电动机额定电压的选择

电动机额定电压选择的原则应与供电电网或电源电压一致。一般工厂企业低压电网额定电压为380V。中小型异步电动机都是低压的，额定电压为380/220V（Y/△联结）、220/380V（△/Y联结）或380/660V（△/Y联结）。高压电动机额定电压为3000V、6000V，甚至10000V。

一般情况下，电动机额定功率P_N<100kW时，选额定电压为380V；P_N<200kW时，选额定电压为380V或3000V；P_N≥200kW，选额定电压为6000V；P_N>1000kW，选额定电压为10kV。直流电动机的额定电压一般为110V、220V、440V，大功率电动机的额定电压可提高到600V、800V，甚至1000V。

（3）电动机额定转速的选择

1）对于起动、制动或反转很少，不需要调速的连续工作制电动机，可选择相应额定转速的电动机，从而省去减速传动机构。

2）对于经常起动、制动和反转的生产机械，选择额定转速时应主要考虑缩短起、制动时间以提高生产效率。起、制动时间的长短主要取决于电动机的飞轮矩和额定转速，应选择较小的飞轮矩和额定转速。

3）对于调速性能要求不高的生产机械，可选用多速电动机或者选择额定转速稍高于生产机械的电动机配以减速机构，也可以采用电气调速的电动机拖动系统。在可能的情况下，应优先选用电气调速方案。

4）对于调速性能要求较高的生产机械，应使电动机的最高转速与生产机械的最高转速相适应，直接采用电气调速。

（4）电动机种类的选择

由于三相笼型异步电动机具有结构简单、运行可靠、维修方便和价格便宜等特点，并且它采用的动力电源是很普遍的三相交流电源，因此广泛应用于国民经济和日常生活的各个领域，是生产量最大、应用面最广的电动机。但它的起动和调速性能差，功率因数低。对调速、起动性能要求不高的一般生产机械（如机床、水泵、通风机、家用电器等）中，应优先采用笼型异步电动机。对于要求高起动转矩的生产机械，如空气压缩机、皮带运输机、纺织机等，可采用深槽或双笼型异步电动机。在要求有级调速的生产机械（如某些机床）中，可采用双速、三速或四速等多速笼型异步电动机。

由于绕线式异步电动机可通过转子回路做到限制起动电流，提高起、制动转矩，实现一定的调速功能，因此，在起、制动频繁且起动转矩较大、并要求有一定调速的生产机械（如起重机、提升机等）中，可采用绕线式异步电动机。

同步电动机在运行时，可以对电网进行无功补偿，提高功率因数。在生产机械的功率较大而要求改善功率因数并且要求速度恒定的场合，如球磨机、破碎机、矿用通风机、空气压缩机等，可采用同步电动机。对于要求起动转矩较大、起动性能好，调速范围宽、调速平滑性较好、调速精度高且准确的生产机械，如高精度数控机床、龙门刨床、造纸机、印染机等，则应选用他励（复励）直流电动机拖动。

（5）电动机结构的选择

电动机的安装形式有卧式和立式两种。一般情况下用卧式，特殊情况用立式。电动机的外壳防护形式有开启式、防护式、封闭式及防爆式几种。

开启式电动机，在定子两侧与端盖上都有很大的通风口，这种电动机价格便宜、散热条件好，但容易进灰尘、水滴、铁屑等，只能在清洁、干燥的环境中使用。

防护式电动机在机座下面有通风口，散热好，能防止水滴、铁屑等从上方落入电动机内，但不能防止灰尘和潮气侵入，所以，一般在比较干燥、灰尘不多、较清洁的环境中使用。

封闭式电动机有自扇冷式、他扇冷式和密闭式 3 种：前两种形式的电动机是机座及端盖上均无通风孔，外部空气不能进入电动机内部，可用在潮湿、有腐蚀性气体、灰尘多、易受风雨侵蚀等较恶劣的环境中；密闭式电动机，外部的气体、液体都不能进入电动机内部，一般用于在液体中工作的机械，如潜水泵电动机等。

防爆式电动机适用于有易燃、易爆气体的场所，如油库、煤气站、加油站及矿井等场所。

2.1.3 常用低压电器

1. 低压电器的分类和常用术语

电器：能根据外界的信号和要求，手动或自动接通或断开电路，实现对电路或非电对象切换、控制、保护、检测和调节的元件或设备。

低压电器：工作在交流额定电压 1200V 及以下、直流额定电压 1500V 及以下的电器称为低压电器。

低压电器的常用术语及其含义详见表 2-4。

表 2-4 低压电器的常用术语及其含义

常用术语	含义
通断时间	从电流开始在开关电器的一个极流过的瞬间起，到所有极的电弧最终熄灭瞬间为止的时间间隔
燃弧时间	电器分断过程中，从触点断开（或熔体熔断）出现电弧的瞬间开始，至电弧完全熄灭为止的时间间隔
分断能力	开关电器在规定的条件下，能在给定的电压下分断的预期分断电流值
接通能力	开关电器在规定的条件下，能在给定的电压下接通的预期接通电流值
通断能力	开关电器在规定的条件下，能在给定的电压下接通和分断的预期电流值
短路接通能力	在规定的条件下，包括开关电器的出线端短路在内的接通能力
短路分断能力	在规定的条件下，包括开关电器的出线端短路在内的分断能力
操作频率	开关电器在每小时内可能实现的最高循环操作次数
通电持续率	电器的有载时间和工作周期之比，常以百分数表示
电寿命	在规定的正常工作条件下，机械开关电器不需要修理或更换零件的负载操作循环次数

常用的低压电器主要有：低压熔断器、低压开关、主令电器、接触器、继电器。

2. 低压熔断器

熔断器是低压配电网络和电力拖动系统中主要用作短路保护的电器。各类常用熔断器如图 2-26 所示。

熔断器主要由熔体、安装熔体的熔管和熔座三部分组成。

使用时，熔断器应串联在被保护的电路中。正常情况下，熔断器的熔体相当于一段导线；而当电路发生短路故障时，熔体能迅速熔断分断电路，起到保护线路和电气设

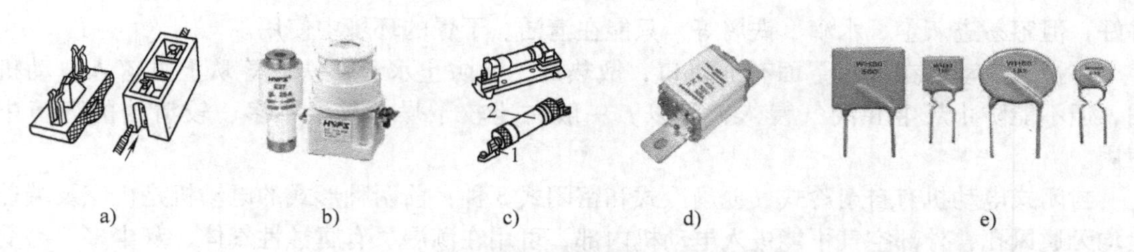

图 2-26　各类常用熔断器

a）磁插式　b）螺旋式　c）管式　d）快速式　e）自复式

备的作用。

熔断器的选用方法如下。

（1）熔断器类型的选用

根据使用环境、负载性质和短路电流的大小选用适当类型的熔断器。

（2）熔断器额定电压和额定电流的选用

熔断器的额定电压必须等于或大于线路的额定电压。

熔断器的额定电流必须等于或大于所装熔体的额定电流。

（3）熔体额定电流的选用

1）用于照明和电热等的短路保护时，熔体的额定电流应等于或稍大于负载的额定电流。

2）对一台不经常起动且起动时间不长的电动机的短路保护，应有

$$I_{RN} \geqslant (1.5 \sim 2.5) I_N \tag{2-7}$$

3）对多台电动机的短路保护，应有

$$I_{RN} \geqslant (1.5 \sim 2.5) I_{Nmax} + \sum I_N \tag{2-8}$$

3. 低压开关

低压开关一般为非自动切换电器，主要作为隔离、转换及接通和分断电路使用。

（1）低压断路器

低压断路器简称断路器。它集控制和多种保护功能于一体，当电路中发生短路、过载和失电压等故障时，它能自动跳闸切断故障电路。常用的低压断路器如图 2-27 所示。

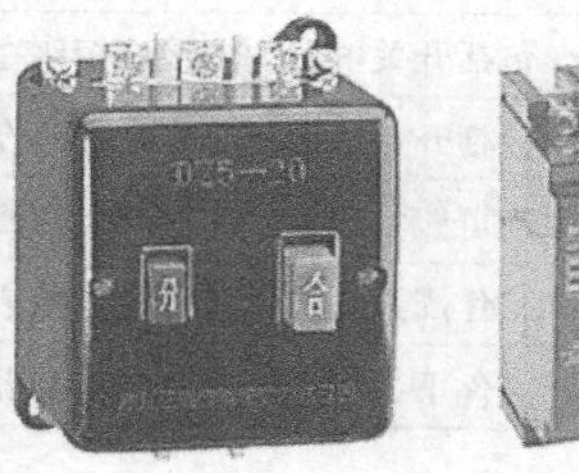

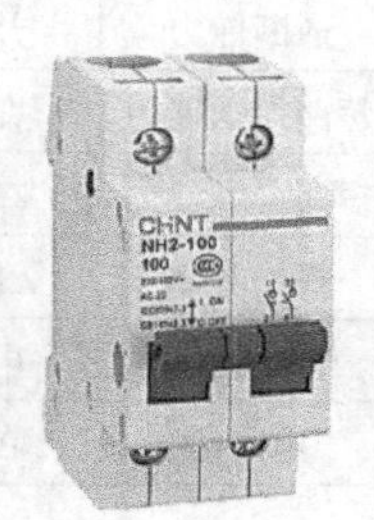

图 2-27　常用的低压断路器

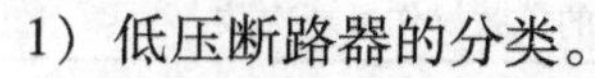

1）低压断路器的分类。

①按结构形式可分为：塑壳式、万能式、限流式、直流快速式、灭磁式、剩余电流保护式。

②按操作方式分为：人力操作式、动力操作式、储能操作式。

③按极数分为：单极式、二极式、三极式、四极式。

④按安装方式又可分为：固定式、插入式、抽屉式。

⑤按断路器在电路中的用途可分为：配电用断路器、电动机保护用断路器、其他负载用

断路器。

2）低压断路器的选用。

①低压断路器的额定电压应不小于线路、设备的正常工作电压，额定电流应不小于线路、设备的正常工作电流。

②热脱扣器的整定电流应等于所控制负载的额定电流。

3）低压断路器的安装与使用。

①低压断路器应垂直安装，电源线应接在上端，负载接在下端。

②低压断路器用作电源总开关或电动机的控制开关时，在电源进线侧必须加装刀开关或熔断器等，以形成明显的断开点。

③低压断路器使用前应将脱扣器工作面上的防锈油脂擦净，以免影响其正常工作。同时应定期检修，清除断路器上的积尘，给操作机构添加润滑剂。

④各脱扣器的动作值调整好后，不允许随意变动，并应定期检查各脱扣器的动作值是否满足要求。

⑤断路器的触头使用一定次数或分断短路电流后，应及时检查触头系统，如果触头表面有毛刺、颗粒等，应及时维修或更换。

（2）负荷开关

负荷开关具有简单的灭弧装置，能切断额定负荷电流和一定的过载电流，但不能切断短路电流。可分为开启式和封闭式两种，如图 2-28 所示。

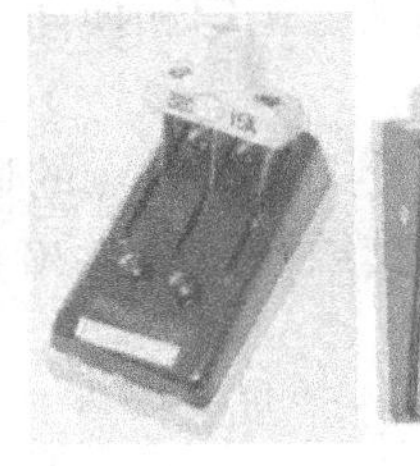

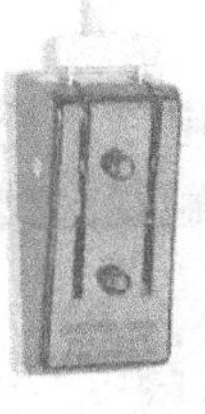

a)

b)

图 2-28　负荷开关

a）开启式　b）封闭式

1）负荷开关的选用。

开启式负荷开关用于一般的照明电路、电热负载，以及功率小于 5.5kW 的电动机控制线路中，可控制电动机的直接起动和停止。

2）负荷开关的安装与使用。

①开启式负荷开关必须垂直安装在控制屏或开关板上，且合闸状态时手柄应朝上。不允许倒装或平装。

②开启式负荷开关在控制照明和电热负载使用时，要安装熔断器进行短路保护和过载保护。

③开启式负荷开关用作电动机的控制开关时，应将开关的熔体部分用铜导线直接连接，并在出线端另外加装熔断器进行短路保护。

④在分闸和合闸操作时，应动作迅速，使电弧尽快熄灭。

（3）倒顺开关

倒顺开关也叫顺逆开关，如图 2-29 所示。它的作用是连通、断开电源或负载，可以使电机正转或反转，主要是给单相、三相电动机做正反转用的电气元件，但不能作为自动化元件。

使用倒顺开关时需要注意：

1）与垂直面的倾斜度不超过±5°。

图 2-29　倒顺开关

2）在无爆炸危险介质中使用，且介质中无足以腐蚀金属和破坏绝缘的气体及导电尘埃存在。

3）在有防雨雪设备及没有充满水蒸气的地方使用。

4）在无显著摇动、冲击和振动的地方使用。

5）由于倒顺开关无失电压保护、无零位保护，所以倒顺开关不能用于建筑工程施工机械的控制。

4. 主令电器

主令电器是用作接通或断开控制电路以发出指令的开关电器。主要包括按钮、行程开关、接近开关、万能转换开关、主令控制器、凸轮控制器。

按钮是一种由人通过施加力来操作并具有弹簧储能复位功能的控制开关。

行程开关是一种利用生产机械某些运动部件的碰撞来发出控制指令的主令电器。

接近开关又称为无触点行程开关，是一种与运动部件无机械接触就能操作的行程开关。

万能转换开关是由多组功能相同的触头组件叠装而成的、控制多回路的主令电器。

主令控制器是按照预定程序切换控制电路接线的主令电器。

凸轮控制器是利用凸轮来操作动触头动作的控制器，主要用于控制容量不大于 30kW 的中小型绕线转子异步电动机的起动、调速和换向。

5. 接触器

接触器是一种自动的电磁系开关，其触点的通断不是由人来控制，而是电动操作。它可分为交流接触器和直流接触器，其结构如图 2-30 所示。

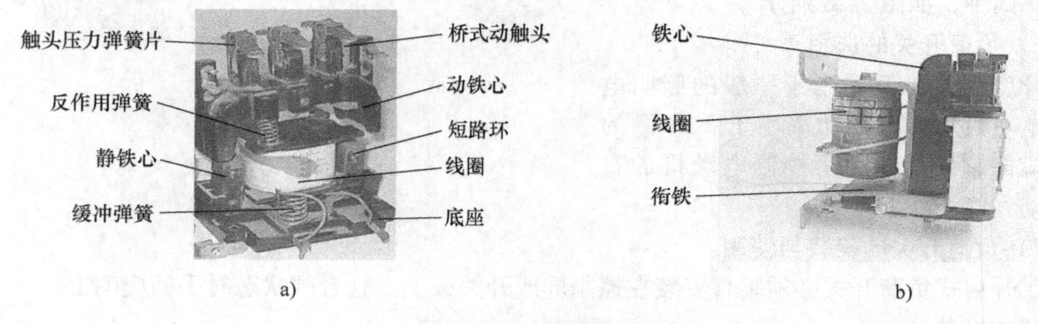

图 2-30　接触器结构图
a）交流接触器　b）直流接触器

接触器的选择过程如下。

1）选择接触器的类型。根据接触器所控制的负载性质选择接触器的类型。

2）选择接触器主触点的额定电压。接触器主触点的额定电压应大于或等于所控制线路的额定电压。

3）选择接触器主触点的额定电流。接触器主触点的额定电流应大于或等于负载的额定电流。

4）选择接触器吸引线圈的额定电压。当控制线路简单时，可直接选用 380V 或 220V 的电压。若线路较复杂，可选用 36V 或 110V 电压的线圈。

5）选择接触器触点的数量和种类。接触器的触点数量和种类应满足控制线路的要求。

6. 继电器

继电器是一种根据电量或非电量的变化，来接通或分断小电流电路，实现自动控制和保护电力拖动装置的电器。常用的有电压继电器、电流继电器、中间继电器、时间继电器、热继电器、速度继电器。各继电器的符号详见 2.2 节。

电压继电器的线圈并联在被测量的电路中，根据线圈两端电压的大小而接通或断开电路。

电流继电器的线圈串联在被测电路中，当通过线圈的电流达到预定值时，其触点动作。

中间继电器是用来增加控制电路中的信号数量或将信号放大的继电器。

时间继电器是一种利用电磁原理或机械动作原理来实现触点延时闭合或分断的自动控制电器。

热继电器是利用流过继电器的电流所产生的热效应而反时限动作的自动保护电器，用作电动机的过载保护、断相保护、电流不平衡运行的保护。

速度继电器是反映转速和转向的继电器，其主要作用是以旋转速度为指令信号，与接触器配合实现对电动机的反接制动控制。

2.1.4 互感器

电压互感器（文字符号为 TV）、电流互感器（文字符号为 TA）统称互感器。就其结构和工作原理来说与变压器类似，是一种特殊的变压器。

互感器的功能有：隔离高压电路；扩大仪表、继电器等二次设备的应用范围；使测量仪表和继电器小型化、标准化，并可简化仪表结构、降低成本，有利于仪表批量生产。

1. 电压互感器

电压互感器按相数分为：单相、三相、三心柱和三相五心柱式；按绕组分为：双绕组式和三绕组式；按绝缘与其冷却方式分为：干式（含环氧树脂浇注式）、油浸式和充气式（SF6）；按安装地点分为：户内式和户外式。

电压互感器的接线方案：一个单相电压互感器的接线；两个单相电压互感器的接线；三个单相电压互感器的接线；三个单相三绕组电压互感器的接线。具体接线如图 2-31 所示。

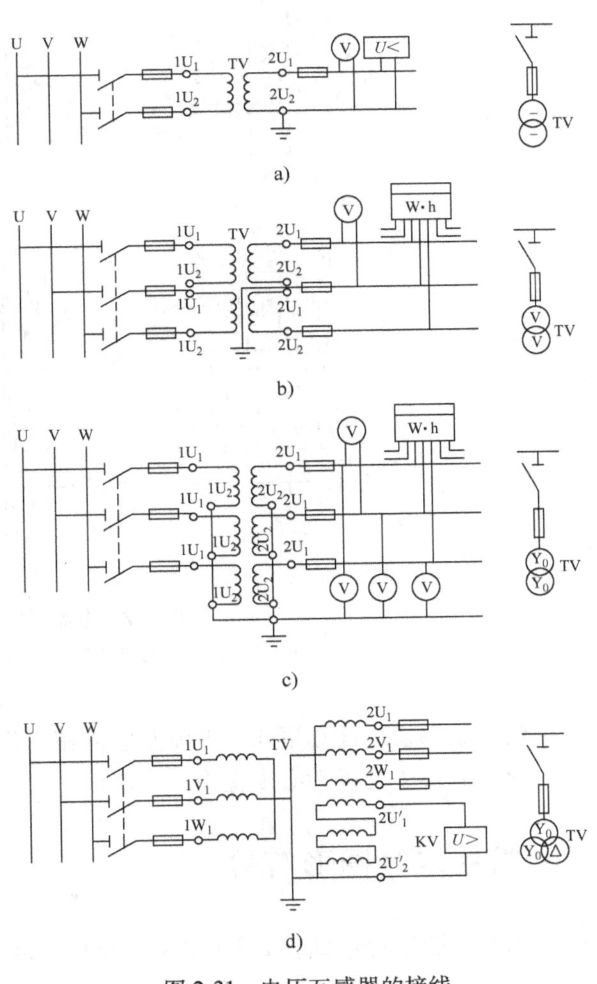

图 2-31 电压互感器的接线

电压互感器使用注意事项：电压互

感器在工作时二次侧不得短路；二次侧必须接地；在接线时，其端子的极性必须正确。

2. 电流互感器

电流互感器按一次绕组的匝数分为：单匝式和多匝式；按一次电压分为：高压和低压两大类；按用途分为：测量用和保护用两大类；按准确度等级分为：测量用电流互感器有0.1、0.2、0.5、1、3、5等级，保护用电流互感器有5P和10P两级；按绝缘和冷却方式为：有油浸式和干式两大类，油浸式主要用于户外，环氧树脂浇注绝缘的干式电流互感器主要用于户内。

电流互感器的接线方式主要有四种：一相式、两相V形、两相差式和三相Y形，如图2-32所示。

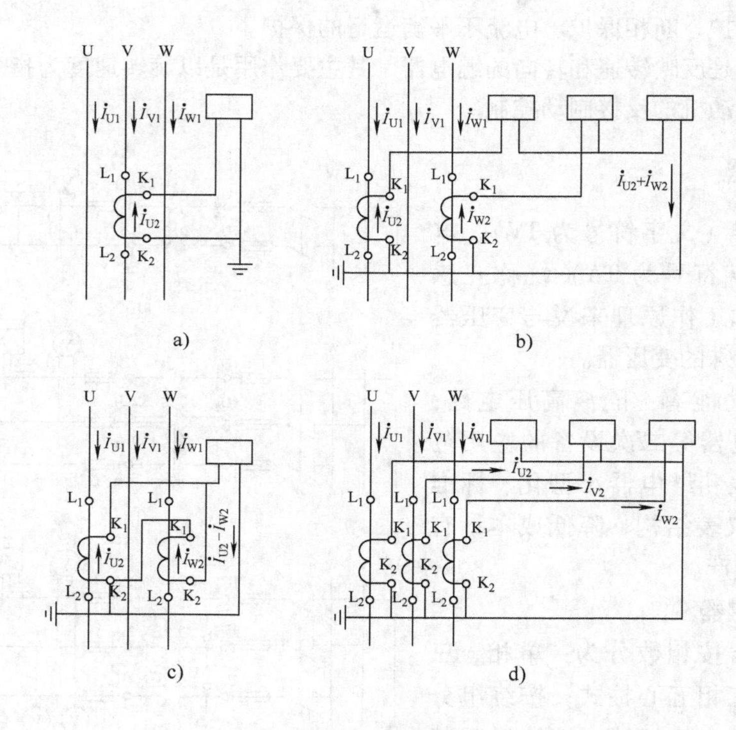

图2-32　电流互感器的接线

a）一相式　b）两相V形　c）两相差式　d）三相Y形

电流互感器使用注意事项：电流互感器在工作时其二次侧不得开路；二次侧必须接地；在接线时，其端子的极性必须正确。

2.2　常用电气图形符号

常用电气图形符号见表2-5（参考GB/T 4728系列最新标准）。

表 2-5　常用电气图形符号

类别	名称	图形符号	文字符号	类别	名称	图形符号	文字符号
开关	单机控制开关	或	SA	按钮	常开按钮	E-	SB
	手动开关一般符号		SA		常闭按钮	E-	SB
	三极手动开关		QS		复合按钮	E-	SB
	三极隔离开关		QS		急停按钮		SB
	三极负荷开关		QS		钥匙操作式按钮		SB
	组合旋转开关		QS	接触器	操作线圈		KM
	低压断路器		QF		常开主触点		KM
	控制器或操作开关	后 前 2 1 0 1 2 1 2 3 4	SA		辅助常开触点		KM
行程开关	带常开触点的行程开关		SQ		辅助常闭触点		KM
	带常闭触点的行程开关		SQ	热继电器	驱动器件		FR
	组合行程开关		SQ		常闭触点		FR

（续）

类别	名称	图形符号	文字符号	类别	名称	图形符号	文字符号
时间继电器	通电延时线圈		KT	非电量控制的继电器	速度继电器	n	KS
	断电延时线圈		KT		压力继电器	p	KP
	瞬时闭合常开触点		KT	熔断器	熔断器		FU
	瞬时闭合常闭触点		KT	电磁操作	电磁驱动器件	或	YA
	延时闭合的常开触点		KT		电磁吸盘		YH
	延时断开的常闭触点		KT		电磁离合器		YC
	延时闭合的常闭触点		KT		电磁制动器		YB
	延时断开的常开触点		KT		电磁阀		YV
电流继电器	过电流线圈	I>	KI	电动机	三相笼型异步电动机	M 3~	M
	欠电流线圈	I<	KI		三相绕线转子异步电动机	M 3~	M
电压继电器	过电压线圈	U>	KV		他励直流电动机	M	M
	欠电压线圈	U<	KV		并励直流电动机	M	M
灯	信号灯指示灯		HL		串励直流电动机	M	M
	照明灯		EL				

（续）

类别	名称	图形符号	文字符号	类别	名称	图形符号	文字符号
发电机	发电机	G	G	接插器	插头和插座	或	X 插头 XP 插座 XS
	直流测速发电机	TG	TG	互感器	电流互感器		TA
变压器	单相变压器		TC		电压互感器		TV
	星形-星形联结三相变压器		TM	电抗器	电抗器		L
中间继电器	线圈		KA				

2.3 电气图形符号标准

2.3.1 图形符号

图形符号通常用于图样或其他文件，是用以表示一个设备或概念的图形、标记或字符。图形符号含有符号要素、一般符号和限定符号。

1）符号要素。它是一种具有确定意义的简单图形，必须同其他图形结合才能构成一个设备或概念的完整符号。如接触器常开主触点的符号就由接触器触点功能符号和常开触点符号组合而成。

2）一般符号。用以表示一类产品和此类产品特征的一种简单的符号。如电动机可用一个圆圈表示。

3）限定符号。是一种加在其他符号上提供附加信息的符号。运用图形符号绘制电气图时应注意：① 符号尺寸大小、线条粗细依国家标准可放大与缩小，但在同一张图样中，统一符号的尺寸应保持一致，各符号之间及符号本身比例应保持不变。② 标准中示出的符号方位，在不改变符号含义的前提下，可根据图面布置的需要旋转，或成镜像位置，但是文字和指示方向不得倒置。③ 大多数符号都可以附加上补充说明标记。④ 对标准中没有规定的符号，可选取 GB/T 4728—2018《电气简图常用图形符号》中给定的符号要素、一般符号和限定符号，按其中规定的原则进行组合。

2.3.2 文字符号

文字符号用于电气技术领域中技术文件的编制，也可以标注在电气设备、装置和元器件上或近旁，以表示电气设备、装置和元器件的名称、功能、状态和特性。文字符号分为基本文字符号和辅助文字符号。

（1）基本文字符号

基本文字符号有单字母符号与双字母符号两种。单字母符号按拉丁字母顺序将各种电气设备、装置和元器件划分为 23 类，每一类用一个专用单字母符号表示，如“R”表示电阻器类，“C”表示电容器类。双字母符号由一个表示种类的单字母符号与另一个字母组成，且以单字母符号在前，另一个字母在后的次序排列，如“F”表示保护器件类，则“FU”表示熔断器，“FR”表示热继电器。

（2）辅助文字符号

辅助文字符号用来表示电气设备、装置和元器件以及电路的功能、状态和特征。如“L”表示限制，“RD”表示红色等。辅助文字符号也可以放在表示种类的单字母符号之后组成双字母符号，如“SP”表示压力传感器等。辅助字母还可以单独使用，如“ON”表示接通，“M”表示中间线，“PE”表示保护接地等。

2.3.3 接线端子标记

1）三相交流电路引入线采用 L_1、L_2、L_3、N、PE 标记，直流系统的电源正、负线分别用 L+、L-标记。

2）三相电动机定子绕组首端分别用 U_1、V_1、W_1 标记，绕组尾端分别用 U_2、V_2、W_2 标记，电动机绕组中间抽头分别用 U_3、V_3、W_3标记。

3）控制电路采用阿拉伯数字编号。标注方法按“等电位”原则进行，在垂直绘制的电路中，标号顺序一般按自上而下、从左至右的规律编号。凡是被线圈、触点等元件所间隔的接线端点，都应标以不同的线号。

4）线路图元件的符号与文字符号必须同时标出，文字符号要标在元件图形符号旁边。同一元件（线圈、触点）的文字符号与编号要相同。线路图必须标出编码，编码标注的规则：控制部分为单号（1，3，5，7，9，…），控制线圈回路部分为双号（2，4，6，8，…）。示例如图 2-33 所示。

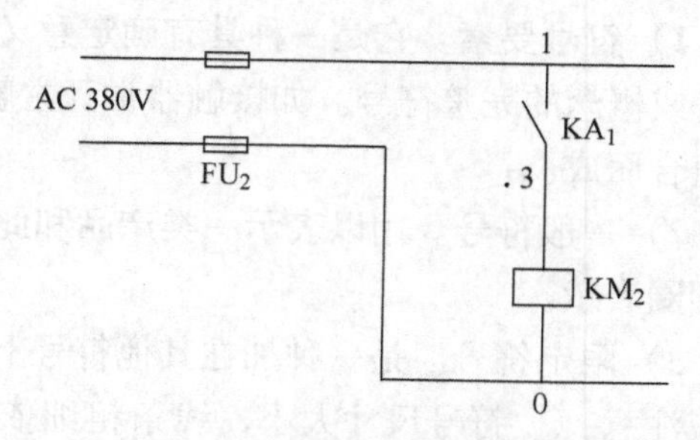

图 2-33 线路符号与编码标注

2.4 实训

2.4.1 实训1 导线的连接

考核项目：K25导线的连接　　　　　　　　　　　　　　　　考核时间：30分钟

姓名：　　　　　　　　　　　　　　　　　　　　　　　　　准考证号：

序号	考核项目	考核内容	配分	评分标准	考核情况记录	扣分	得分
1	导线的连接	运行操作	60	接线规范、可靠、紧密、合理得60分。接线露铜处尺寸不均匀每端扣10分，露铜处尺寸超标每端扣10分，绝缘包扎不规范每端扣10分			
		安全作业环境	20	合理使用电工工具、不损坏工具、工位整洁得20分 未达到要求每项扣5分			
		问答及口述	20	口述：1）导线的连接方法有哪些？2）根据给定的功率（或负载电流），估算并选择导线截面。 回答问题完整、正确，每题得10分，未达到要求每项扣3~10分			
2	否定项	否定项说明	扣除该题分数	接头连接不紧密、有松动，考生该题记为0分，终止整个实操项目考试			
3	考核时间登记： ______时______分至______时______分				合计		
评分人签字		核分人					

考核日期：　　年　　月　　日　　　　　　　　　　　　　　＊＊市安全生产宣传教育中心制

1. 实训目的

1）通过本实训使学生掌握各种导线连接的技能和要求。

2）能够更熟练的选择和使用常用工具。

3）能够估算选择导线截面。

2. 实训器材

剥线钳　　1

压线钳　　1

电工刀　　1

焊锡　　1

绝缘胶布　　　　　1
焊烙铁　　　　　　1
焊锡膏　　　　　　1
线耳　　　　　　　20

3. 实训内容与步骤

（1）导线的连接

导线直接如图 2-34 所示；导线的分接与压接如图 2-35 所示；导线的绝缘恢复如图 2-36 所示。

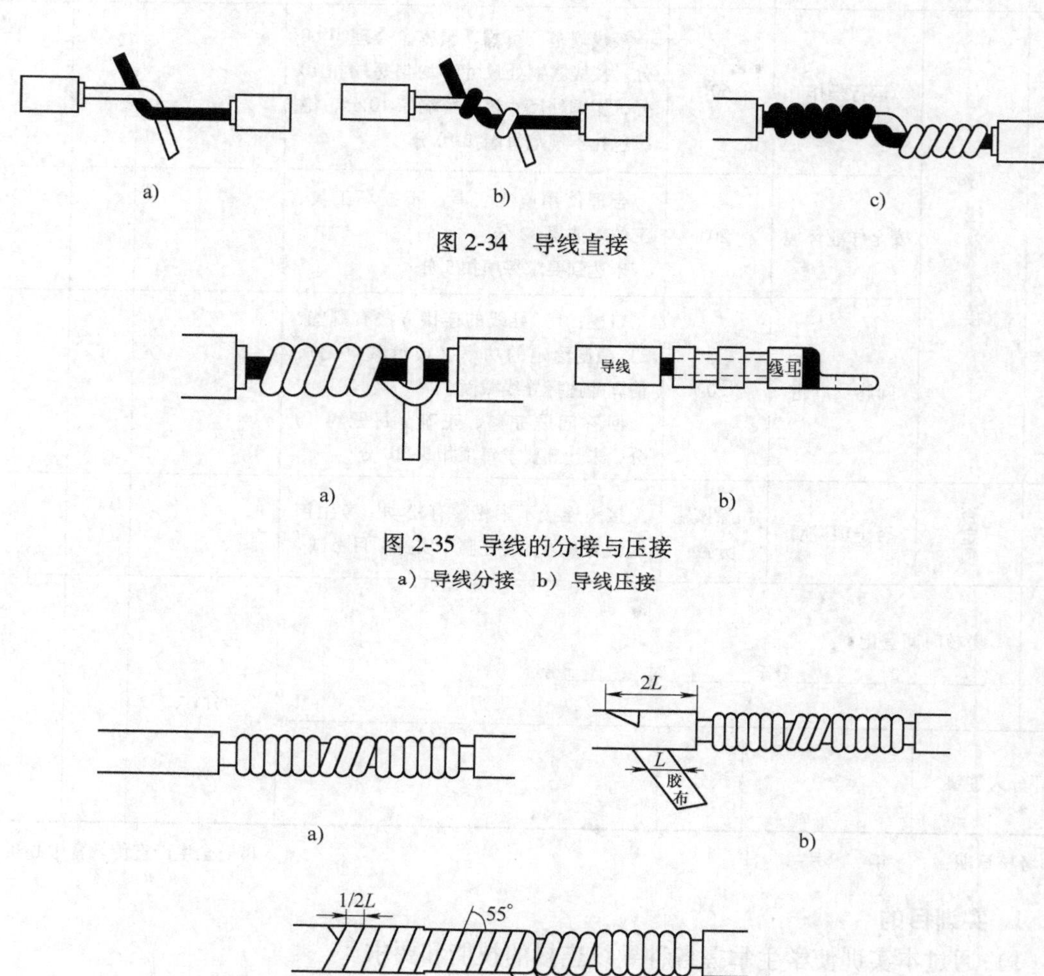

图 2-34　导线直接

图 2-35　导线的分接与压接
a）导线分接　b）导线压接

图 2-36　导线的绝缘恢复

（2）截面的选择

绝缘导线载流量估算见表 2-6，载流量可根据导线截面数进行估算。

表 2-6　绝缘导线载流量估算

导线截面数/mm^2	1	1.5	2.5	4	6	10	16	25	35	50	70	95	120
系数	9			8	7	6	5	4	3.5		3		2.5
载流量/A	9	14	23	32	42	60	80	100	123	150	210	238	300

估算口诀：

二点五下乘以九，往上减一顺号走。　三十五乘三点五，双双成组减点五。

条件有变加折算，高温九折铜升级。　穿管根数二三四，八七六折满载流。

说明：

本口诀对各种绝缘线（橡皮和塑料绝缘线）的载流量（安全电流）不是直接指出，而是以“截面乘上一定的倍数”来表示，通过心算而得。

倍数随截面的增大而减小。“二点五下乘以九，往上减一顺号走”是指 2.5mm^2 及以下的各种截面铝芯绝缘线，其载流量约为截面数的 9 倍，如 2.5mm^2 导线，载流量为 $2.5\times9=22.5$（A）；4mm^2 及以上导线的载流量和截面数的倍数关系是顺着线号往上排，倍数逐次减 1，即 4×8、6×7、10×6、16×5、25×4。

“三十五乘三点五，双双成组减点五”，说的是 35mm^2 的导线载流量为截面数的 3.5 倍，即 $35\times3.5=122.5$（A）；50mm^2 及以上的导线，其载流量与截面数之间的倍数关系变为两个线号成一组，倍数依次减 0.5，即 50mm^2、70mm^2 导线的载流量为截面数的 3 倍，95mm^2、120mm^2 导线载流量是其截面积数的 2.5 倍，依次类推。

“条件有变加折算，高温九折铜升级”，该口诀是为铝芯绝缘线明敷在环境温度 25℃的条件而定的。若铝芯绝缘线明敷在环境温度长期高于 25℃的地区，导线载流量可按上述口诀计算方法算出，然后再打九折即可；当使用的不是铝线而是铜芯绝缘线，它的载流量要比同规格铝线略大一些，可按上述口诀方法算出比铝线加大一个线号的载流量。如 16mm^2 铜线的载流量，可按 25mm^2 铝线计算。

“穿管根数二三四，八七六折满载流”，指的是一条线管里面穿两根线、三根线、四根线，它的载流量计算都不一样，穿两根的乘以 80%，穿三根的乘以 70%，穿四根的乘以 60%。此外需要注意，线管里面的线截面积不能超过管截面积的 40%，若超过 40%的话，散热效果不好，在此情况下，载流量打折的要求就更高，如打五折或打四折。

（3）实训步骤

1）单股导线的连接。分为 4mm^2 单股线的直接、4mm^2 单股线的分接和 4mm^2 单股线的压接。

2）多股导线的连接。

分为 4mm^2 多股线的直接、4mm^2 多股线的分接和 4mm^2 多股线的压接。

3）绝缘恢复。

4）小组讨论。

①导线的连接方法有哪些？

②根据给定的功率（或负载电流），估算和选择导线截面。

2.4.2 实训2 电动机单向连续运转接线（带点动控制）

考核项目：K21 电动机单向连续运转接线（带点动控制） 考核时间：30分钟

姓名： 准考证号：

序号	考核项目	考核内容	配分	评分标准	考核情况记录	扣分	得分
1	电动机单向连续运转接线（带点动控制）	运行操作	60	接线正确，通电正常运行；接线处露铜超出标准规定，每处扣3分；接线松动每处扣3分；接地线少接一处扣10分；导线（颜色、截面）选择不正确每处扣10分			
		安全作业环境	20	正确使用仪表检查线路，操作规范，工位整洁得20分；达不到要求的每项扣5分			
		问答及口述	20	口述短路保护与过载保护的区别。回答问题完整、正确得20分，未达到要求扣5~20分			
2	否定项	否定项说明	扣除该题分数	通电不成功、跳闸、熔断器烧毁、损坏设备、违反安全操作规范等，考生该题记为0分，并终止整个实操项目考试			
3	考核时间登记： ____时____分至____时____分				合计		
评分人签字		核分人					

考核日期： 年 月 日 ＊＊市安全生产宣传教育中心制

1. 实训目的

1）通过本实训使学生掌握三相异步电动机单向运行带电动时的接线方法。

2）能够更熟练地选择和使用常用电器元件。

2. 实训器材

断路器 1

接触器 1

热继电器 1

导线 若干

三相异步电动机 1

熔断器 5

按钮 2

复合按钮 1

3. 实训内容与步骤

（1）电动机单向连续运转接线（带点动控制）

电动机单向连续运转接线（带点动控制）如图2-37所示。

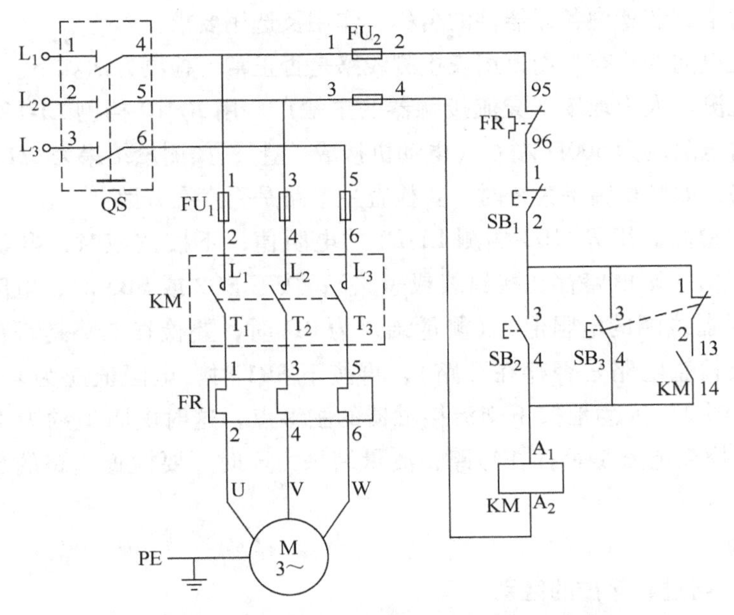

图 2-37 电动机单向连续运转接线（带点动控制）

在机床加工过程中，大部分时间要求机床要连续运行，但在一些特殊工艺要求或精细加工时，要求机床点动运行。点动与连续运行的主要区别在于是否接入自锁，点动控制加入自锁后就可以连续运行。如果需要在连续状态和点动状态两者间进行选择，则应采用选择性联锁电路。

本电路是单向运转选择性联锁电路。机械设备长时间运转，即电动机持续工作，称为连动；机械设备手动控制间断工作，即按下起动按钮时，接触器得电吸合，其主触点闭合，电动机转动，松开按钮时，接触器失电释放，主触点断开，电动机停转，这样的控制称为点动。

工作原理如下。

点动：合上 QS→按下 SB_3→KM 得电→KM 主触点闭合→电动机得电工作

松开 SB_3→KM 失电→KM 主触点断开→电动机失电停止工作

连动：合上 QS→按下 SB_2→KM 得电
- →KM 主触点闭合→电动机得电工作
- →KM 辅助触点闭合→电路自锁

停车时，按下 SB_1→KM 失电→KM 主触点断开→电动机失电停止工作

（2）实训步骤

1）选择该项目所用到的元器件。

2）实际接线。

3）使用仪表进行线路的检测。

4）通电运行。

5）小组讨论。

①短路保护与过载保护的区别是什么？

②正确理解电路装置中各元器件的名称、作用及选用要求。

接完线、通电前的检查：用万用表检测线路是否正常。检测方法如下。

主回路的检测。人为地按下交流接触器的主触点，用 $R\times10$ 档测 L1-L2、L1-L3、L2-L3 的电阻值，这时电阻应为 500Ω 左右（电动机接成丫型）；如测量结果为 0Ω 时，要检查主电路是否存在短路；如测量结果为∞时，要检查主电路是否存在开路。

控制回路的检测。用 $R\times100$ 档测 L1-L2 的电阻值；不按按钮时，电阻值应为∞（如果测量结果有阻值，则电路存在接错线或短路）；按下 SB2 或 SB3 时，电阻值约为 1700Ω 左右（交流接触器线圈的电阻值）（测量结果为 0Ω 时，要检查电路是否存在短路；测量结果为∞时，要检查电路是否存在开路），再按下 SB1 时，电阻值应为∞（按下无反应，应检查是否接错线）；人为地按下交流接触器的主触点，这时电阻值约为 1700Ω（测量结果为 0Ω 时，要检查电路是否存在短路；测量结果为∞时，要检查电路的自锁电路是否正常）。

4. 口述问题

1）短路保护与过载保护的区别。

答：熔断器在电路中起短路保护作用，熔断器的熔丝是由低熔点的合金材料制成的。熔断的原理是利用过电流使熔丝的温度升高到达熔点时把熔丝熔断。过电流越大熔断的速度就越快。但由于熔丝在制造时合金成分的比例或截面的大小会出现误差，导致熔点也出现误差，所以熔断器用作过电流保护时会出现较大的误差。根据这个特点它只适合短路保护而不适合过载保护。

热继电器在电路中起过电流保护作用，其保护原理是利用电流通过双金属片发热变形使常闭触点动作来达到保护电路的目的，由于双金属片对电流比较敏感，所以热继电器能较准确反映电路电流。但它的动作是靠双金属片发热-变形-动作等环节来实现，动作响应时间较长，如果电路短路就不能立即切断电源，所以热继电器只适合过电流保护而不适合短路保护。鉴于两器件作用不同，在电路中不能互相代替。

2）交流接触器的常开触点起什么作用？

答：它是作为自锁按钮，使交流接触器形成自锁（自保持）的元件。通过自身常开触点而使线圈保持得电的作用过程叫自锁，也叫自保持。

3）简述 FR 的动作原理。

答：当电路过载或过电流时必然会引起电路电流增大，当电流超过整定电流时，热继电器的双金属片发热后变形弯曲，从而推动连杆机构使常闭触点断开。由于 FR 的常闭触点与控制电路串联，当 FR 的常闭触点断开时即断开控制电路的电源，使接触器断电，负载断电。

4）什么叫热继电器的整定电流？怎样调节热继电器的整定电流？

答：是指热继电器长期不动作的最大电流，超过此值时就会动作。

调节整定电流：旋转刻有整定电流值的整定旋钮，将整定电流的对应值对准刻度线即可。

2.4.3 实训3　三相异步电动机正反运行的接线及安全操作

考核项目：K22 三相异步电动机正反运行的接线及安全操作　　　　考核时间：45分钟

姓名：　　　　　　　　　　　　　　　　　　　　　　　　　　　准考证号：

序号	考核项目	考核内容	配分	评分标准	考核情况记录	扣分	得分
1	三相异步电动机正反运行的接线及安全操作	运行操作	60	接线正确，通电正常运行；接线处露铜超出标准规定，每处扣3分；接线松动每处扣3分；接地线少接一处扣10分；导线（颜色、截面）选择不正确每处扣10分			
		安全作业环境	20	正确使用仪表检查线路，操作规范，工位整洁得20分；达不到要求的每项扣5分			
		问答及口述	20	口述：1）正确使用控制按钮（控制开关）。2）正确选择电动机用的熔断器的熔体或断路器。3）正确选用保护接地、保护接零。 回答问题完整、正确，每项得10分。未达到要求每项扣3~10分			
2	否定项	否定项说明	扣除该题分数	通电不成功、跳闸、熔断器烧毁、损坏设备、违反安全操作规范等，考生该题记为0分，并终止整个实操项目考试			
3	考核时间登记： ________时________分至________时________分				合计		
评分人签字		核分人					

考核日期：　　年　　月　　日　　　　　　　　　　　　＊＊市安全生产宣传教育中心制

1. 实训目的

1）通过本实训使学生掌握三相异步电动机正反方向运行时的接线方法；

2）能够更熟练的选择和使用常用元器件。

2. 实训器材

断路器　　1

接触器　　2

热继电器　　1

导线　　若干

三相异步电动机　　1

熔断器　　5

按钮　　2

复合按钮　　　　　　　　2

3. 实训内容与步骤

（1）电动机正反转运行的接线及安全操作

电动机正反转运行的接线如图 2-38 所示。

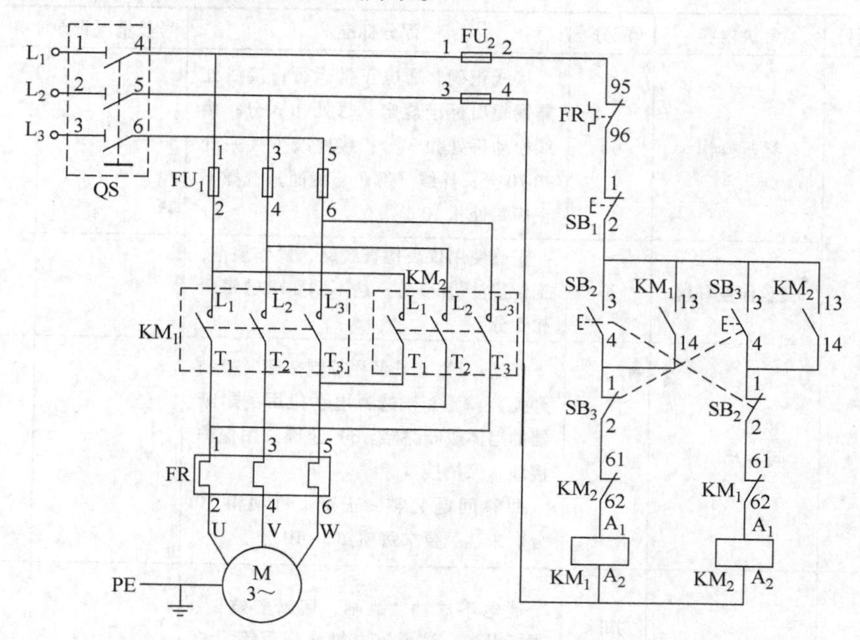

图 2-38　电动机正反转运行的接线

相关概念如下。

1）锁有按钮联锁（又叫机械联锁）和接触器联锁（又叫电气联锁）。按钮联锁是在正转控制支路中串入反转按钮常闭触点，电气联锁是在正转控制支路中串入反转接触器的常闭触点，作用是正转工作时不能起动反转。

2）自锁：将本接触器的常开触点当按钮长按，同时也称零压自锁电路。

工作原理如下。

正向启动：合上 QS→按下 SB_2
- →SB_2 常闭触点（1、2）断开→电路进入机械联锁
- →KM_1 得电
  - →KM_1 常闭触点（61、62）断开→电路进入电气联锁
  - →KM_1 主触点闭合→电动机正向运行
  - →KM_1 常开触点（13、14）闭合→电路自锁

反向启动：合上 QS→按下 SB_3
- →SB_3 常闭触点（1、2）断开→电路进入机械联锁
- →KM_2 得电
  - →KM_2 常闭触点（61、62）断开→电路进入电气联锁
  - →KM_2 主触点闭合→电动机反向运行
  - →KM_2 常开触点（13、14）闭合→电路自锁

停止：按下 SB_1→KM_1（KM_2）失电→电动机停车

（2）实训步骤

1）选择该项目所用到的元器件。

2）实际接线。

3）使用仪表进行线路的检测。

4）通电运行。

5）小组讨论。

①正确使用控制按钮。

②正确选择电动机用的熔断器的熔体或断路器。

③正确选用保护接地、保护接零。

接完线、通电前的检查：用万用表检测线路是否正常。检测方法同 2.4.2 节不再赘述。

4. 口述问题

1）为什么要双重联锁？电路中由哪些触点来实现联锁？

答：两个接触器同时闭合会造成电路短路，为了避免这种事故的发生，使电路在任何情况下不发生短路，电路需要实行双重联锁。电路的联锁由接触器的常闭触点和按钮的常闭触点来实现。

2）双重联锁线路的特点有哪些？

答：①具有自锁功能。

②具有短路和过载保护功能。

③具有欠电压和失电压保护功能。

④操作方便，可以直接按正、反转按钮实现正、反转。

3）什么是电动机欠电压保护？

答：欠电压是指线路电压低于电动机应加的额定电压。欠电压保护是指当线路电压下降到一定值时，电动机能自动脱离电源电压停转，避免电动机在欠电压下运行的一种保护。

4）电动机为什么要进行欠电压保护？

答：因为当电动机线路电压下降后，电动机的转矩随之减小（电动机的转矩与相电压的二次方成正比），电动机的工作电流增大，影响电动机的正常运行，严重时还会发生电动机接通电源但不转动的情况（堵转），导致电动机损坏，所以电动机要进行欠压保护。

5）什么是电动机失电压保护？

答：失电压保护是指电动机在正常运行中由于外界某种原因突然断电时，能自动切断电动机电源，当重新供电时，又能保证其不能自行起动。失电压保护是很有必要的，如车床运转时，突然断电，此时切削刀具的刃口便卡在工件表面上，如果操作人员没有及时切断电动机电源，又忘记退刀，当恢复供电时，电动机和车床则会自动运转，轻则工件报废或折断刀具，重则发生设备及人身伤亡事故。

6）交流接触器是如何实现失电压保护的？

答：采用交流接触器自锁控制线路后，断电时交流接触器主触点和自锁触点已经断开，控制电路和主电路都不能接通，所以恢复供电时，电动机不会自行运转。

7）正反转控制线路中什么是联锁？

答：一个交流接触器得电动作时，通过其常闭触点使另外一个接触器不能得电动作的作用叫联锁（互锁）。

2.4.4 实训 4 单相电能表带照明灯的安装及接线

考核项目：K23 单相电能表带照明灯的安装及接线　　　　考核时间：30 分钟

姓名：　　　　　　　　　　　　　　　　　　　　　　准考证号：

序号	考核项目	考核内容	配分	评分标准	考核情况记录	扣分	得分
1	单相电能表带照明灯的安装及接线	运行操作	60	接线正确，通电正常运行。接线处露铜超出标准规定，每处扣 3 分；接线松动每处扣 3 分；接地线少接一处扣 10 分；导线（颜色、截面）选择不正确每处扣 10 分			
		安全作业环境	20	正确使用仪表检查线路，操作规范，工位整洁得 20 分；达不到要求的每项扣 5 分			
		问答及口述	20	口述：1）电能表的基本结构与原理；2）荧光灯电路组成；3）剩余电流动作保护器的正确选择和使用。 回答问题完整、正确，每项得 10 分。未达到要求每项扣 3~10 分			
2	否定项	否定项说明	扣除该题分数	通电不成功、跳闸、熔断器烧毁、损坏设备、违反安全操作规范等，考生该题记为 0 分，并终止整个实操项目考试			
3	考核时间登记： _____时_____分至_____时_____分				合计		
评分人签字		核分人					

考核日期：　　年　　月　　日　　　　　　　　　　　　＊＊市安全生产宣传教育中心制

1. 实训目的

1）通过本实训使学生掌握电能表计量接线的方法。

2）能够对荧光灯的线路进行接线。

3）能够更熟练地选择和使用常用元器件。

2. 实训器材

单相电能表	1
剩余电流断路器	1
灯管	1 套
导线	若干
刀开关	1
断路器	2
双控开关	2
插座	1
辉光启动器	1

3. 实训内容与步骤

（1）单相电能表带照明灯的安装及接线

单相电能表带照明灯电路如图 2-39 所示。

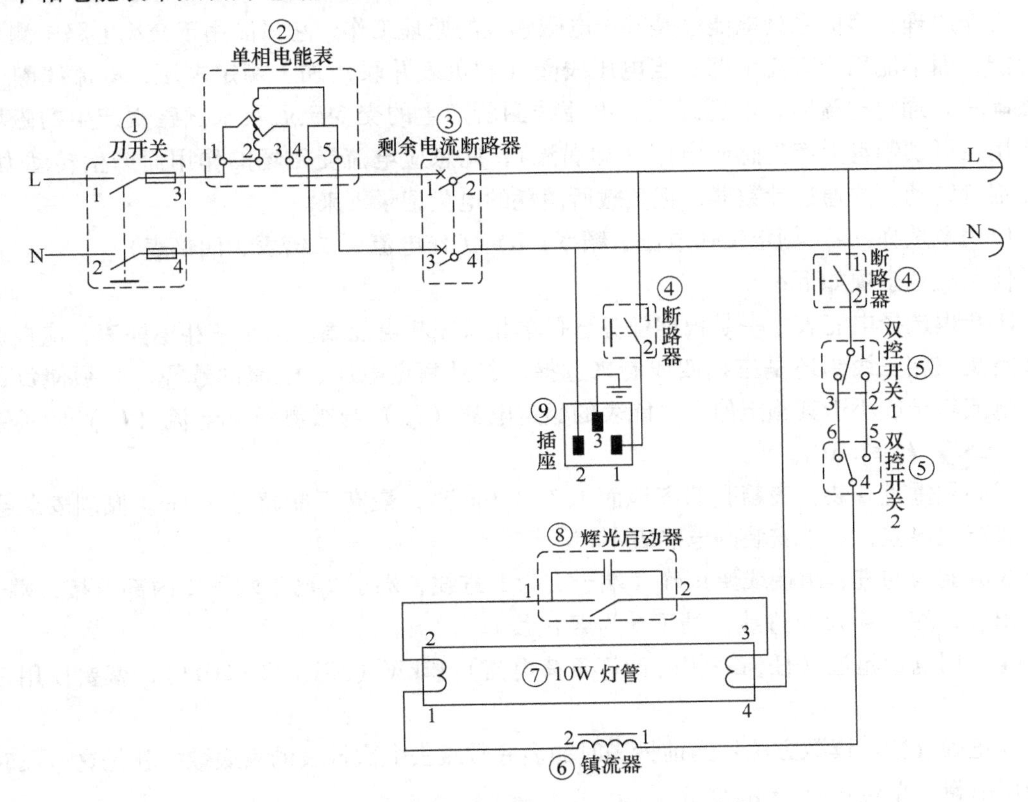

图 2-39　单相电能表带照明灯的安装及接线

1）刀开关。

应用及选择：

①刀开关一般作为电气照明线路、电热回路的控制开关，也可用作分支电路的配电开关。

②额定电压≥线路实际的最高电压；额定电流≥线路实际的工作电流。

③刀开关不适用于直接控制 5.5kW 以上的交流电动机。

使用注意事项：

①电源进线应接在静触头端的进线座上，用电设备接在下面熔丝的出线座上。

②刀开关在切断状况时，手柄应向下；接通状况时，手柄应向上。不能倒装或平装，更不允许将开关放在地面使用；倒装时，手柄有可能因振动而自动落下造成误合闸，另外分闸时可能发生电弧灼伤。

③拉闸与合闸操作时要迅速，与开关相错开一定角度（防止电弧飞涉伤人），一次分合闸到位。

④刀开关安装应垂直，离地面 1.5~1.8m。

2）单相电能表。

作用：测量某一时间段内，发电机发出的电能或负载消耗的电能的仪表，它只计量有功功率，不能计量无功功率。1 度电 = 1kW · h。

结构：主要由电压线圈、电流线圈、永磁磁铁、铝盘、齿轮和计数器等组成。

工作原理：感应系列电能表是基于电磁感应的原理工作，它只能用于交流电路中测量交流电能，而不能用于直流电路；当电压线圈（和负载并联）加上额定电压，电流线圈（和负载串联）通过电流时，电压线圈、电流线圈所产生的交变磁通及永磁磁铁产生的磁场共同作用在可动铝盘上产生感应电流（即涡流），此感应电流受磁场的作用而产生转动力矩，驱使铝盘转动，并通过计数器，把负载所消耗的电量记录下来。

应用及选择：a）额定工作电压、频率；b）工作电流（二倍表、四倍表）。

使用注意事项如下：

①合理选择电能表。一是根据任务选择单相或三相电能表。对于三相电能表，应根据被测线路是三相三线制还是三相四线制来选择。二是额定电压、电流的选择，必须使负载电压、电流等于或小于其额定值。电能表的额定电流（$I_{表}$）与被测负载电流（$I_{负}$）的关系应为：$0.05I_{表}<I_{负}<1.5I_{表}$。

②必须垂直安装，表箱底部离地面 1.7~1.9m 高，最高不能超过 2.1m。倾斜安装会使电能表产生误差，水平安装则电能表不转。

③电能表的进、出接线要正确（端子 1 为 L 进线，端子 2 已于端子 1 内部连接，端子 3 为 L 出线，端子 4 为 N 进线，端子 5 为 N 出线）。

④凡用电量超过（任何一相的计算负荷电流）12kW（JGJ 242—2011），就要使用三相供电。

⑤正确读数。读数方法：当前抄表时的表底数减去上次抄表的表底数，就是这一段时间内的用电量。单位：kW · h。

3）剩余电流断路器。

它是一种剩余电流动作保护器（RCD）（旧称漏电保护器）。其作用是防止低压电网中人身触电或漏电造成火灾等事故。除了起断路器的作用外，还能在设备漏电或人身触电时在限定的时间内动作自动断开电源，保护人身和设备的安全。主要用于防止由于间接接触或直接接触引起的单相触电事故，对可能致命的触电事故进行保护。主要应用于 1000V 以下的低压系统。

结构：由主回路断路器（含跳闸脱扣器）、零序电流互感器、放大器三个主要部件组成。

工作原理：当流进电路的电流不等于流出电路的电流（即电路发生漏电）时，在零序电流互感器的二次侧产生感应电流，感应电流经电流放大器放大成足够大的电流去推动电磁脱扣器产生分闸动作，使主回路断路器跳闸，切断主回路。

应用及选择：

①额定工作电压≥线路电压、工作电流≥线路电路的 1.3 倍、频率为 50Hz。

②合理选择剩余电流断路器的动作电流和动作时间，家庭办公室一般选用动作电流为 30mA，动作时间 0.1s。

③系统的正常泄漏电流要小于剩余电流断路器的额定不动作电流。

④按照保护目的和对象选用合适的剩余电流断路器。

⑤上一级（电源端）的动作值应大于下一级（负载端）。

使用注意事项：

①电源进线应在上方，左 N 右 L，用电设备接在下方。

②剩余电流断路器在断开状况时，手柄应该向下；接通状况时，手柄应该向上；不能倒装或平装，更不允许将开关放在地面上使用。

③新安装的剩余电流断路器使用前应先经过漏电（即 GB/T 6829—2017 中的剩余电流）保护动作试验（三次）。

④剩余电流断路器安装应垂直，离地面 1.5~1.8m。

⑤使用时必须每个月进行一次漏电保护试验。

4）断路器。

应用及选择：

①不同的负载应选用不同类型的断路器（配电线路、电机拖动线路、家庭照明线路）。一般额定工作电流应不小于用电负载电流的 1.3 倍；额定工作电压应不小于线路电压；频率＝50Hz。

②选择不同类型短路分断能力的断路器来适应不同的线路预期短路电流（当 I 在相同的情况时）的原则是：断路器的短路分断能力≥线路的预期短路电流。

使用注意事项：

①分、合闸操作时，动作要果断、迅速，把操作手柄扳至终点位置，使手柄从上到下连续运动，确定断路器断开后，方可拉开相应的隔离开关。

②合闸时，要注意观察有关指示仪表，若故障还没有排除，应立即切断线路。合闸后，检查各项电流、电压是否平衡，若发现异常现象，应及时处理。

③断路器要按规定垂直安装，连接导线必须符合规定要求。

④左“零”右“相”。

5）双控开关。

双控开关比单控开关多一组开关，它有“L”或“COM”端（公共端）、“L_1”“L_2”共三个接线端。接线时，输入输出线必须接在“L”或“COM”端（公共端），用于切断和接通电路的工作电流。

6）荧光灯电路。

荧光灯电路是由镇流器、灯管、辉光启动器等串联组成。

镇流器：由铁心和电感线圈组成。其作用为：a）起动时产生瞬间的高压脉冲；b）荧光灯正常工作时起稳定电路电流的作用。

灯管：由玻璃管、灯丝及引脚组成。玻璃管内壁涂有荧光粉，不同的荧光粉发出不同颜色的光。灯管的两端各有一组氧化物阴极（易于发射电子），管内抽真空后充入适量惰性气体。灯管在 AC 220V 的电压下呈现高阻关断状态，不导通。启动时必须使灯丝预热后加高于额定电压 3 倍左右的电压才能击穿惰性气体导电。光管导通后，管内的电阻由高阻变成低阻，两端只需加 AC 220V 就能使光管导通。

辉光启动器：由热开关、小电容、引脚等组成。热开关则由双金属片（U 形触片）和固定电极构成，它封装在充有氖气的玻璃泡内。辉光启动器在常态下电极间处于断开状态。辉光启动器的作用是使电路接通和自动切断，从而触发镇流器两端产生足够高的电压，使灯管变亮。灯管点亮后，辉光启动器不再起作用。

荧光灯工作原理：启动时，由于灯管内呈高阻态。灯管在 AC 220V 下不导通，此时电路的回路是：电源（L）→镇流器→灯丝的一端→辉光启动器→灯丝的另一端→电源（N）。AC 220V 加到辉光启动器的两端使辉光启动器产生辉光放电，U 形双金属片发热变形接通，电路构成回路，这时灯丝预热，接通后的双金属片由于不放电，双金属片冷却复位，断开回路；当辉光启动器断开瞬间，在镇流器的自感作用下产生瞬间高压，从而击穿灯管内的惰性气体使灯管变亮。

接线注意事项："L" 必须接开关、镇流器；辉光启动器必须接在灯管的两端。

7）插座。

一般为 86 式，通常分为 10A 和 16A 两种，国家有关法规规定，面向插座，左为"零"右为"相"，上为"相"下为"零"。

（2）实训步骤

1）选择该项目所用到的元器件。

2）实际接线。

3）使用仪表进行线路的检测。

4）通电运行。

5）小组讨论。

①电能表的基本结构与原理。

②荧光灯电路的组成。

③剩余电流断路器的正确选择和使用。

线路的检查：

用万用表 $R\times10$ 档检测断路器的输出线与"零线"。

①剩余电流断路器没合上，电阻应为"∞"。

②分别合上断路器，插座和荧光灯电路，电阻应为"∞"。

注意：电路电阻为 0Ω，则电路出现短路，这时严禁送电。

4. 口述问题

1）为防止触电，螺口灯头接线有何要求？

答：为了防止触电，螺口灯头底部中心弹片接线端应接相线，灯头内的螺口接线端应接零线。

2）当平行或者水平安装两孔插座时，相线和零线应怎么布置？

答：面对插座，插座的左边端子接零线，右边端子接相线，这是国家有关的电气标准规定的，俗称"左零右相"。

2.4.5 实训5 带熔断器（断路器）、仪表、电流互感器的电动机运行控制电路接线

考核项目：K24带熔断器（断路器）、仪表、电流互感器的电动机运行控制电路接线

姓名：　　　　　　　　　　准考证号：　　　　　　　　　　考核时间：30分钟

<table>
<tr><th>序号</th><th>考核项目</th><th>考核内容</th><th>配分</th><th>评分标准</th><th>考核情况记录</th><th>扣分</th><th>得分</th></tr>
<tr><td rowspan="3">1</td><td rowspan="3">带熔断器（断路器）、仪表、电流互感器的电动机运行控制电路接线</td><td>运行操作</td><td>60</td><td>接线正确，通电正常运行。接线处露铜超出标准规定，每处扣3分；接线松动每处扣3分；接地线少接一处扣10分；导线（颜色、截面）选择不正确每处扣10分</td><td></td><td></td><td></td></tr>
<tr><td>安全作业环境</td><td>20</td><td>正确使用仪表检查线路，操作规范，工位整洁得20分；达不到要求的每项扣5分</td><td></td><td></td><td></td></tr>
<tr><td>问答及口述</td><td>20</td><td>口述：1）电流表、互感器的选用；2）已知线路电流为80A，试为其选择电流表、电流互感器。
回答问题完整、正确，每项得10分，未达到要求每项扣3~10分</td><td></td><td></td><td></td></tr>
<tr><td>2</td><td>否定项</td><td>否定项说明</td><td>扣除该题分数</td><td>通电不成功、跳闸、熔断器烧毁、损坏设备、违反安全操作规范等，考生该题记为0分，并终止整个实操项目考试</td><td></td><td></td><td></td></tr>
<tr><td>3</td><td colspan="4">考核时间登记：
________时________分至________时________分</td><td rowspan="2">合计</td><td rowspan="2"></td><td rowspan="2"></td></tr>
<tr><td colspan="2">评分人签字</td><td></td><td>核分人</td><td></td></tr>
</table>

考核日期：　　年　　月　　日　　　　　　　　　　＊＊市安全生产宣传教育中心制

1. 实训目的

1）通过本实训使学生掌握电动机三相电流表、电压表的接线方法。

2）能够对互感器进行接线。

3）能够掌握互感器的注意项。

2. 实训器材

三相异步电动机	1
熔断器	5
按钮	2
导线	若干
电压表	2
电流表	3
断路器	1

接触器　　　　　　　　　　1

3. 实训内容与步骤

（1）带熔断器（断路器）、仪表、电流互感器的电动机运行控制电路

带熔断器（断路器）、仪表、电流互感器的电动机运行控制电路如图 2-40 所示。

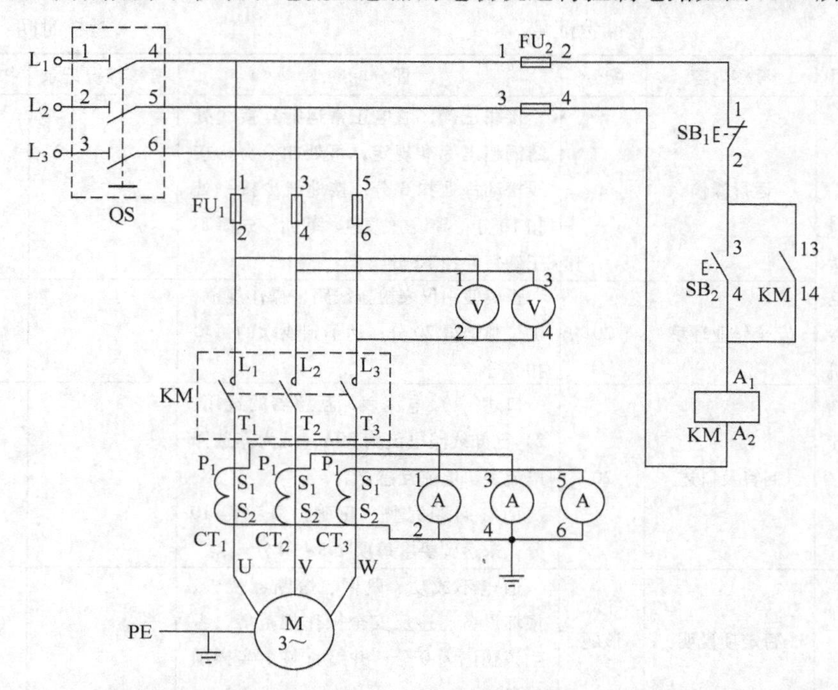

图 2-40　带熔断器（断路器）、仪表、电流互感器的电动机运行控制电路

（2）电流互感器 TA（CT）

1）作用：将主回路的电流按比例变小，给电能表计量，扩大测量仪表（电能表）的量程。

2）结构：由铁心和二次侧线圈组成，一次侧是由主回路绕制（安装时制作）的。一次侧有两个接线端 L_1 和 L_2，L_1 为进线端，L_2 为出线端（电流互感器上的 P_1 面是进线面，P_2 面是出线面）。二次侧有两个接线端 S_1 和 S_2，S_1 接电能表电流线圈的进线端，S_2 接电能表电流线圈的出线端，不能接错，否则电能表会出现反转。

3）工作原理：它相当于一个升压变压器，当一次侧流过大电流时，二次侧所感应的是按一定比例缩小的电流。缩小的比例为电流比 K，如 $K=30/5$ 表示当一次侧通过的电流为 30A 时，二次侧感应的电流为 5A，电流比为 6，即将主回路的电流减小为原来的 1/6。

4）使用注意事项。

①电流互感器的外壳和铁心都必须可靠接地。

②工作时二次侧不能开路（即 S_2 一定要接地）。

③注意一、二次侧接线端的极性（电流互感器上的 P_1 面是进线面，P_2 面是出线面）。

（3）实训步骤

1）选择该项目所用到的元器件。

2）实际接线。

3）使用仪表进行线路的检测。

4）通电运行。

5）小组讨论。

①电流表、互感器如何选用？

②已知电流为80A，试为其选择电流表和电流互感器。

4. 口述问题

1）为什么要使用电流互感器？

答：当被测线路中的电流较大时，一般指超过5A时，就应该使用电流互感器进行测量。

2）互感器二次侧在工作时为什么不能开路？

答：当二次侧断开，电流互感器二次侧感应出高电压，同时电流互感器发热严重甚至烧毁，造成安全隐患。运行中的电流互感器一旦其二次侧开路，如果此时一次电流较大，会在二次侧感应出很高的电压，对工作人员的安全构成威胁，还可能造成二次回路的绝缘击穿，甚至引发火灾；同时一次侧电流全部用来励磁，会使铁心严重发热，导致互感器烧坏，所以使用过程中严禁二次侧开路。使用时在副绕组边装有供短路用的开关S，在测量时可将开关S打开。如果需要接入仪表测试电流或者功率，或者更换测量仪表和继电器等，则先要将开关闭合。

3）此电路接线时应注意什么？如果S_1、S_2或L_1、L_2接错会出现什么样的情况？

答：电流互感器安装时应注意极性（同名端）。一次侧的端子为L_1、L_2（或P_1、P_2），一次侧电流由L_1流入，L_2流出。而二次侧的端子为K_1、K_2（或S_1、S_2），即二次侧电流由K_1流出，K_2流入。L_1与K_1、L_2与K_2为同极性（同名端），不得弄错，否则，接电能表时计量结果会出错。

4）铁心和外壳为什么要接地？

答：因为要防止一次侧和二次侧之间的绝缘被击穿后，电力系统的高电压危及二次侧回路中的设备和操作人员的安全。

2.5 考试要点

1）自锁：接触器通过自身的常开辅助触点使线圈总是处于得电状态的现象叫作自锁。这个常开辅助触点叫作自锁触点。在接触器线圈得电后，利用自身的常开辅助触点保持回路的接通状态，一般对象是对自身回路的控制。

2）互锁：当一接触器得电动作时，通过其常闭辅助触点使另一接触器不能得电动作，称为接触器联锁，也称为互锁。实现联锁作用的辅助常闭触点称为联锁触点（或互锁触点）。联锁用符号“▽”表示。

3）交流接触器短路环用以消除电磁系统的振动和噪声。

4）低压电器可分为低压配电电器和低压控制电器。

5）按钮根据使用场合，可选的种类有开启式、防水式、防腐式、保护式等。

6）接触器属于控制电器，在电力控制系统中，使用最广泛的是电磁式交流接触器。

7）交流接触器的额定工作电压，是指在规定条件下，能保证电器正常工作的最高电压，常见的额定工作电压可达1kV。

8）利用交流接触器进行欠电压保护的原理是当电压不足时，线圈产生的磁力不足，触点分断。

9）中间继电器的动作值与释放值不可调节。

10）热继电器主要用于线路的过载保护，其双金属片是由两种膨胀系数不同的金属材料辗压而成。双金属片弯曲的速度与电流大小有关，电流越大，速度越快，这种特性称为反时限特性。

11）刀开关作为隔离开关使用时，要求刀开关的额定电流要大于线路实际的故障电流。

12）低压断路器属于自动电器，具有过载、短路和欠电压保护功能，可分为框架式和塑料外壳式。

13）低压断路器是一种重要的控制和保护电器，断路器都装有灭弧装置，因此可以安全地带负载合、分闸。

14）剩余电流断路器在被保护电路中有漏电或有人触电时，零序电流互感器就产生感应电流，经放大使脱扣器动作，从而切断电路。

15）熔断器一般起到过载和短路保护作用。熔断器具有反时限动作特性，通过熔体的电流值越大，熔断时间越短。

16）螺旋式熔断器的电源进线应接下端，出线接上端。

17）为保证零线安全，严禁在三相四线的零线上加装熔断器。

18）热继电器应尽可能与电动机过载特性贴近，主要是为了充分发挥电机的过载能力。热继电器的整定电流为电动机额定电流的100%。

19）机关、学校、企业、住宅等建筑物内的插座回路需要安装剩余电流动作保护装置。

20）电压互感器在工作时二次侧不得短路；二次侧必须接地；在接线时，其端子的极性必须正确

21）电流互感器在工作时二次侧不得开路；二次侧必须接地；在接线时，其端子的极性必须正确

22）三相异步电动机虽然种类繁多，但基本结构均为由定子和转子两大部分组成。按外壳保护方式的不同可分为开启式、防护式、封闭式三类。

23）转差率为旋转磁场的转速、电动机转速之差与旋转磁场的转速之比。

24）对于异步电动机，国家标准规定3kW以下的电动机均采用星形联结，4kW以上的电动机均采用三角形联结。

25）电动机铭牌上的频率表示该电动机交流电源的频率，S2表示短时运行的额定工作制。

26）电机检查，主要根据铭牌对其电源电压、频率、定子绕组的接法进行检查。

27）三相笼型异步电动机的起动分为直接起动和减压起动。

28）三相异步电动机直接起动的功率为7kW以下。

29）减压起动是指起动时降低加在电动机定子绕组上的电压，起动完毕后，再恢复到额定电压正常运行。

30）笼型异步电动机常用的减压起动有串电阻减压起动、自耦变压器减压起动、星-三

角减压起动、延边三角形减压起动。

31）星-三角减压起动只适合正常运行时为三角形联结的形式，起动时定子为星形联结方式，起动完毕后再接成三角形。星形联结时起动转矩为三角形联结的1/3。

32）转子串频敏变阻器起动能使转子回路总电阻平滑减小，但一般不能用于重载起动。

33）改变磁极对数调速一般用于笼型异步电动机，改变转子电阻调速只适用于绕线转子异步电动机。

34）为改善电动机的起动及运行性能，笼型异步电动机转子铁心一般采用斜槽结构。

35）再生发电制动只用于电动机转速高于同步转速的场合。

36）能耗制动是将转子的动能转换为电能，并将能量消耗在转子回路的电阻中的制动方式。

37）对电动机各绕组进行绝缘检查时，如测出绝缘电阻不合格，不允许通电运行；如测出绝缘电阻为零且电动机无明显烧毁的现象，或绝缘电阻小于0.5MΩ，则可初步判定为电动机受潮所致，应对电动机进行烘干处理。

38）在断电之后，电动机停转，当电网再次来电时，能够防止电动机自行起动的保护称为零压保护。

39）对电动机内部的脏物及灰尘进行清理时，应使用压缩空气吹或用干布抹擦。

40）铜线和铝线不能直接连接，一般采用铜铝过渡线夹、铜铝过渡接头，或者在铜线搪锡或铝线搪锡后直接连接。

41）导线接头的绝缘强度应等于原导线的绝缘强度，机械强度不小于原导线机械强度的90%，抗拉强度不应小于原导线的抗拉强度。

42）导线接头缠绝缘胶布时，后一圈压在前一圈胶布宽度的1/2处。

43）三相四线制的零线截面积一般小于相线截面积。

44）电力线路敷设时应严禁采用突然剪断导线的办法松线。

45）过载是指线路中的电流大于线路的计算电流或允许载流量。

46）导线接头要求应接触紧密和牢固可靠，如果连接不紧密，会造成接头发热。接头电阻要足够小，与同长度同截面导线的电阻比不大于1，导线接头位置应尽量避开绝缘子固定处。

47）白炽灯、碘钨灯属于热辐射光源，荧光灯属于气体放电光源。

48）一般来说白炽灯的功率因数最高。

49）荧光灯镇流器在启动时产生高压点燃灯管，灯管亮起后它起镇流（限流）作用。电感镇流器的内部是线圈，其功率因数比电子镇流器低。

50）一般照明的电源优先选用220V。事故照明一般采用白炽灯，并且不允许和其他照明共用同一线路。

51）高压汞灯是利用高压水银蒸气放电发光的一种气体放电灯。

52）墙边开关安装时距离地面的高度为1.3m。

53）幼儿园及小学等儿童活动场所插座安装高度不宜小于1.8m。

54）在电路中，开关应控制相线。民用住宅严禁装设床头开关，并列安装的同型号开关应保持高度一致。

55）螺口灯头应用三孔插座，其螺纹应与零线相接，以免触电。

56）在开关频繁和验收有较高区别要求的场所应采用白炽灯照明。

57）吊灯安装在桌子上方时，与桌子的垂直距离不少于 2m；危险场所室内的吊灯与地面距离不少于 2.5m；当灯具达不到最小高度时，应采用 36V 以下电压。

58）一般照明中采用电笔进行验电。

59）照明线路熔断器的熔体额定电流取线路计算电流的 1.1 倍。

60）一般照明场所的线路允许电压损失为±5%U_N。

61）电笔在插座的两个孔时均不亮，首先判断是相线断线。

62）灯泡忽明忽暗可判断是接触不良。

63）照明系统中的每一单相回路上，灯具与插座的数量不宜超过 25 个。路灯的各回路应有保护，每一灯具宜设单独熔断器，当一个熔断器保护一只灯时，熔断器应串联在开关后。

64）电气控制系统图可分为电气原理图和电气安装图。

65）原理图一般分为电源电路、主电路和辅助电路三部分。

66）同一电器的元器件的各部件分散地画在原理图中，为了表示是同一元器件，要在电器元器件的不同部件处标注统一的文字符号。

67）电气原理图中的所有元器件均按未通电状态或无外力作用时的状态画出。当触点图形垂直放置时，以“左开右闭”原则绘制。

68）直流电路中常用棕色表示正极。

69）熔体的额定电流是指在规定的工作条件下，长时间通过熔体而熔体不熔断的最大电流值。通常，一个额定电流等级的熔断器可以配若干个额定电流等级的熔体，但要保证熔体的额定电流值不能大于熔断器的额定电流值。

2.6 习题

一、判断题

1. 转子串频敏变阻器起动的转矩大，适合重载起动。（ ）
2. 对于异步电动机，国家标准规定 3kW 以下的电动机均采用三角形联结。（ ）
3. 电动机的短路试验是给电机施加 35V 左右的电压。（ ）
4. 电动机在检修后，经各项检查合格，即可对其进行空载试验和短路试验。（ ）
5. 电动机运行时发出的沉闷声是电动机在正常运行的声音。（ ）
6. 电气安装接线图中，同一电器元件的各部分必须画在一起。（ ）
7. 自动切换电器是依靠本身参数的变化或外来信号而自动进行工作的。（ ）
8. 胶壳式开关不适用于直接控制 5.5kW 以上的交流电动机。（ ）
9. 组合开关可以直接起动 5kW 以下的电动机。（ ）
10. 热继电器的双金属片是由一种热膨胀系数不同的金属材料辗压而成的。（ ）
11. 万能式断路器的定位机构一般采用滚轮卡转轴辐射型结构。（ ）
12. 熔断器的特性是通过熔体的电压值越高，熔断的时间越短。（ ）
13. 热继电器的保护特性是在保护电动机时，应尽可能与电动机过载特性贴近。（ ）
14. 中间继电器的动作值与释放值可调节。（ ）

15. 交流接触器常见的额定最高工作电压达到6000V。 ( )

16. 熔体的额定电流值不可大于熔断器的额定电流值。 ( )

17. 在选用断路器时，要求断路器的额定通断能力要大于或等于被保护线路中可能出现的最大负载电流。 ( )

18. 民用住宅严禁装设床头开关。 ( )

19. 路灯的各回路应有保护，每一灯具宜设单独熔断器。 ( )

20. 用验电笔验电时，应赤脚站立，保证与大地有良好的接触。 ( )

21. 在没有验电器验电前，线路应视为有电。 ( )

22. 低压验电器可以验出500V以下的电压。 ( )

23. 剩余电流断路器跳闸后，允许采用分路停电再送电的方式检查线路。 ( )

24. 为安全起见，更换熔断器时，最好断开负载。 ( )

25. 接了剩余电流断路器之后，设备外壳就不需要在接地或接零了。 ( )

26. 剩余电流断路器只有在有人触电时才会动作。 ( )

27. 在带电维修线路时，应站在绝缘垫上。 ( )

28. 当接通灯泡后，零线上就有电流，人体就不能再触摸零线了。 ( )

29. 可以用相线碰地的方法检查地线是否接地良好。 ( )

30. 时间继电器的文字符号为KM。 ( )

二、选择题

1. 国家标准规定（ ）kW以上的电动机均采用三角形联结。

A. 3 B. 4 C. 7.5

2. 三相笼型异步电动机的起动方式有两类，直接起动和（ ）起动。

A. 转子串电阻 B. 转子串频敏 C. 降低起动电压

3. 异步电动机起动瞬间，其起动电流约为额定电流的（ ）倍。

A. 2 B. 4~7 C. 9~10

4. 三相异步电动机一般可直接起动的功率为（ ）kW以下。

A. 7 B. 10 C. 16

5. 由专用变压器供电时，电动机容量小于变压器容量的（ ），允许直接起动。

A. 60% B. 40% C. 20%

6. 对照电动机与其铭牌检查，主要有（ ）、频率、定子绕组的连接方法。

A. 电源电压 B. 电源电流 C. 工作制

7. 对电动机内部的脏物及灰尘清理时，应用（ ）。

A. 湿布抹擦 B. 不上沾汽油、煤油等抹擦

C. 用压缩空气吹或用干布抹擦

8. 某四极电动机的转速为1440r/min，则这台电动机的转差率为（ ）。

A. 2% B. 4% C. 6%

9. 对电动机各绕组进行绝缘检查时，如测出绝缘电阻为零，在发现无明显烧毁的现象时，则可进行烘干处理，这时（ ）通电运行。

A. 允许　　B. 不允许　　C. 烘干好后就可

10. 对电动机轴承润滑的检查：（　　）电动机转轴，看是否转动灵活，听有无异声。

A. 通电转动　　B. 用手转动　　C. 用其他设备带动

11. 拉开开关时，如果出现电弧，应（　　）。

A. 迅速拉开　　B. 立即合闸　　C. 缓慢拉开

12. 主令电器有很多，其中有（　　）。

A. 接触器　　B. 行程开关　　C. 热继电器

13. 低压电器可归为低压配电电器和（　　）电器。

A. 低压控制　　B. 电压控制　　C. 低压电动

14. 属于配电电器的有（　　）。

A. 接触器　　B. 熔断器　　C. 电阻器

15. 属于控制电器的有（　　）。

A. 接触器　　B. 熔断器　　C. 刀开关

16. 熔断器的保护特性又称为（　　）。

A. 灭弧特性　　B. 安秒特性　　C. 时间性

17. 热继电器的保护特性与电动机过载特性贴近，是为了充分发挥电动机的（　　）能力。

A. 过载　　B. 控制　　C. 节流

18. 交流接触器的接通能力，是指开关闭合接通电流时不会造成（　　）的能力。

A. 触点熔焊　　B. 电弧出现　　C. 电压下降

19. 行程开关的组成包括（　　）。

A. 线圈部分　　B. 保护部分　　C. 反力系统

20. 断路器是通过手动或电动等操作机构使断路器合闸，通过（　　）装置使断路器自动跳闸，达到故障保护目的。

A. 自动　　B. 活动　　C. 脱扣

21. 电感式荧光灯镇流器的内部是（　　）。

A. 电子电路　　B. 线圈　　C. 振荡电路

22. 电路中，开关应控制（　　）。

A. 零线　　B. 相线　　C. 地线

23. 单相三孔插座的上孔接（　　）。

A. 零线　　B. 相线　　C. 地线

24. 每一照明（包括电风扇）支路总容量一般不大于（　　）kW。

A. 2　　B. 3　　C. 4

25. 相线应接在螺口灯头的（　　）。

A. 中心端子　　B. 螺纹端子　　C. 外壳

26. 当断路器动作后，用手触摸其外壳，发现断路器外壳较热，则动作的可能是（　　）。

A. 短路　　B. 过载　　C. 欠电压

27. 线路单相短路是指（　　）。

A. 功率过大　　B. 电流太大　　C. 零相线直接接通

28. 下列现象中，可判定是接触不良的是（　　）。

A. 荧光灯起动困难　　B. 灯泡忽明忽暗　　C. 灯泡不亮

29. 更换和检修用电设备时，最好的安全措施是（　　）。

A. 切断电源　　B. 站在凳子上操作　　C. 戴橡皮手套操作

30. 合上电源开关，熔丝立即烧断，则线路（　　）。

A. 短路　　B. 漏电　　C. 电压太高

第3章　电网的组成与倒闸操作

电能的生产、输送、分配、使用的全过程，是在同一瞬间实现的，因此电力线路的运行必须安全可靠。电力线路的安全性和可靠性是电力系统管理的一个重要指标，它涉及电力线路的设计、施工的质量以及运行管理水平。因此，首先要了解电力系统的一些基本概念，掌握高低压电网的组成、电力系统的运行方式，特别是倒闸操作以及接地系统，这对设备安全、人身安全尤为重要。同时，一名合格的电工人员必须具有判断和排除作业现场存在的安全风险、职业危害的能力。

3.1　电网的组成

3.1.1　高、低压电网的组成

1. 电力系统简介

在各个发电厂、变电站和电力用户之间，用不同电压的电力线路，将它们连接起来，这些不同电压的电力线路和变电站的组合，称为电力网。

由发电厂的电气设备、不同电压的电力网和电力用户的用电设备所组成的一个发电、变电、输电、配电和用电的整体，称为电力系统。电力系统和电力网示意图如图3-1所示。

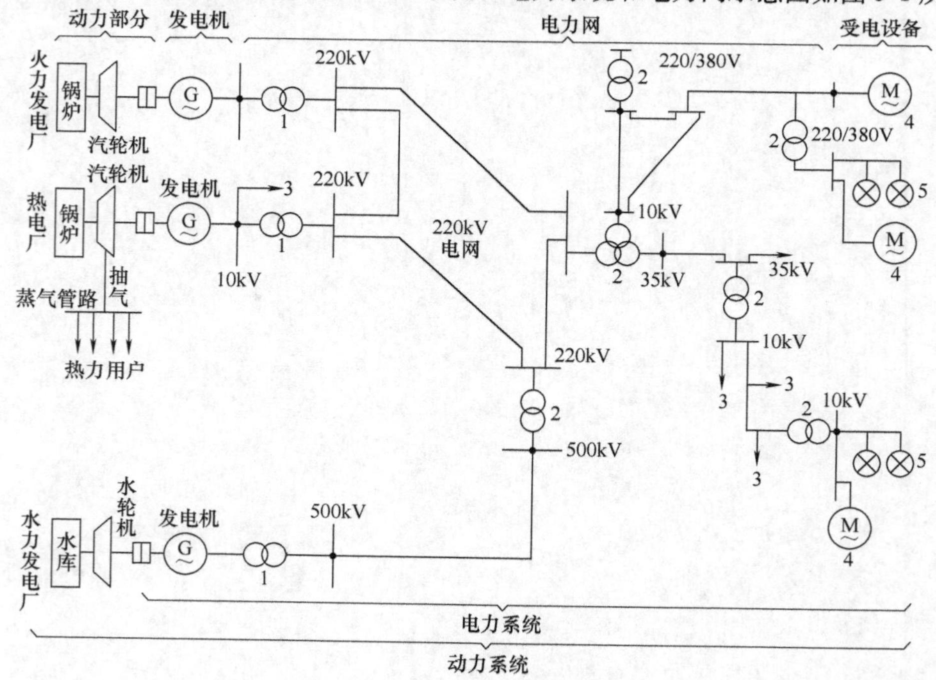

图3-1　电力系统和电力网示意图

对电力系统的基本要求：

1）安全。在电能的供应、分配和使用中，不应发生人身事故和设备事故。

2）可靠。应满足电能用户对供电可靠性的要求。

3）优质。应满足电能用户对电压和频率等质量的要求。

4）经济。供电系统的投资要少，运行费用要低，并尽可能地节约电能和减少有色金属消耗量。

2. 电力系统的电压

按照国家标准 GB/T 156—2017《标准电压》的规定，我国三相交流电网和电力设备的标准电压见表 3-1。表中的变压器一、二次绕组额定电压是依据我国生产的电力变压器标准产品规格确定的。

表 3-1　我国三相交流电网和电力设备的标准电压（据 GB/T 156—2017）

分类	电网和用电设备额定电压/kV	发电机额定电压/kV	电力变压器额定电压/kV	
			一次绕组	二次绕组
低压	0.38	0.40	0.38	0.40
	0.66	0.69	0.66	0.69
高压	3	3.15	3 及 3.15	3.15 及 3.3
	6	6.3	6 及 6.3	6.3 及 6.6
	10	10.5	10 及 10.5	10.5 及 11
	—	13.8，15.75，18	13.8，15.75，18	—
		20，22，24，26	20，22，24，26	
	35	—	35	38.5
	66	—	66	72.6
	110	—	110	121
	220	—	220	242
	330	—	330	363
	500	—	500	550
	750	—	750	825（800）
	1000	—	1000	1100

3. 企业供电系统配电电压的选择

（1）高压配电电压的选择

企业采用的高压配电电压通常为 6~10kV，从技术经济指标来看，最好采用 10kV。

1）采用 10kV 电压可减少线路的初期投资和有色金属消耗量，且可减少线路的电能损耗和电压损耗。

2）采用 10kV 电压级，在开关设备的投资方面也不会比采用 6kV 电压等级增加多少。

3）从供电的安全性和可靠性来说，6kV 与 10kV 相差不多。

4）实践表明采用 10kV 电压较采用 6kV 电压更适应于供电系统的发展，输送功率更大，输送距离更远。

如果当地的电源电压为35kV或66kV，而厂区环境条件又允许采用35kV或66kV架空线路，则可考虑采用35kV或66kV作为高压配电电压深入企业各车间负荷中心，并经车间变电站直接降为低压用电设备所需的电压。

（2）低压配电电压的选择

1）企业的低压配电电压一般采用220V/380V，其中线电压380V接三相动力设备及380V的单相设备，相电压220V接一般照明灯具及其他220V的单相设备。

2）某些场合宜采用660V（甚至更高的1140V）作为低压配电电压，例如矿井下，因负载中心往往离变电站较远，所以为保证负载端的电压水平而采用660V或更高电压配电。

3.1.2 变压器

1. 电力变压器的分类和型号

（1）电力变压器的分类

电力变压器按功用分，有升压变压器和降压变压器两大类，二次侧为低压的降压变压器，则称为“配电变压器”。

按容量系列分，有R8容量系列和R10容量系列两大类。

按相数分，可以分为三相变压器和单相变压器。

按结构形式分，有铁心式变压器和铁壳式变压器。

按调压方式分，有无载调压和有载调压两大类。

按绕组形式分，有双绕组变压器、三绕组变压器和自耦变压器三大类。

按冷却介质分，有干式和油浸式两类。而油浸式变压器又分为油浸自冷式、油浸风冷式和强迫油循环风冷（或水冷）式3种。

按其绕组导体材质分，有铜绕组和铝绕组两种。

（2）电力变压器的型号

电力变压器的型号含义如图3-2所示。

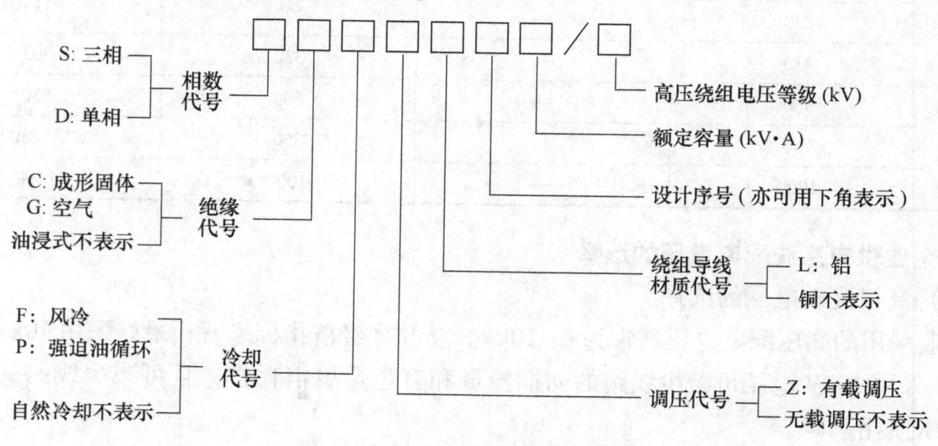

图3-2 电力变压器的型号含义

2. 电力变压器的构成

电力变压器主要由绕组、铁心、油箱、绝缘、储油柜、绝缘套管以及冷却系统等构成，如图3-3所示。

3. 电力变压器的主要技术参数

（1）额定容量

在额定状态下变压器输出能力的保证值，单位为 kV·A。由于电力变压器的效率极高，规定一次、二次容量相同。

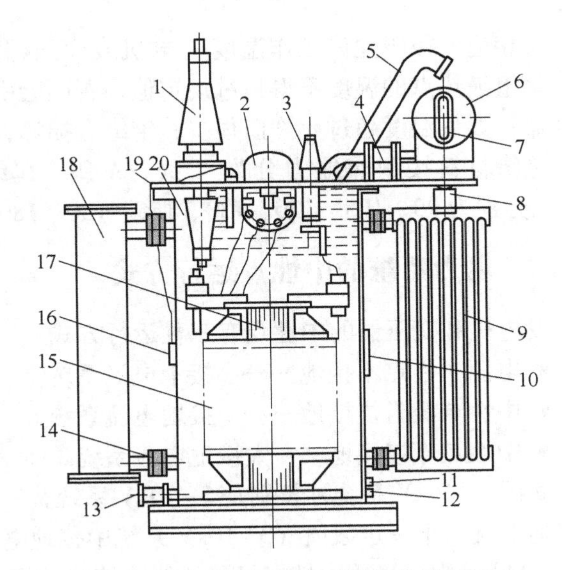

图 3-3　三相油浸式变压器结构示意图

1—高压套管　2—分接开关　3—低压套管　4—气体继电器　5—安全气道　6—（储油柜）防爆管　7—油位指示器（油标）　8—吸湿器　9—散热器　10—铭牌　11—接地端子　12—取油阀门　13—放油阀门　14—活门　15—绕组及绝缘　16—信号温度计　17—铁心　18—净油器　19—油箱　20—变压器油

（2）额定电压

高压（一次）侧额定电压是指变压器在空载时，变压器额定分接头对应的电压，单位为 kV。二次侧额定电压是指在一次侧加上额定电压时，二次侧的空载电压值。对三相电力变压器，额定电压是指线电压。

1）电力变压器一次绕组的额定电压

当变压器直接与发电机相连时，如图 3-4 所示的变压器 T_1，其一次绕组额定电压应与发电机额定电压相同，即高于同级电网额定电压 5%。

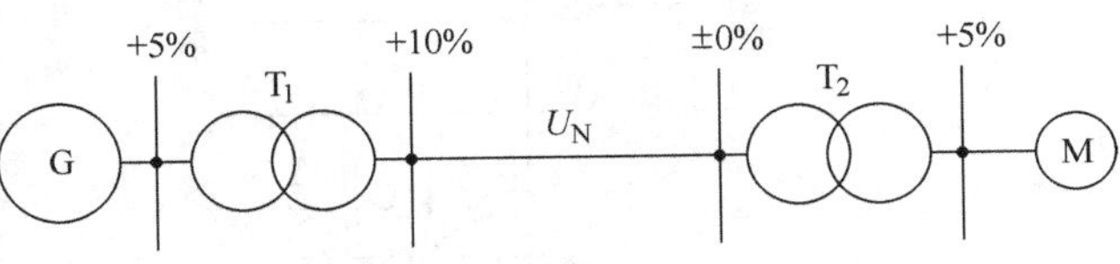

图 3-4　变压器的电压等级

2）电力变压器二次绕组的额定电压

变压器二次侧供电线路较长（如为较大的高压电网）时，其二次绕组额定电压应比相连电网额定电压高 10%，其中有 5%用于补偿变压器满载运行时绕组内部约 5%的电压降。此外变压器满载时输出的二次电压还要高于所连电网额定电压 5%，以补偿线路上的电压降。

变压器二次侧供电线路不长（如为低压电网）时，二次绕组额定电压只需高于所连电网额定电压 5%，仅考虑补偿变压器满载运行时绕组内部 5%的电压降。

（3）额定电流

根据变压器的额定容量和额定电压计算出来的电流称为变压器的额定电流，单位为 A。对三相电力变压器，额定电流是指线电流。

（4）空载电流和空载损耗

将变压器二次绕组开路，一次绕组加额定电压，一次绕组中流过的电流称为空载电流。此电流所吸取的有功功率称为空载损耗。

（5）阻抗电压和负载损耗

将变压器二次绕组短接，一次绕组通过额定电流时所需的电压称为阻抗电压，常用百分值表示。二次绕组短接，一次绕组通过额定电流时所吸取的有功功率称为负载损耗。

4. 绝缘等级

电机与变压器中常用的绝缘材料等级为 A、E、B、F、H 五种。每一绝缘等级的绝缘材料都有相应的极限允许工作温度（电机或变压器绕组最热点的温度）。电机或变压器运行时，绕组最热点的温度不得超过规定值，否则会引起绝缘材料加速老化，缩短电机或变压器的寿命；如果温度超过允许值很多，绝缘会损坏，导致电机或变压器烧毁。

绝缘材料按耐热能力分为 Y 级、A 级、E 级、B 级、F 级、H 级、C 级，允许温度（℃）分别为 90、105、120、130、155、180、180 以上。

3.1.3 电力系统的中性点运行方式

发电机和变压器的中性点有三种运行方式：

- 电源中性点不接地——小接地电流系统。
- 中性点经阻抗接地——小接地电流系统。
- 中性点直接接地——大接地电流系统。

我国 3~66kV 系统，特别是 3~10kV 系统，一般采用中性点不接地的运行方式。如果单相接地电流大于一定数值（3~10kV 系统中接地电流大于 30A、20kV 及以上系统中接地电流大于 10A），则应采用中性点经消弧线圈接地的运行方式。我国 110kV 及以上的系统，则都采用中性点直接接地的运行方式。

1. 中性点不接地的电力系统

三个相的相电压是对称的，三个相的对地电容电流也是平衡的，如图 3-5 所示。

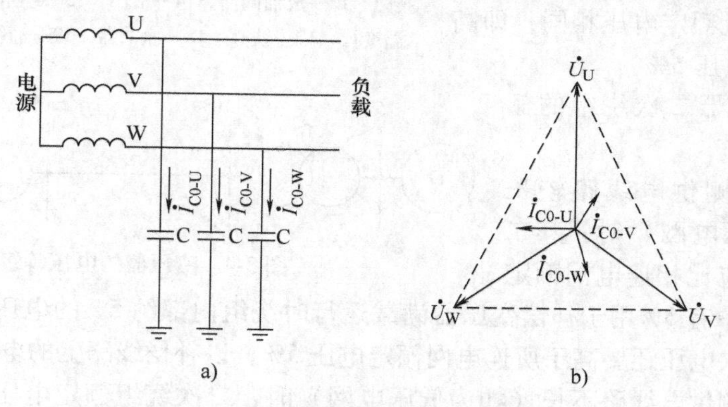

图 3-5　中性点不接地的电力系统

三个相的电容电流的相量和为零，没有电流在地中流动。各相对地的电压，就等于各相的相电压。

在中性点不接地的系统中，应该装设专门的单相接地保护或绝缘监视装置，在系统发生单相接地故障时，给予报警信号，提醒供电值班人员注意，及时处理；当危及人身和设备安全时，单相接地保护则应动作于跳闸。

2. 中性点经消弧线圈接地的电力系统

为防止单相接地时接地点有断续电弧，引起过电压，在单相接地电容、电流大于一定值的电力系统中，电源中性点必须采取经消弧线圈接地的运行方法。中性点经消弧线圈接地的电力系统如图 3-6 所示。

在电源中性点经消弧线圈接地的三相系统中，与中性点不接地的系统一样，允许在发生单相接地故障时短时（一般规定为两小时）继续运行。在此时间内，应积极查找故障。在暂时无法消除故障时，应设法将负载转移到备用线路上去。如发生单相接地危及人身和设备安全时，则应动作于跳闸。

中性点经消弧线圈接地的电力系统，在单相接地时，其他两相对地电压也要升高到线电压，即升高为原对地电压的 $\sqrt{3}$ 倍。

3. 中性点直接接地的电力系统

中性点直接接地的电力系统如图 3-7 所示。单相短路电流比线路的正常负荷电流大得多，因此在系统发生单相短路时保护装置应动作于跳闸，切除短路故障，使系统的其他部分恢复正常运行。

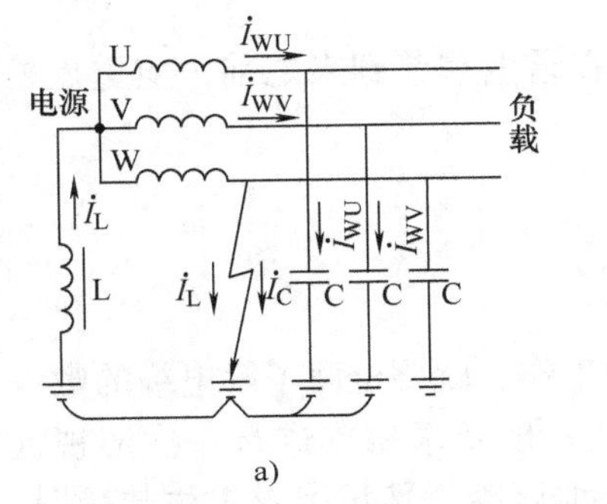

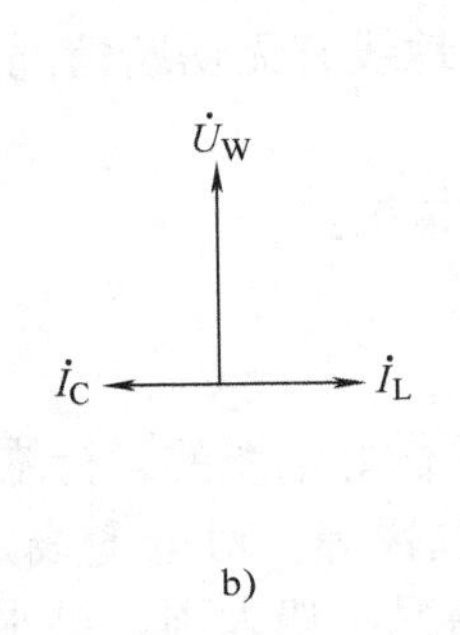

图 3-6　中性点经消弧线圈接地的电力系统

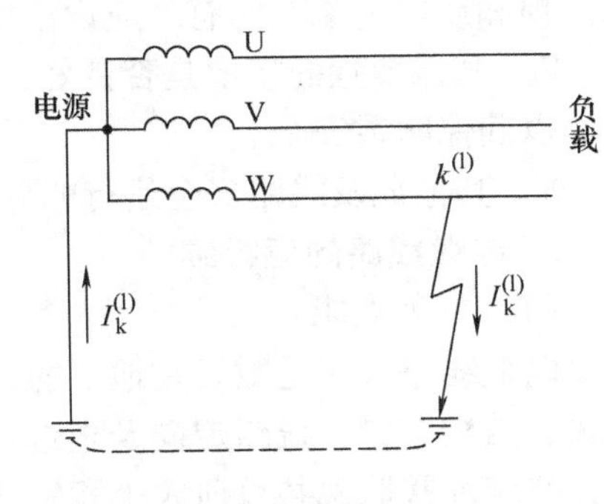

图 3-7　中性点直接接地的电力系统

我国 110kV 及以上的高压、超高压系统的电源中性点通常都采取直接接地的运行方式。在低压配电系统中，均为中性点直接接地系统，在发生单相接地故障时，一般能使保护装置迅速动作，切除故障部分，比较安全。如果加装剩余电流动作保护器，则将对人身安全有更好的保障。

三种运行方式的优缺点对比详见表 3-2。

表 3-2　三种运行方式的优缺点对比

类型	优点	缺　点
中性点不接地系统	发生单相接地时，三相用电设备能正常工作，允许 2h 之内暂时继续运行，因此可靠性高	发生单相接地时，其他两相非故障相对地电压将升到线电压，是正常时的 1.732 倍，因此绝缘要求高，会增加绝缘费用
中性点经消弧线圈接地系统	除具有中性点不接地系统的优点外，还可以减少接地电流	与中性点不接地系统相同
中性点直接接地系统	发生单相接地时，其他两非故障相的对地电压不升高，因此可降低绝缘费用	发生单相接地短路时，短路电流大，就需要迅速切除故障部分，所以这种方式下供电可靠性差

3.1.4　电力线路的运行与维护

1. 架空线路的运行维护

（1）一般要求

对厂区架空线路，一般要求每月进行一次巡视检查，并根据负荷情况适当进行夜间巡视。遇大风大雨及发生故障等特殊情况时，应临时增加巡视次数。

（2）巡视项目

1）电杆有无倾斜、变形、腐朽、损坏及基础下沉等现象，如有，应设法修理。

2）沿线路的地面是否堆放有易燃、易爆和强腐蚀性物体，如有，应立即设法挪开。

3）沿线路周围有无危险建筑物，应尽可能保证在雷雨季节和大风季节里，这些建筑物不致对线路造成损坏。

4）线路上有无树枝、风筝等杂物悬挂，如有，应设法消除。

5）拉线和板桩是否完好，绑扎线是否紧固可靠，如有缺陷，应设法修理或更换。

6）导线的接头是否接触良好，有无过热发红、严重氧化、腐蚀或断脱现象，绝缘子有无破损和放电现象，如有，应设法修理或更换。

7）避雷装置的接地是否良好，接地线有无锈断情况，在雷电季节到来之前，应重点检查，以确保防雷安全。

8）其他危及线路安全运行的异常情况。

2. 电缆线路的运行维护

（1）一般要求

电缆线路大多是敷设在地下的，要做好电缆的运行维护工作，就要全面了解电缆的敷设方式、结构布置、线路走向及电缆头位置等。对电缆线路，一般要求每季进行一次巡视检查，并应经常监视其负荷大小和发热情况。遇大雨、洪水及地震等特殊情况及发生故障时，应临时增加巡视次数。

（2）巡视项目

1）电缆头及瓷套管有无破损和放电痕迹；对填充有电缆胶（油）的电缆头，还应检查有无漏油溢胶现象。

2）对明敷电缆，还应检查电缆外皮有无锈蚀、损伤，沿线支架或挂钩有无脱落，线路上及附近有无堆放易燃易爆及强腐蚀性物体。

3）对暗敷及埋地电缆，应检查沿线的盖板和其他保护物是否完好，有无挖掘痕迹，路线标桩是否完整无缺。

4）电缆沟内有无积水或渗水现象，是否堆有杂物及易燃易爆危险品。

5）线路上各种接地是否良好，有无松脱、断股和腐蚀现象。

6）其他危及电缆安全运行的异常情况。

3. 车间配电线路的运行维护

（1）一般要求

搞好车间配电线路的运行维护工作，必须全面了解车间配电线路的布线情况、结构形式、导线型号规格及配电箱和开关、保护装置的位置等，并了解车间负荷的要求、大小及车间变电所的有关情况。对车间配电线路，应有专门的维护电工，一般要求每周进行一次巡视检查。

（2）巡视项目

1）检查导线的发热情况。例如裸母线在正常运行时的最高允许温度一般为70℃。如果温度过高，将使母线接头处氧化加剧，接触电阻增大，运行情况迅速恶化，最后可能引起接触不良或断线。所以一般要在母线接头处涂以变色漆或示温蜡，以检查其发热情况。

2）检查线路的负荷情况。我们知道，线路的负荷电流不得超过导线的允许载流量，否则导线会过热。对于绝缘导线，导线过热还可能引起火灾。因此运行维护人员要经常注意线路的负荷情况，一般用钳形电流表来测量线路的负荷电流。

3）检查配电箱、分线盒、开关、熔断器、母线槽及接地保护装置等的运行情况，着重检查母线接头有无氧化、过热变色和腐蚀等情况，接线有无松脱、放电和烧毛的现象，螺栓是否紧固。

4）检查线路上和线路周围有无影响线路安全的异常情况。绝对禁止在绝缘导线上悬挂物体，禁止在线路近旁堆放易燃易爆危险品。

5）对敷设在潮湿、有腐蚀性物质场所的线路和设备，要进行定期的绝缘检查，绝缘电阻一般不得低于0.5MΩ。

4. 线路运行中突然停电的处理

1）当进线没有电压时，说明是电力系统方面暂时停电。这时总开关不必拉开，但出线开关应全部拉开，以免突然来电时，用电设备同时起动，造成过载和电压骤降，影响供电系统的正常运行。

2）当双回路进线中的一个回路进线停电时，应立即进行切换操作（又称倒闸操作），将负荷特别是其中的重要负荷转移给另一回路进线供电。

3）厂内架空线路发生故障使开关跳闸时，如果开关的断流容量允许，可以试合一次，争取尽快恢复供电。由于架空线路的多数故障是暂时性的，所以多数情况下可能试合成功。如果试合失败，开关再次跳闸，说明架空线路上的故障尚未消除，这时应该对线路故障进行停电隔离检修。

4）对放射式线路中某一分支线上的故障检查，可采用“分路合闸检查”的方法。可将故障范围逐步缩小，迅速找出故障线路，并迅速恢复其他完好线路的供电。

3.2 倒闸操作与接地系统

3.2.1 倒闸操作

1. 倒闸操作

倒闸操作是将电气设备由一种状态转换到另一种状态。这种操作主要是指拉开或合上某些断路器、隔离开关，以及与此有关的一些操作。

2. 倒闸操作的基本制度

为了确保运行安全，防止误操作，电气设备运行人员必须严格执行倒闸操作票制度和监护制度。倒闸操作票格式（样例）见表3-3。

表3-3 倒闸操作票格式（样例）

操作开始时间：__年__月__日__时__分		操作终止时间：__年__月__日__时__分
操作任务：WL_1电源进线送电		
执　行	顺　序	操　作　项　目
√	1	拆除线路端及接地端接地线；拆除标示牌
√	2	检查WL_1、WL_2进线所有开关均在断开位置，合××#母联隔离开关

（续）

操作开始时间：__年__月__日__时__分		操作终止时间：__年__月__日__时__分
操作任务：WL_1 电源进线送电		
执 行	顺 序	操 作 项 目
√	3	依次合 No. 102 隔离开关，No. 101 1#、2# 隔离开关，合 No. 102 高压断路器
√	4	合 No. 103 隔离开关，合 No. 110 隔离开关
√	5	依次合 No. 104 ~ No. 109 隔离开关；依次合 No. 104 ~ No. 109 高压断路器
√	6	合 No. 201 刀开关；合 No. 201 低压断路器
√	7	检查低压母线电压是否正常
√	8	合 No. 202 刀开关；依次合 No. 202 ~ No. 206 低压断路器或熔断器式刀开关
备注：		

3. 倒闸操作基本原则

1）在分、合闸时，必须用断路器接通或断开负荷电流或短路电流，绝对禁止用隔离开关切断负荷电流或短路电流。

2）在合闸时，应先从电源侧进行，依次到负载侧。

3）在分闸时，应先从负载侧进行，依次到电源侧。

4. 倒闸操作的基本要求

（1）操作隔离开关的基本要求

1）在手动合上隔离开关时，必须迅速果断。

2）在手动拉开隔离开关时，应缓慢而谨慎，特别是在刀片刚离开固定触头时，如产生电弧，应立即反向重新将刀开关合上，并停止操作，查明原因，做好记录。

3）在拉开单极操作的高压熔断器刀开关时，应先拉中间相线再拉两边相线。

4）在操作隔离开关后，必须检查隔离开关的开、合位置，因为有时可能由于操作机构的原因，隔离开关操作后，实际上未合好或未拉开。

（2）操作断路器的基本要求

1）在改变运行方式时，首先应检查断路器的断流容量是否大于该电路的短路容量。

2）在一般情况下，断路器不允许带电手动合闸。

3）遥控操作断路器时，扳动控制开关不能用力过猛，以防损坏控制开关；也不得使控制开关返回太快，防止断路器合闸后又跳闸。

4）在断路器操作后，应检查有关信号灯及测量仪表（如电压表、电流表、功率表）的指示，确认断路器触点的实际位置。

3.2.2 变配电所的送电、停电操作要求

1. 变配电所的送电操作

变配电所送电时，一般应从电源侧的开关合起，依次合到负载侧开关。一定要按照母线

侧隔离开关或刀开关、线路侧隔离开关或刀开关、高低压断路器的顺序依次操作。

2. 变配电所的停电操作

变配电所停电时，一般应从负载侧的开关拉起，依次拉到电源侧开关。一定要按照高低压断路器、线路侧隔离开关或刀开关、母线侧隔离开关或刀开关的顺序依次操作。

为了安全，线路或设备停电以后，一般规定要在主开关的操作手柄上悬挂“禁止合闸，有人工作”的标示牌。如有线路过设备检修时，应在电源侧（可能两侧来电时，应在两侧）安装临时接地线。安装接地线时，应先接接地端，后接线路端；拆除接地线时，则应先拆线路端，后拆接地端。安装、拆除接地线时，必须要有人监护，并使用绝缘棒和绝缘手套。临时接地线的安装一般使用携带型接地线，如图 3-8 所示。

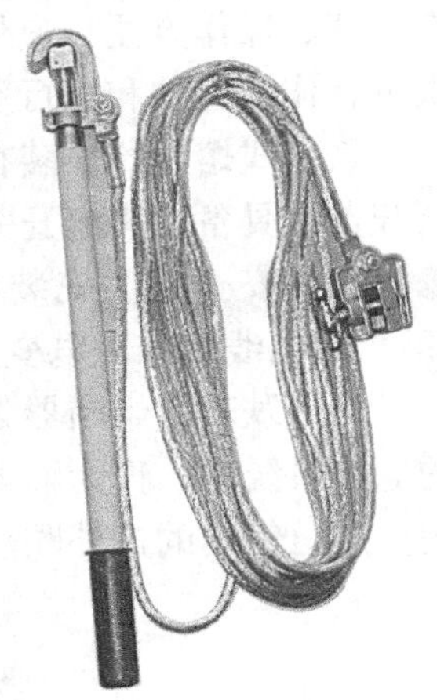

图 3-8　携带型接地线

注意事项：

1）要严格执行操作票。

2）倒闸操作需由两人执行，一人操作，一人监护，其他人员不得触及设备。

3）操作时要戴绝缘手套，穿绝缘鞋，戴安全帽。

4）摘挂跌落式熔断器应使用合格的绝缘杆。

5）雷电天气严禁进行操作。

3.2.3　低压配电柜的倒闸操作

1. 低压配电柜的送电操作步骤

（1）送进线柜

合隔离开关，用电压表切换开关检查三相电压，再合上负荷开关（按下合闸按钮）。

（2）送控制（出线）柜

合隔离开关，再分别合上断路器。

（3）送电容补偿柜

合隔离开关，检查三相电压，将功率因数控制器的取样开关转至“市电”位置，再将“自动/手动”选择开关转至“自动”位置，送电倒闸操作完毕。

2. 低压配电柜的停电操作步骤

（1）停电容补偿柜

将功率因数控制器的取样开关转至“停止”位置，再拉下隔离开关至断开位置。

（2）停控制（出线）柜

断开断路器，再将隔离开关拉至“断开”位置。

（3）停进线柜

断开负荷开关（按下停止按钮），再将隔离开关拉至断开位置，停电倒闸操作完毕。

注意：以往低压配电的成套配电设备一般安装在建筑物的专用配电房内，而变压器安装在房外的电线杆上，因此配电房只有 400V 的设备。然而，现在用户已较多使用箱式组合变电站，其变压器是安装在箱内的，高压电（6kV 或 10kV）通过电缆直接引入，虽然高、低压设备已进行隔离，但仍要时刻警惕，箱内有高压设备，未做好高压安全防护前，不得打开变压器一侧的防护门。

3.2.4 跌落式熔断器

跌落式熔断器是10kV配电线路分支线和配电变压器最常用的一种短路保护电器，它具有经济、操作方便、户外环境适应性强等特点，广泛应用于10kV配电线路和配电变压器一次侧，作为保护和进行设备投、切操作之用。

跌落式熔断器安装在10kV配电线路分支线上，可缩小停电范围，因为它有一个明显的断开点，具备了隔离开关的功能，给检修段线路和设备创造了一个安全作业环境，增加了检修人员的安全感。安装在配电变压器上时，它可以作为配电变压器的主保护，因此，在10kV配电线路和配电变压器中得到了普及。

户外跌落式熔断器如图3-9所示。户外跌落式熔断器适用于交流50Hz、额定电压10kV的电力系统中，作为输配电线路和电力变压器的过载和短路保护以及分、合额定负荷电流之用。广泛使用的户外跌落式熔断器型号有RW7型、RW11型和RW12型3种。

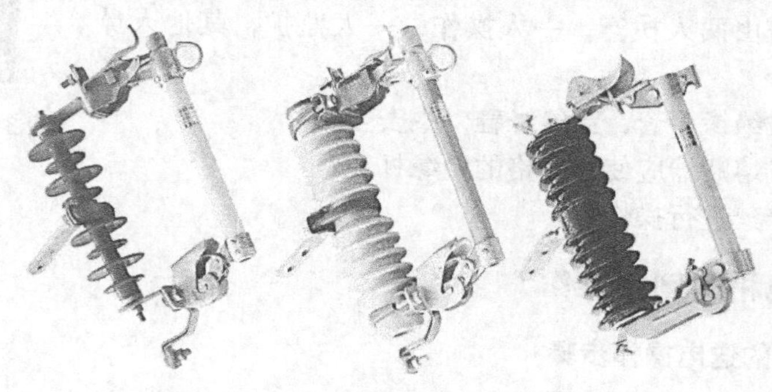

图3-9 户外跌落式熔断器

1. 工作原理

跌落式熔断器结构如图3-10所示。熔管6两端的动触头3、8依靠铜熔体7系紧，将上动触头3推入上静触头2凸出部分后，磷铜片等制成的上静触头2顶着上动触头3，故而熔管6牢固地卡在上静触头2里。当短路电流通过熔丝熔断时，产生电弧，熔管内衬的钢纸管在电弧作用下产生大量的气体。因熔管上端被封死，气体向下端喷出，吹灭电弧。由于熔丝熔断，熔管的上、下动触头（3和8）失去熔丝的系紧力，在熔管自身重力和上、下静触头弹簧片的作用下，熔管迅速跌落，使电路断开，切除故障段线路或者故障设备。

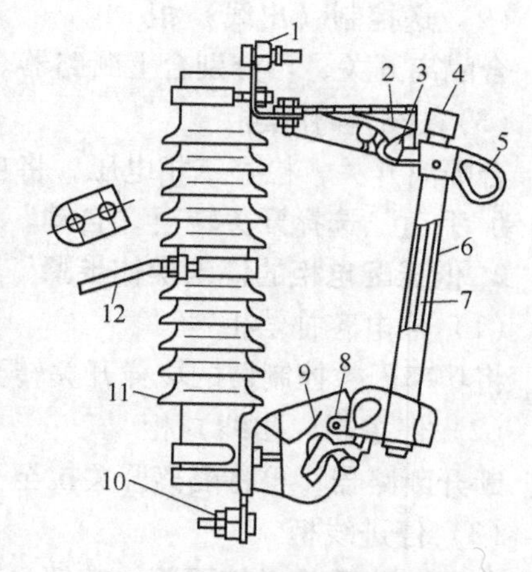

图3-10 跌落式熔断器结构

1—上接线端子 2—上静触头 3—上动触头 4—管帽 5—操作环 6—熔管 7—铜熔体 8—下动触头 9—下静触头 10—下接线端子 11—瓷绝缘子 12—固定安装板

若10kV线路系统中和配电变压器上的熔断器不能正确动作，其原因之一是，没有定期对跌落式熔断器进行维护和检修；原因之二是，跌落式熔断器的产品质量低劣，不能进行灵活的拉、合操作。这两个原因降低了跌落式熔断器的功能。实际应用中，经常出现缺熔管、缺熔体或用铜丝、铝丝甚至铁丝钩挂代替熔体的情况，使得线路的跳闸率和配电变压器的故障率居高不下。

2. 使用环境

1）正常使用条件：环境温度不高于+40℃，不低于-40℃；海拔高度不超过1000m；最大风速不超过35m/s；地震强度不超过8度。

2）不适用于下列场所：有燃烧或爆炸危险的场所；有剧烈震动或冲击的场所；有导电、化学气体作用及严重污秽盐雾的地区。

3. 安装要求

1）安装时应将熔体拉紧（使熔体大约受到24.5N的拉力），否则容易引起触头发热。

2）熔断器安装在横担（构架）上时应牢固可靠，不能有任何的晃动或摇晃现象。

3）熔管应有向下25°（±2°）的倾角，以便熔体熔断时熔管能依靠自身重量迅速跌落。

4）熔断器应安装在离地面垂直距离不小于4m的横担（构架）上，若安装在配电变压器上方，应与配变的最外轮廓边界保持0.5m以上的水平距离，以防熔管掉落引发其他事故。

5）熔管的长度应调整适中，要求合闸后上静触头能扣住上动触头长度的2/3以上，以免在运行中发生自行跌落的误动作。熔管亦不可顶死上静触头，以防止熔体熔断后熔管不能及时跌落。

6）所使用的熔体必须是正规厂家的标准产品，并具有一定的机械强度，一般要求熔体最少能承受147N以上的拉力。

7）10kV跌落式熔断器安装在户外，要求相间距离大于70cm。

4. 操作注意

一般情况下不允许带负载操作跌落式熔断器，只允许其操作空载设备（线路）。但在农网10kV配电线路分支线和额定容量小于200kVA的配电变压器中允许按下列要求带负载操作。

1）操作时由两人进行（一人监护，一人操作），但必须戴质量合格的绝缘手套，穿绝缘靴、戴护目眼镜，使用电压等级相匹配的合格绝缘棒操作，在雷电或者大雨的气候下禁止操作。

2）在分闸操作时，一般规定为先分断中间相，再分背风的边相，最后分断迎风的边相。这是因为配电变压器由三相运行改为两相运行，分断中间相时所产生的电弧火花最小，不致造成相间短路。分断背风边相时，因为中间相已被分开，背风边相与迎风边相的距离增加了一倍，即使有过电压产生，造成相间短路的可能性也很小。最后分断迎风边相时，仅有对地的电容电流，产生的电弧火花已经很轻微。

3）合闸时的操作顺序与分闸时相反，即先合迎风边相，再合背风的边相，最后合上中间相。

4）操作熔管是一项频繁的工作，稍不注意便会造成触头烧伤引起接触不良，使触头过热，弹簧退火，从而使触头接触更为不良，形成恶性循环。所以，拉、合熔管时要用力适度，合好后，要仔细检查上静触头是否紧紧扣住上动触头长度2/3以上。可用分闸杆钩住上静触头向下压几下，再轻轻试拉，检查其是否合好。合闸时未能到位或未合牢靠，熔断器上静触头压力不足，极易造成触头烧伤或者熔管自行跌落。

3.2.5 高压验电器

高压验电器是用来检查高压线路和电力设备是否带电的工具，是变电所常用的基本安全用具。高压验电器一般以辉光作为指示信号。新式高压验电器，也有将音响或语言作为指示的。高压验电器由金属工作触头、氖灯、电容器、手柄等组成。验电器是保证全部停电或部分停电的电气设备上工作人员安全的重要技术措施之一。高压验电器如图 3-11 所示。

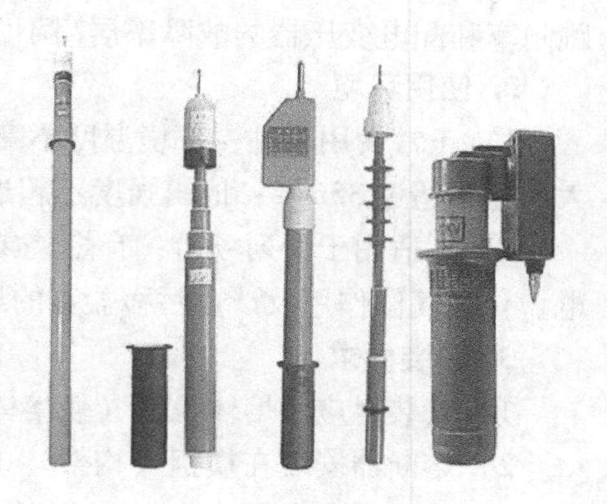

图 3-11 高压验电器

(1) 高压验电器的使用规定

现将有关规定介绍如下。

1) 投入使用的高压验电器必须是经电气试验合格的验电器，高压验电器必须定期试验，确保其性能良好。

2) 使用高压验电器必须穿戴高压绝缘手套、绝缘鞋，并有专人监护。

3) 在使用验电器之前，应首先检验验电器是否良好、有效。除此之外，还应在电压等级相适应的带电设备上检验报警正确，方能到需要接地的设备上验电，禁止使用电压等级不对应的验电器进行验电，以免现场测验时得出错误的判断。

4) 验电时必须精神集中，不能做与验电无关的事，如接打手机等，以免错验或漏验。

5) 对线路的验电应逐相进行，对联络用的断路器或隔离开关或其他检修设备验电时，应在其进出线两侧各相分别验电。

6) 对同杆塔架设的多层电力线路进行验电时，先验低压、后验高压，先验下层、后验上层。

7) 在电容器组上验电，应待其放电完毕后再进行。

8) 验电时让验电器顶端的金属工作触头逐渐靠近带电部分，至氖灯发光或验电器发出音响报警信号为止，不可直接接触电气设备的带电部分。验电器不应受邻近带电体的影响，以至发出错误的信号。

9) 验电时如果需要使用梯子时，应使用绝缘材料的牢固梯子，并应采取必要的防滑措施，禁止使用金属材料梯。

10) 验电完备后，应立即进行接地操作，验电后因故中断未及时进行接地时，若需要继续操作必须重新验电。

(2) 高压验电器试验步骤

高压验电器试验步骤如下。

1) 高压验电器一般每 6 个月试验一次。试验前应仔细检查其绝缘部分和氖灯的玻璃罩是否完好。

2) 进行工频交流耐压试验时，在验电器的接触端与电容器之间加工频电压 25kV，持续 1min。若无闪络放电现象，则验电器即为合格。

3) 验电器的支持部分，即支持器（包括绝缘部分、手握部分及两部分之间的隔离环）

应单独进行试验，试验时在电容器与隔离环之间加电压。

4）加压过程中若无闪络放电现象，则支持部分亦合格。此外还要对高压验电器每 6 个月进行一次发光电压试验，试验方法和要求如下：首先将验电器的接触端接在电压变动较小的试验变压器的一端，变压器的另一端接地；然后使变压器缓慢升压，当氖灯开始放电，氖光逐渐清晰并稳定时，电压表的示值即为验电器的发光电压。

5）此项试验应重复三次，以获得较准确的数值。发光电压一般不应高于额定电压的 25%。

3.2.6 低压配电接地系统

根据现行的国家标准 GB 50054—2011《低压配电设计规范》，低压配电系统有 3 种接地形式，即 IT 系统、TT 系统和 TN 系统。

第一个字母表示电源端与地的关系。

- T——电源变压器中性点直接接地。
- I——电源变压器中性点不接地，或通过高阻抗接地。

第二个字母表示电气装置的外露可导电部分与地的关系

- T——电气装置的外露可导电部分直接接地，此接地点在电气上独立于电源端的接地点。
- N——电气装置的外露可导电部分与电源端接地点有直接电气连接。

1. IT 系统

IT 系统就是电源中性点不接地，用电设备外露可导电部分直接接地的系统，如图 3-12 所示。IT 系统可以有中性线，但 IEC（国际电工委员会）强烈建议不设置中性线。因为如果设置中性线，在 IT 系统中中性线任何一点发生接地故障，该系统将不再是 IT 系统。

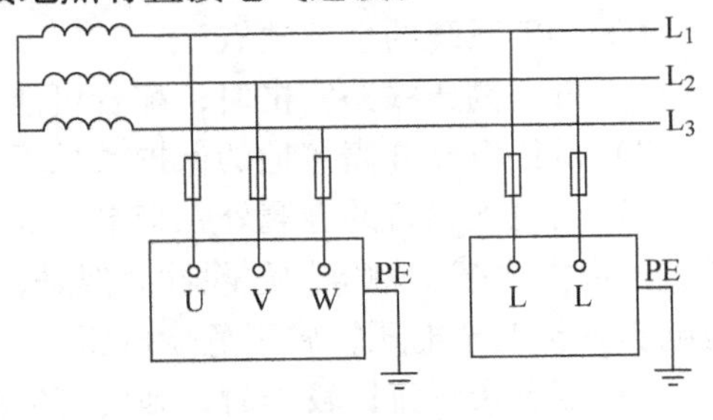

图 3-12　IT 系统接线图

IT 系统的特点如下所述。

IT 系统发生第一次接地故障时，仅为非故障相对地的电容电流，其值很小，外露导电部分对地电压不超过 50V，不需要立即切断故障回路，可保证供电的连续性；发生接地故障时，对地电压升高 1.73 倍；220V 负载需配降压变压器，或由系统外电源专供；安装绝缘监察器。适用于供电连续性要求较高的使用场合，如应急电源、医院手术室等。

IT 方式供电系统在供电距离不是很长时，供电的可靠性高、安全性好。一般用于不允许停电的场所，或者是要求严格连续供电的地方，例如电力炼钢、大医院的手术室、地下矿井等处。地下矿井内供电条件比较差，电缆易受潮。运用 IT 方式供电系统，即使电源中性点不接地，一旦设备漏电，单相对地剩余电流仍较小，不会破坏电源电压的平衡，所以比电源中性点接地的系统还安全。但是，如果用在供电距离很长的情况下，供电线路对大地的分布电容就不能忽视了。

在负载发生短路故障或漏电使设备外壳带电时，剩余电流经大地形成架路，保护设备不一定触发动作，这是很危险的。只有在供电距离不太长时才比较安全。这种供电方式在工地上很少见。

2. TT 系统

TT 系统就是电源中性点直接接地，用电设备的外露可导电部分也直接接地的系统，如图 3-13 所示。通常将电源中性点的接地叫作工作接地，而设备外露可导电部分的接地叫作保护接地。

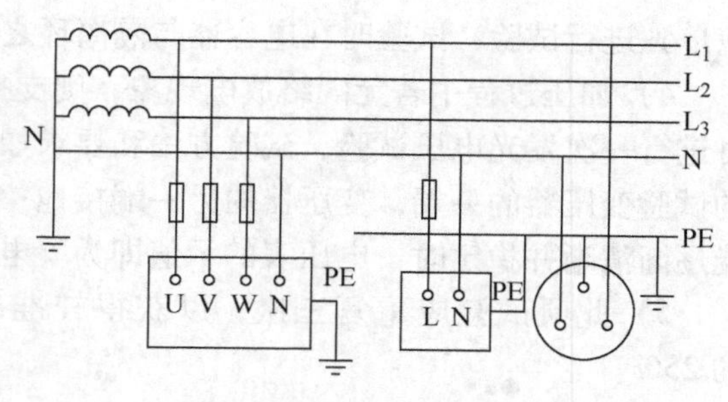

图 3-13　TT 系统接线图

TT 系统中，这两个接地必须是相互独立的。设备接地可以是每一台都有各自独立的接地装置，也可以是若干台设备共用一个接地装置。

（1）TT 系统的主要优点

1）能抑制高压线与低压线搭连或配变高低压绕组间绝缘击穿时，低压电网出现的过电压。

2）对低压电网的雷击过电压有一定的泄漏能力。

3）与低压电器外壳不接地相比，在电器发生碰壳事故时，可降低外壳的对地电压，因而可减轻人身触电危害程度。

4）由于单相接地时接地电流比较大，可使保护装置（剩余电流动作保护器）可靠动作，及时切除故障。

（2）TT 系统的主要缺点

1）低、高压线路雷击时，配变可能发生正、逆变换过电压。

2）低压电器外壳接地的保护效果不及 IT 系统。

3）当电气设备的金属外壳带电（相线碰壳或设备绝缘损坏而漏电）时，由于有接地保护，可以大大减少触电的危险性。但是，低压断路器不一定能跳闸，造成漏电设备的外壳对地电压高于安全电压，属于危险电压。

4）当剩余电流比较小时，即使有熔断器也不一定能熔断，所以还需要剩余电流动作保护器进行保护，因此 TT 系统难以推广。

5）TT 系统接地装置耗用钢材多，而且难以回收、费工时、费料。

（3）TT 系统的应用

1）TT 系统由于接地装置就在设备附近，因此 PE 线断线的概率小，且容易被发现。

2）TT 系统设备在正常运行时外壳不带电，有故障时，外壳高电位也不会沿 PE 线传递至全系统，因此，TT 系统适用于对电压敏感的数据处理设备及精密电子设备进行供电，多应用在有爆炸与火灾隐患等危险性场所。

3）TT 系统能大幅降低漏电设备上的故障电压，但一般不能降低到安全范围内，因此，采用 TT 系统必须装设剩余电流动作保护装置或过电流保护装置，并优先采用前者。

4）TT 系统主要用于低压用户，即用于未装有配电变压器，从外面引进低压电源的小型用户。

3. TN 系统

TN 系统即电源中性点直接接地，设备外露可导电部分与电源中性点直接进行电气连接的系统。

在 TN 系统中，所有电气设备的外露可导电部分均接到保护线上，并与电源的接地点相连，这个接地点通常是配电系统的中性点。

TN 系统的电力系统有一点直接接地，电气装置的外露可导电部分通过保护导体与该点连接。

TN 系统通常是一个中性点接地的三相电网系统。其特点是电气设备的外露可导电部分直接与系统接地点相连，当发生碰壳短路时，短路电流即经金属导线构成闭合回路，形成金属性单相短路，从而产生足够大的短路电流，使保护装置能可靠动作，将故障切除。

如果将工作零线 N 重复接地，碰壳短路时，一部分电流就可能分流于重复接地点，会使保护装置不能可靠动作或拒动，使故障扩大化。

在 TN 系统中，也就是三相五线制中，N 线与 PE 线是分开敷设的，并且是相互绝缘的，同时与用电设备外壳相连接的是 PE 线而不是 N 线，因此主要关心的是 PE 线的电位，而不是 N 线的电位，重复接地不是对 N 线的重复接地。如果将 PE 线和 N 线共同接地，由于 PE 线与 N 线在重复接地处相接，重复接地点与配电变压器工作接地点之间的接线已无 PE 线和 N 线的区别，原来由 N 线承担的中性线电流变为由 N 线和 PE 线共同承担，并有部分电流通过重复接地点分流。这样可以认为重复接地点前侧已不存在 PE 线，只有由原 PE 线及 N 线并联共同组成的 PEN 线，原 TN-S 系统所具有的优点将丧失，所以不能将 PE 线和 N 线共同接地。

TN 系统根据其保护零线是否与工作零线分开而划分为 TN-S 系统、TN-C 系统、TN-C-S 系统 3 种形式。

（1）TN-C 系统

如图 3-14 所示，在 TN-C 系统中，将 PE 线和 N 线的功能综合起来，由一根称为 PEN 线的导体同时承担两者的功能。在用电设备处，PEN 线既连接到负载中性点上，又连接到设备外露的可导电部分。由于它所固有的技术上的种种弊端，现在已很少采用，尤其是在民用配电中，已基本上不允许采用 TN-C 系统。

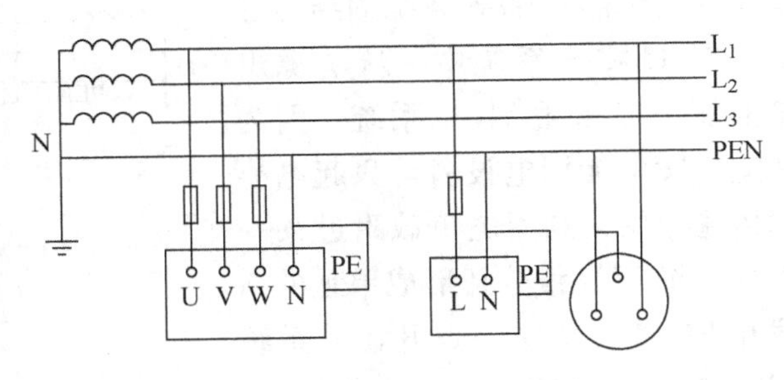

图 3-14　TN-C 系统接线图

TN-C 系统的特点如下。

1）设备外壳带电时，接零保护系统能将剩余电流上升为短路电流，实际就是单相对地短路故障，熔丝会熔断或自动开关跳闸，使故障设备断电，比较安全。

2）TN-C 系统只适用于三相负载基本平衡的情况，若三相负载不平衡，工作零线上就会有不平衡电流，对地有电压，所以与保护线所连接的电气设备金属外壳有一定的电压。

3）如果工作零线断线，则保护接零的通电设备外壳带电。

4）如果电源的相线接地，则设备的外壳电位升高，使中线上的危险电位蔓延。

5）TN-C 系统干线上使用剩余电流断路器时，工作零线后面的所有重复接地必须拆除，否则断路器合不上闸，而且工作零线在任何情况下不能断线。所以，实际使用中工作零线只能在剩余电流断路器的上侧重复接地。

（2）TN-S 系统

如图 3-15 所示，TN-S 系统中性线 N 与 TT 系统相同。与 TT 系统不同的是，用电设备外露可导电部分通过 PE 线连接到电源中性点，与系统中性点共用接地体，而不是连接到自己专用的接地体上，中性线（N 线）和保护线（PE 线）是分开的。

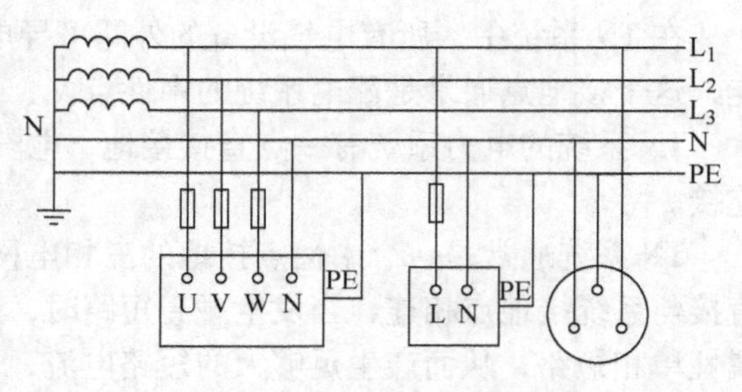

图 3-15　TN-S 系统接线图

TN-S 系统的最大特征是 N 线与 PE 线在系统中性点分开后，不能再有任何电气连接，这一条件一旦破坏，TN-S 系统便不再成立。

TN-S 系统的特点如下。

1）系统正常运行时，专用保护线上没有电流，只是工作零线上有不平衡电流。PE 线对地没有电压，所以电气设备金属外壳接零保护是接在专用的保护线 PE 上，安全可靠。

2）工作零线只用作单相照明负载回路。

3）专用保护线 PE 不许断线，也不许进入剩余电流断路器。

4）干线上使用剩余电流动作保护器，所以 TN-S 系统供电干线上也可以安装剩余电流动作保护器。

5）TN-S 系统安全可靠，适用于工业与民用建筑等低压供电系统。

（3）TN-C-S 系统

如图 3-16 所示，TN-C-S 系统是 TN-C 系统和 TN-S 系统的结合形式，在 TN-C-S 系统中，从电源出来的那一段采用 TN-C 系统。因为在这一段中无用电设备，只起电能的传输作用，到用电负载附近某一点处，将 PEN 线分开形成单独的 N 线和 PE 线。从这一点开始，系统相当于 TN-S 系统。

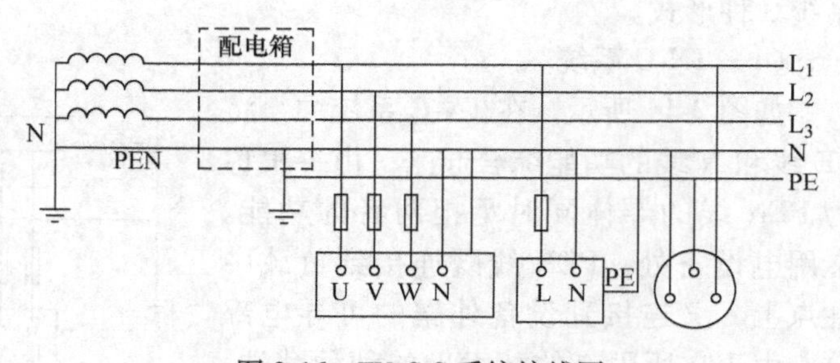

图 3-16　TN-C-S 系统接线图

TN-C-S 系统的特点如下。

1）TN-C-S 系统可以降低电动机外壳对地的电压，然而又不能完全消除这个电压。这个电压的大小取决于负载不平衡的情况及线路的长度。要求负载不平衡电流不能太大，而且在 PE 线上应进行重复接地。

2）PE 线在任何情况下都不能进入剩余电流动作保护器，因为线路末端的剩余电流动作保护器动作会使前级剩余电流动作保护器跳闸从而造成大范围停电。

3）对 PE 线除了在总箱处必须和 N 线连接以外，其他各分箱处均不得把 N 线和 PE 线相连接，PE 线上不许安装开关和熔断器。

实际上，TN-C-S 系统是在 TN-C 系统上变通的做法。当三相电力变压器工作接地情况良好，三相负载比较平衡时，TN-C-S 系统在施工用电实践中效果还是不错的。但是，在三相负载不平衡，建筑施工工地有专用的电力变压器时，必须采用 TN-S 方式供电系统。

3.3 实训

3.3.1 实训 1　判断作业现场存在的安全风险、职业危害

考核项目：K31 判断作业现场存在的安全风险、职业危害　　　　考核时间：10 分钟

姓名：　　　　　　　　　　　　　　　　　　　　　　　　　　准考证号：

<table>
<tr><th>序号</th><th>考核项目</th><th>考核内容</th><th>配分</th><th>评分标准</th><th>考核情况记录</th><th>扣分</th><th>得分</th></tr>
<tr><td rowspan="2">1</td><td rowspan="2">判断作业现场存在的安全风险、职业危害</td><td>观察作业现场、图片或视频，明确作业任务或用电环境</td><td>25</td><td>通过观察作业现场、图片或视频，口述其中的作业任务或用电环境，正确得 25 分，不正确扣 5~25 分</td><td></td><td></td><td></td></tr>
<tr><td>安全风险和职业危害判断</td><td>75</td><td>口述其中存在的安全风险及职业危害，指出一个得 15 分</td><td></td><td></td><td></td></tr>
<tr><td>2</td><td colspan="4">考核时间登记：________时________分至________时________分</td><td rowspan="2">合计</td><td rowspan="2"></td><td rowspan="2"></td></tr>
<tr><td>评分人签字</td><td colspan="2"></td><td>核分人</td><td></td></tr>
</table>

考核日期：　　年　　月　　日　　　　　　　　　　＊＊市安全生产宣传教育中心制

1. 实训目的

通过本实训使学生熟悉作业现场存在的安全风险、职业危害。

2. 实训内容与步骤

实训步骤：

1）分组：每 3 人一组，讨论图 3-17 中有哪些作业现场违章现象并记录到表中。

图 3-17　作业现场

序号	违章现象	序号	违章现象

2）将所列出的违章现象根据“临时用电”“高处作业”“动火作业”“通用安全”“吊装作业”“安全目视化管理”“其他”7类进行归类并记录到表中。

类别	违章现象	类别	违章现象
临时用电		高处作业	
动火作业		通用安全	
吊装作业		安全目视化管理	
其他			

3）各组讨论结果由各组派代表进行阐述。

3.3.2　实训2　结合实际工作任务，排除作业现场存在的安全风险、职业危害

考核项目：K32 结合实际工作任务，排除作业现场存在的安全风险、职业危害

姓名：　　　　　　　　　　　　准考证号：　　　　　　　　　　　考核时间：10 分钟

序号	考核项目	考核内容	配分	评分标准	考核情况记录	扣分	得分
1	结合实际工作任务，排除作业现场存在的安全风险、职业危害	个人安全意识	20	未能明确作业任务，做好个人防护，视准备情况扣 5~20 分			
		风险排除	50	观察作业现场环境，排除作业现场存在的安全风险，每少排除一个，扣 15 分。若未排除项会影响操作时人身和设备的安全，则扣 50 分			
2	安全操作	安全操作	30	口述该项操作的安全规程，每少说一条扣 5 分			
3	考核时间登记：_______时_______分至_______时_______分				合计		
评分人签字		核分人					

考核日期：　　　年　　　月　　　日　　　　　　　　　　　＊＊市安全生产宣传教育中心制

1. 实训目的

通过本实训使学生能够结合实际工作任务，排除作业现场存在的安全风险、职业危害。

2. 实训内容与步骤

实训步骤：

1）分组：每 3 人一组，讨论图 3-18 中有哪些作业现场违章现象。

a)　　　　b)　　　　c)

图 3-18　作业现场

序号	违章现象	序号	违章现象

2）根据实训室实际现场，查看配电柜门接线情况。

①检查人员穿戴符合规范的工作服，并带好防护装备。

②检查人员精神集中，思路清晰。

③检查人员查看配电柜，其上不得堆放杂物，若堆放应将杂物清理，以免影响设备散热，酿成火灾事故。

④检查人员查看安全标示，放置无关标示会分散作业人员注意力，应将其去除。

3）各组讨论结果由各组派代表进行阐述。

3.4 考试要点

1）使用万用表电阻档能够测量变压器的线圈电阻。

2）一般情况下，接地电网的单相触电比不接地的电网危险性大。

3）“止步，高压危险”标示牌的式样是白底、红边，有红色箭头。

4）绝缘材料按耐热能力分为 Y 级、A 级、E 级、B 级、F 级、H 级、C 级，对应的允许温度（℃）分别为 90℃、105℃、120℃、130℃、155℃、180℃及 180℃以上。

5）TT 系统是配电网中性点直接接地，用电设备外壳也采用接地措施的系统。

6）对于低压配电网，配电容量在 100kW 以下时，设备保护接地的接地电阻不应超过 10Ω。接地线应用多股软裸铜线，其截面积不得小于 $25mm^2$。

7）绝缘棒可用于操作高压跌落式熔断器、单极隔离开关及装设临时接地线等。

8）特种作业人员必须经专门的安全技术培训并考核合格，取得《中华人民共和国特种作业操作证》后，方可上岗作业。

9）特种作业操作证每 3 年复审一次。特种作业人员在特种作业操作证有效期内，连续从事本工种 10 年以上，严格遵守有关安全生产法律法规的，经原考核发证机关或者从业所在地考核发证机关同意，特种作业操作证的复审时间可以延长至每 6 年 1 次。

10）电工作业指对电气设备进行运行、维护、安装、检修、改造、施工、调试等作业（不含电力系统进网作业）。包括高压电工作业、低压电工作业、防爆电气作业。

11）电工应做好用电人员在特殊场所作业的监护作业。

12）日常电气设备的维护和保养应有专职人员负责。

13）电气作业安全的组织措施有：工作许可制度、工作票制度、工作监护制度及工作间断、转移和终结制度。

14）绝缘体被击穿时的电压称为击穿电压。低压绝缘材料的耐压等级一般为5000V。

15）新装和大修后的低压线路和设备，其绝缘电阻不得低于0.5MΩ。

16）带电体的工作电压越高，要求其间的空气距离越大。在高压操作中，无遮栏作业人体或其所携带工具与带电体之间的距离应不少于0.7m。

17）不接地系统中，发生单相接地故障时，其他相线对地电压会升高。

18）保护接零（TN系统）适用于中性点直接接地的配电系统。TN-S俗称三相五线。PE线或PEN线上除工作接地外其他接地点的再次接地称为重复接地。

19）按国际和我国标准，黄绿双色线只能用作保护接地或保护接零线。

20）验电器在使用前必须确认其性能良好。高压验电器的发光电压不应高于额定电压的25%。低压验电器可以验出60~500V的电压。

3.5 习题

一、判断题

1.“止步，高压危险”标示牌的式样是白底、红边，有红色箭头。 （　　）

2. 一般情况下，接地电网的单相触电比不接地的电网危险性小。 （　　）

3. 取得高级电工证的人员可以从事电工作业。 （　　）

4. 有梅尼埃病症的人不得从事电工作业。 （　　）

5. 企业、事业单位使用未取得相应资格的人员从事特种作业的，发生重大伤亡事故处三年以下有期徒刑或者拘役。 （　　）

6. 特种作业人员未经专门的安全作业培训，未取得相应资格，上岗作业导致事故的，应追究生产经营单位有关人员的责任。 （　　）

7. 特种作业操作证每年由考核发证部门复审一次。 （　　）

8. 特种作业人员必须年满20周岁，且不超过国家法定退休年龄。 （　　）

9. 电工特种作业人员应当具备高中或相当于高中以上文化程度。 （　　）

10. 电工作业分为高压电工和低压电工。 （　　）

11. 电工应做好用电人员在特殊场所作业的监护作业。 （　　）

12. 日常电气设备的维护和保养应由设备管理人员负责。 （　　）

13. 绝缘材料就是指绝对不导电的材料。 （　　）

14. 绝缘老化只是一种化学变化。 （　　）

15. TT系统是配电网中性点直接接地，用电设备外壳也采用接地措施的系统。 （　　）

16. 绝缘手套可用于操作高压跌落式熔断器、单极隔离开关及装设临时接地线等。 （　　）

二、选择题

1. 特种作业人员未按规定经专门的安全作业培训并取得相应资格，上岗作业的，责令生产经营单位（　　）。

A. 限期改正　　B. 罚款　　C. 停产停业整顿

2. 从实际发生的事故中可以看到，70%以上的事故都与（　）有关。

A. 技术水平　　B. 人的情绪　　C. 人为过失

3. （　　）可用于操作高压跌落式熔断器、单极隔离开关及装设临时接地线等。

A. 绝缘手套　　B. 绝缘鞋　　C. 绝缘棒

4. 工作人员在10kV及以下电气设备上工作时，正常活动范围与带电设备的安全距离为（　　）m。

A. 0.2　　B. 0.35　　C. 0.5

5. 接地线应用多股软裸铜线，其截面积不得小于（　　）mm^2。

A. 6　　B. 10　　C. 25

6. 装设接地线，在检验明确无电压后，应立即将检修设备接地并（　　）短路。

A. 单相　　B. 两相　　C. 三相

7. 低压带电作业时，（　　）。

A. 既要戴绝缘手套，又要有人监护

B. 要戴绝缘手套，不必有人监护

C. 要有人监护，不必戴绝缘手套

8. 下列（　　）是保证电气作业安全的组织措施。

A. 停电　　B. 工作许可制度　　C. 悬挂接地线

9. 带电体的工作电压越高，要求其间的空气距离（　　）。

A. 越大　　B. 一样　　C. 越小

10. TN-S俗称（　　）。

A. 三相五线　　B. 三相四线　　C. 三相三线

11. 碳在自然界中有金刚石和石墨两种存在形式，其中石墨是（　　）。

A. 绝缘体　　B. 导体　　C. 半导体

12. 绝缘材料的耐热等级为E级时，其极限工作温度为（　　）℃。

A. 90　　B. 105　　C. 120

第4章 电气安全

电气行业是高危险、事故多发的行业，因此，必须做好施工的安全保障措施。从实际发生的事故中可以看到，电力施工中70%以上的事故，不是由于操作者的技能水平低造成的，而是由于其没有足够的安全意识。可见对电气操作人员进行必要的安全教育尤为重要，必须始终坚持“安全第一，预防为主，综合治理”的安全生产“十二字方针”。在实际操作中应注意防触电、防雷、防火、防爆，保证安全生产。

4.1 触电伤害与急救

4.1.1 触电及有关概念

1. 电流对人体的伤害

触电是指电流流过人体时对人体产生的生理和病理伤害。这种伤害是多方面的，主要分为电击和电伤两种类型。

（1）电击

电击是由于较小的电流通过人体体内而造成的内部器官在生理上的反应和病变。如针痛感、灼痛感、痉挛，严重时可以出现昏迷、心室颤动或停跳、呼吸困难或停止等现象。

（2）电伤

电伤是较大的电流对人体造成的外伤，这种触电多数发生在人体尚未接触到带电体时，因高温电弧造成的，如人体组织烧焦、炭化、坏死等现象。这种情况一般是由于高压触电造成的。

电伤的特征及危害详见表4-1。

表4-1 电伤的特征及危害

名称		特征	说明与危害
电伤	灼伤	接触灼伤、电弧灼伤	高温电弧会把皮肤烧伤，致使皮肤发红、起泡或烧焦和组织破坏；电弧还会使眼睛受到严重伤害
	电烙印	电烙印有时在触电后并不立即出现，而是相隔一段时间后才出现	皮肤表面将留下与被接触带电体形状相似的肿块痕迹。电烙印一般不发炎或化脓，但往往会造成局部麻木和失去知觉
	皮肤金属化	由于极高的电弧温度使周围的金属熔化、蒸发并飞溅到皮肤表层，令皮肤表面变得粗糙坚硬，其色泽与金属种类有关，如灰黄色（铅）、绿色（紫铜）、蓝绿色（黄铜）等	金属化后的皮肤经过一段时间后会自行脱落，一般不会留下不良后果

2. 影响人体触电后果的因素

（1）电流大小

通过人体的电流越大，人体的生理反应越强烈，对人体的伤害也越严重。按照人体对电流的反应的程度和电流对人体的伤害程度，电流强度可分为：感知电流、摆脱电流和致命电流三级。一般对健康成年人来说，感知电流为 1mA，摆脱电流为 10mA，致命电流为 50mA（电流持续时间在 1s 以上）。我国一般取 30mA（工频交流）为安全电流。

（2）触电时间

触电致死的生理现象是心室颤动。电流通过人体的时间越长，越容易引起心室颤动，触电的后果也越严重。

（3）电流性质

人体对不同频率电流在生理上的敏感性是不同的，具体来说，直流、工频交流和高频交流电流通过人体时其对人体的危害程度是不同的。直流电流对人体的伤害较轻；工频交流对人体的伤害最为严重。

（4）电流路径

电流对人体的伤害，随着路径的不同，程度也不同。电流流经心脏、中枢神经（脑部和脊髓）和呼吸系统时是最危险的，所以电流从左手到脚和从一手到另一手是非常危险的，尤其是后者。

（5）人体状况

经试验研究表明，触电危险性与人体的状况有关。健康人的心脏和衰弱病人的心脏对电流损害的抵抗能力差别很大；触电者的年龄、精神状态和人体电阻等都会使电流对人体的危害程度有所差异。

一般情况下，人体触电的主要原因如下所列。

1）工作时没有遵守有关安全规程，直接或过分靠近带电体。

2）人体触及到了因绝缘损坏而带电的电气设备外壳和与之相连的金属体。

3）电气设备安装不符合有关规程要求，带电体对地距离不够。

4）不懂电气知识，随便乱拉电线、电灯等造成触电。

3. 人体触电的形式

（1）接触电压触电

当设备外壳带电时，人站在设备附近，手触及带电外壳，在人的手与脚之间就会产生电位差，因这个电位差超出人体允许的安全电压而引起的触电，称为接触电压触电。

（2）单相触电

人体在无绝缘保护的情况下，直接触及三相电源中任意一相所引起的触电，称为单相触电，如图 4-1 所示。

（3）两相触电

人体同时触及三相电源中任意两相所引起的触电，称为两相触电，如图 4-2 所示。

（4）跨步电压触电

是指电气设备发生接地故障时，在接地电流入地点周围电位分布区行走的人，因其两脚之间的电压而触电。如图 4-3 所示。

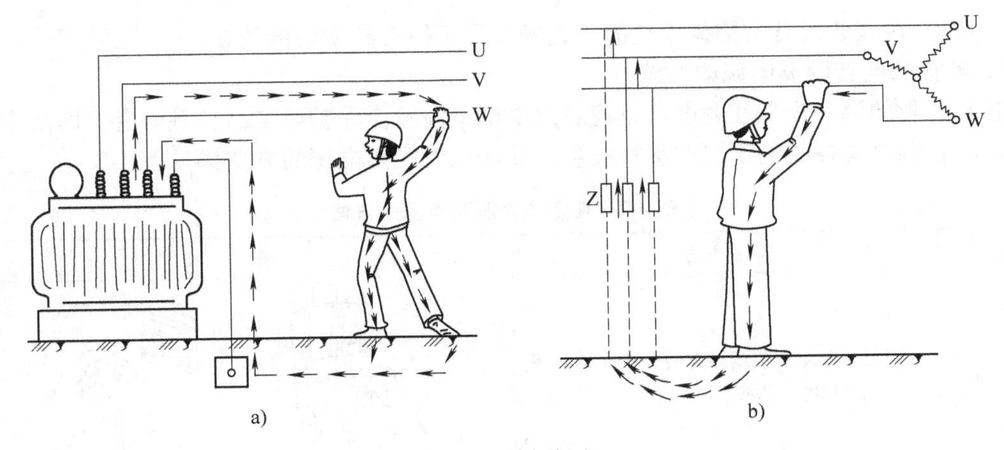

图 4-1　单相触电

a）变压器低压侧中性点接地　b）变压器低压侧中性点不接地

图 4-2　两相触电

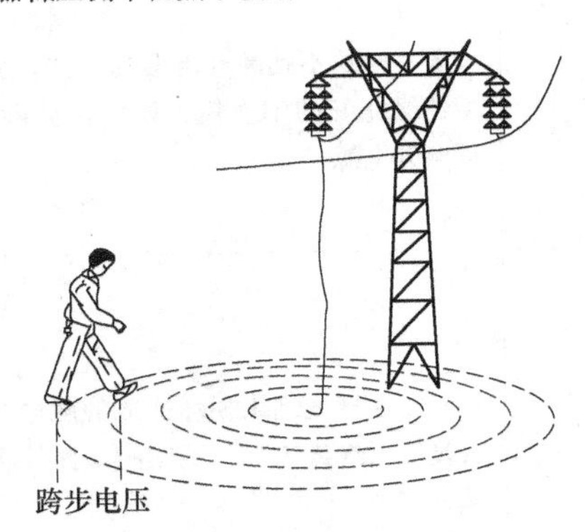

图 4-3　跨步电压触电

当架空线路的一根带电导线断落在地上时，落地点与带电导线的电位相同，电流就会从导线的落地点向大地流散，于是地面上以导线落地点为中心，形成了一个电位分布区域，离落地点越远，电流越分散，地面电位也越低。如果人或牲畜站在距离电线落地点 8～10m 以内，就可能发生触电事故，这种触电叫作跨步电压触电。

人受到跨步电压时，电流虽然是沿着人的下身，从脚经腿、胯部又到脚与大地形成通路，没有经过人体的重要器官，好像比较安全。但是实际并非如此！因为人受到较高的跨步电压作用时，双脚会抽筋，使身体倒在地上。这不仅使作用于身体上的电流增加，而且使电流经过人体的路径改变，完全可能流经人体重要器官，如从头到手或脚。经验证明，人倒地后电流在体内持续作用 2s，这种触电就会致命。

4.1.2　触电急救

触电急救现场抢救的原则就是必须做到迅速、就地、准确、坚持。

1. 触电急救的要点

抢救迅速和救护得法。即用最快的速度在现场采取积极措施，保护触电者生命，减轻伤情，减少痛苦，并根据伤情需要迅速联系医疗救护等部门救治。

在抢救过程中，要每隔数分钟再判定一次触电者的呼吸和脉搏情况，每次判定时间不得超过 5~7s。在医务人员未接替抢救前，现场人员不得放弃现场抢救。

2. 解救触电者脱离电源的方法

触电急救的第一步是使触电者迅速脱离电源，注意应保护好自己和触电者，即防止自身触电及防止触电者摔伤的第二次事故发生。使触电者脱离电源的方法详见表 4-2。

表 4-2　使触电者脱离电源的方法

处理方法		实施方法	图　示
低压电源触电	拉	附近有电源开关或插座时，应立即拉下开关或拔掉电源插头	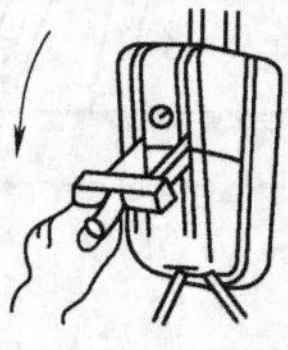 拉下电闸 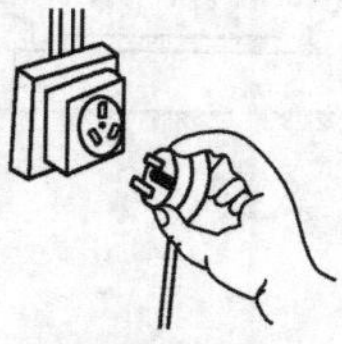　拔掉插座
	切	若一时找不到断开电源的开关，应迅速用绝缘完好的钢丝钳或断线钳剪断电线，以断开电源	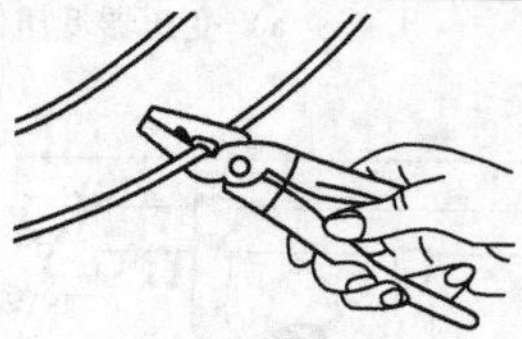 剪断连接的电线
	挑	对于由导线绝缘损坏造成的触电，急救人员可用绝缘工具、干燥的木棒等将电线挑开	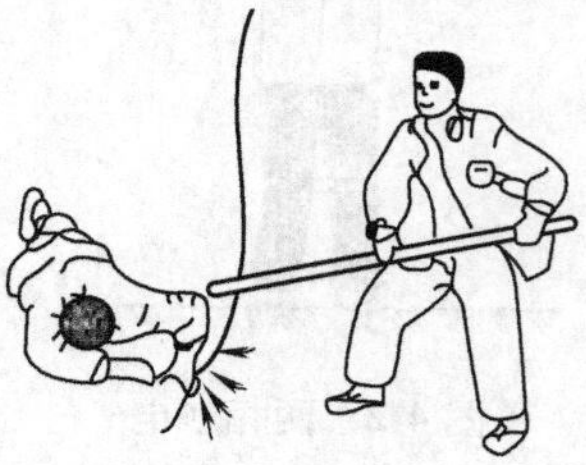 用干燥木棍挑开电线
	拽	抢救者可戴上手套或在手上包缠干燥的衣服等绝缘物品拖拽触电者；也可站在干燥的木板、橡胶垫等绝缘物品上，用一只手将触电者拖拽开来	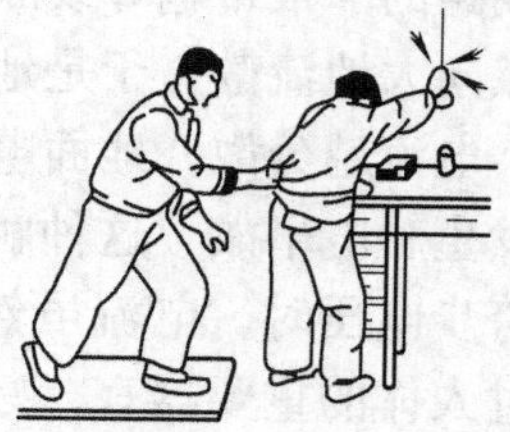 在绝缘保护下单手拽开触电者
高压电源触电		发现有人在高压设备上触电时，救护者应戴上绝缘手套、穿上绝缘靴后拉开电闸	 戴上绝缘手套、穿上绝缘靴后救护

3. 触电急救的方法

（1）简单诊断

简单诊断如图 4-4 所示，具体如下。

1）将脱离电源的触电者迅速移至通风、干燥处，使其仰卧，松开其上衣和裤带。

2）观察触电者的瞳孔是否放大。当处于假死状态时，人体大脑细胞严重缺氧，处于死亡边缘，瞳孔自行放大。

3）观察触电者有无呼吸存在，摸一摸颈部的颈动脉有无搏动。

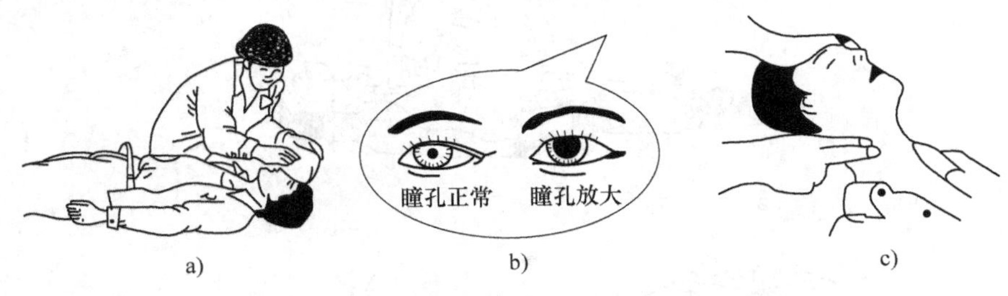

图 4-4　简单诊断

（2）人工呼吸法

对“有心跳而呼吸停止”的触电者，应采用“口对口人工呼吸法”进行急救，如图 4-5 所示，具体步骤如下。

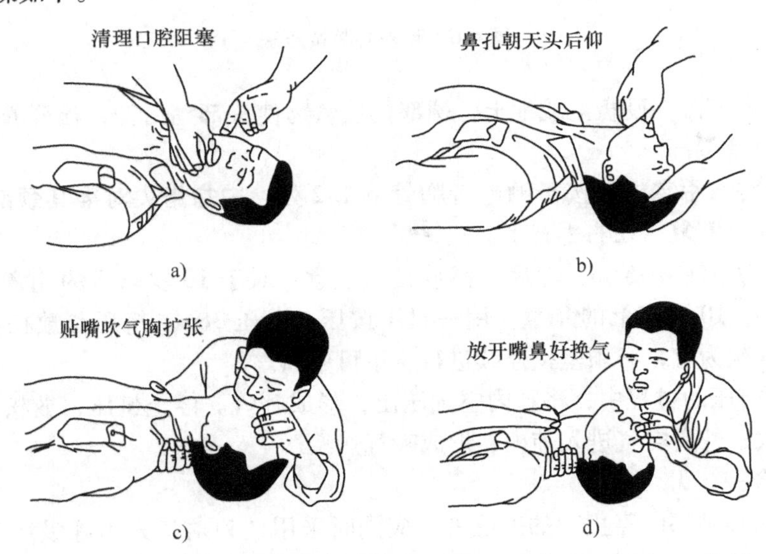

图 4-5　人工呼吸法

1）使触电者仰天平卧，颈部枕垫软物，头部偏向一侧，松开衣服和裤带，清除触电者口中的血块、假牙等异物。抢救者跪在病人的一边，使触电者的鼻孔朝天头后仰。

2）用一只手捏紧触电者的鼻子，另一只手托在触电者颈后，将颈部上抬，深深吸一口气，用嘴紧贴触电者的嘴，大口吹气。

3）然后放松捏着鼻子的手，让气体从触电者肺部排出，如此反复进行，每吹 2s 停 3s

为一次，坚持连续进行，不可间断，直到触电者苏醒为止。

（3）胸外心脏按压法

对“有呼吸而心跳停止”的触电者，应采用“胸外心脏按压法”进行急救，如图4-6所示，具体步骤如下。

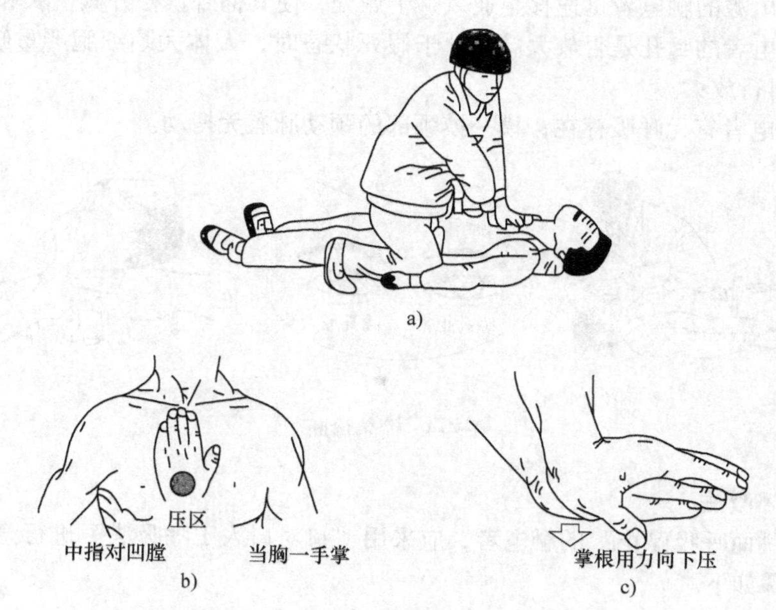

图4-6　胸外心脏按压法

1）使触电者仰卧在硬板上或地上，颈部枕垫软物使头部稍后仰，松开衣服和裤带，急救者跪跨在触电者腰部。

2）急救者将右手掌根部按于触电者胸骨下1/2处，中指指尖对准其颈部凹陷的下缘，当胸一手掌，左手掌复压在右手背上。

3）掌根用力下压4~5cm，然后突然放松。注意：对于10岁以下的儿童，用两只手指按压，下压2cm；10岁以上的儿童，用一只手按压，下压3cm。挤压与放松的动作要有节奏，每分钟100次为宜，必须坚持连续进行，不可中断。

4）在向下挤压的过程中，将肺内空气压出，形成呼气。停止挤压，放松后，由于压力解除，胸廓扩大，外界空气进入肺内，形成吸气。

（4）两法合一

对“呼吸和心跳都已停止”的触电者，应同时采用“口对口人工呼吸法”和“胸外心脏按压法”进行急救，如图4-7所示，具体步骤如下。

1）一人急救：两种方法应交替进行，即吹气2次，再挤压心脏30次，且速度都应快些。

2）两人急救：每5s吹气一次，每1s挤压一次，两人同时进行。

（5）施救注意事项

1）禁止乱打肾上腺素等强心剂。

2）禁止冷水浇淋。

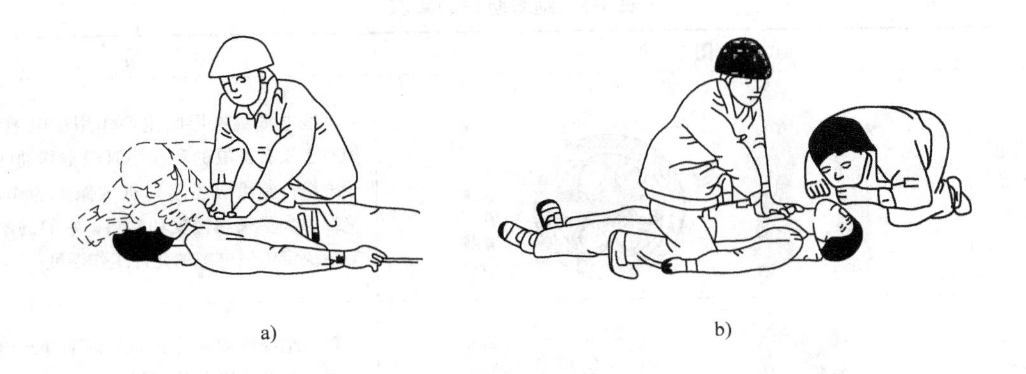

图 4-7　胸外心脏按压与人工呼吸

4. 电杆上或高处触电急救

若发现在电杆上或高处有人触电，应争取时间及早在电杆上或高处开始进行抢救。若需要将触电者从高处下放，可按图 4-8 所示的方法进行，步骤为挂绳架、系绳扣、套触电者，最后将触电者缓缓放下。

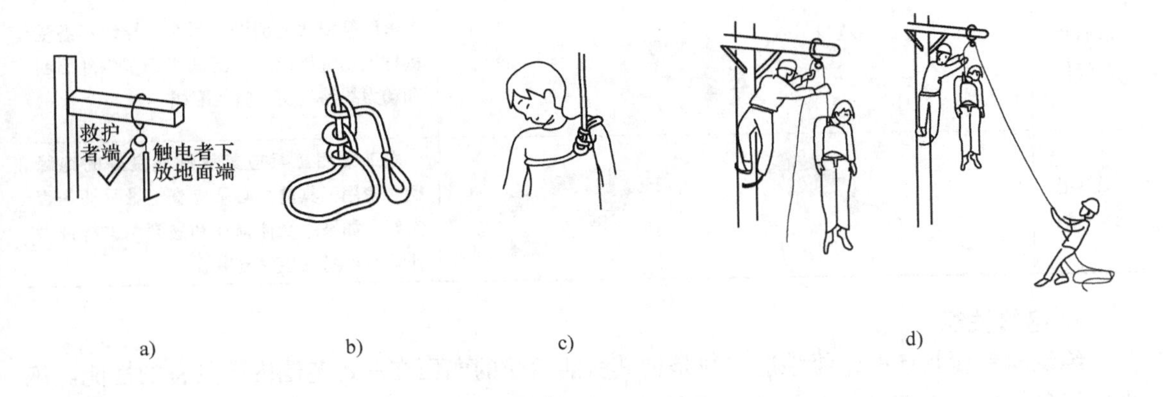

图 4-8　电杆上或高处触电急救

a）挂绳架　b）系绳扣　c）套触电者　d）缓缓放下

4.2　防止直接触电措施

4.2.1　绝缘防护

绝缘通常可分为气体绝缘、液体绝缘和固体绝缘三种。

绝缘防护是最基本的安全防护措施之一。所谓绝缘防护就是使用绝缘材料将带电导体封护或与人体隔离，使电气设备及线路能正常工作，并防止人身触电事故的发生。绝缘防护实例如导线的绝缘层，线路中使用的绝缘子、绝缘胶带，见表 4-3。

表 4-3 绝缘防护的实例

类 型	图 例	说 明
电线电缆的绝缘层	导体 绝缘 填充 屏蔽 护套	电线电缆绝缘层的主要作用是电绝缘，但对于没有护层的和使用时经常移动的电线电缆，绝缘层还起到机械保护的作用。绝缘层大多采用橡皮和塑料，它们的耐热等级决定电线电缆的允许工作温度
绝缘胶带		普通绝缘胶带可用于 1kV 以下低压电线电缆接头的绝缘包扎或架空电气引线的绝缘和密封，适用于防水线、电缆头和各种接头
绝缘子		绝缘子用来紧固导线，保护导线对地的绝缘。绝缘子有低压绝缘子和高压绝缘子两类
电线管及管件		电线管配线有耐潮、耐腐、导线不易受机械损伤等优点，广泛适用于室内外照明和动力线路的明、暗装配线
工具绝缘手柄		电工常用工具应具有性能良好的绝缘柄。使用工具前，必须检查绝缘手柄是否完好。如果绝缘体损坏和破裂，进行带电作业时容易发生触电事故

1. 绝缘性能

绝缘材料所具备的绝缘性能一般是指其所能承受的电压在一定范围内所具备的性能。绝缘性能包括电气性能、力学性能、热性能（包括耐热性、耐寒性、耐热冲击稳定性、耐弧性、软化点、黏度等）、吸潮性能、化学稳定性以及抗生物性，其中最主要的是电气性能和耐热性。

（1）电气性能

绝缘材料的电气性能是指在电场作用下材料的导电性能、介电性能及绝缘强度。电气性能的好坏与电压的高低、环境的温度、湿度等因素有直接的关系。高压强电场、高温和潮湿的环境都能使绝缘材料的电气性能下降，甚至将其击穿发生漏电或短路事故。

（2）耐热性

耐热性是指绝缘材料及其制品承受高温而不致损坏的能力。根据绝缘材料长期正常工作所允许的最高温度（极限工作温度），耐热性分为七个等级，见表 4-4。

绝缘材料的耐热性对电气设备的正常运行影响很大，若超过极限工作温度运行，会大大加速绝缘材料电气性能的老化。

表 4-4　绝缘材料的耐热等级

耐热等级	极限工作温度/℃	绝缘材料及其制品举例
Y	90	棉纱、布带、纸
A	105	黄（黑）腊布（绸）
E	120	玻璃布、聚酯薄膜
B	130	黑玻璃漆布、聚酯漆包线
F	150	云母带、玻璃漆布
H	180	有机硅云母制品、硅有机玻璃漆布
C	>180	纯云母、陶瓷、聚四氟乙烯

2. 绝缘事故产生的原因

绝缘事故是指由于绝缘的破坏而造成的漏电或短路事故。而绝缘破坏的形式主要有绝缘击穿、老化和损坏。

（1）绝缘击穿

绝缘材料击穿是指绝缘材料在强电场作用下遭到急剧破坏而丧失绝缘性能的现象。当绝缘材料承受的高压超出了相应的范围时，就会出现击穿现象。

（2）绝缘老化

绝缘老化是指绝缘材料受热、电、光、氧、机械力（包括超声波）、辐射线、微生物等因素的长期作用，产生一系列不可逆的物理变化和化学变化，导致绝缘材料的电气性能和力学性能劣化的现象。

1）热老化。一般在低压电气设备中，促使绝缘材料老化的主要因素是热。其热源可能是内部的，也可能是外部的。每种绝缘材料都有其极限耐热温度，当超过这一极限温度时，其老化将加剧，电气设备的寿命就会缩短。

2）电老化。老化主要是由局部放电引起的。在高压电气设备中，促使绝缘材料老化的主要原因是局部放电。局部放电时产生的臭氧、氮氧化物、高速粒子都会降低绝缘材料的性能，局部放电还会使材料局部发热，促使材料性能恶化。

（3）绝缘损坏

绝缘损坏是指由于不正确地选用绝缘材料、不正确地进行电气设备及线路的安装或不合理地使用电器设备等，导致绝缘材料受到外界腐蚀性液体、气体、蒸汽、潮气、粉尘的污染和侵蚀，或受到外界热源、机械因素的作用，在较短或很短的时间内失去其电气性能或力学性能的现象。

3. 预防绝缘事故的措施

1）避开有腐蚀性物质和外界高温的场所。

2）正确使用和安装电气设备和线路，保持过电流、过热保护装置的完好。

3）严禁乱拉乱扯，防止机械性损伤绝缘物。

4）应采取措施防止小动物损伤绝缘物。

5）不使用质量不合格的电气产品。

6）按照规定的周期和项目对电气设备进行绝缘预防性试验。

4. 绝缘电阻的要求

低压线路设备不低于 0.5MΩ，配电盘二次线路不低于 1MΩ，携带式电气设备不低于

2MΩ，高压线路与设备不低于 1000MΩ；3kV 高压电缆不低于 300MΩ，6~10kV 高压电缆不低于 400~1000MΩ（干燥环境取低值，潮湿环境取高值）。

绝缘电阻的测量用绝缘电阻表（习称“兆欧表”），其选用要求如下。

1）低压线路与设备选用 500V 兆欧表。

2）500V~3kV 线路与设备选用 1000V 兆欧表。

3）3kV~10kV 线路与设备选用 2500V 兆欧表。

4）10kV 以上线路与设备选用 5000V 兆欧表。

4.2.2 屏护、间距与安全标示

设置屏护和间距是最常用的电气安全措施之一。从防止电击的角度而言，屏护和间距属于防止直接接触的安全措施。此外，屏护和间距也是防止短路、故障接地等电气事故的安全措施之一。

1. 屏护

屏护是指采用遮栏、栅栏、护罩、护盖等把危险的带电体同外界隔离开来的安全防护措施。屏护装置不直接与带电体接触，对所用材料的电气性能无严格要求，但应有足够的机械强度和良好的耐火性能。

（1）屏护的分类

按使用要求分为：永久性屏护装置，如配电装置的遮栏、开关的罩盖等；临时性屏护装置，如检修工作中使用的临时屏护装置和临时设备的屏护装置等。

按使用对象分为：固定屏护装置，如母线的护网就属于固定屏护装置；移动屏护装置，如跟随天车移动的天车滑线屏护装置。

（2）屏护装置

常见屏护装置详见表 4-5。

表 4-5　常见屏护装置

种类	图示	用途	要求
遮栏		遮栏用于室内高压配电装置	宜做成网状，网孔不宜大于 40mm × 40mm，也不应小于 20mm × 20mm。高度不低于 1.7m，底部距地面不大于 0.1m。金属遮栏必须妥善接地并加锁。遮栏应牢固可靠，严禁移动遮栏
栅栏		栅栏一般用于室外配电装置	高度不应低于 1.5m；栅条高度和最低栏杆至地面的距离不应大于 200mm。金属栅栏应可靠接地
保护网		用于明装裸导线或母线跨越通道时，防止高处坠落物体或上下碰触事故的发生	有铁丝网和铁板网

（续）

种类	图 示	用 途	要 求
护盖		开关电器的可动部分	例如插座的塑壳、刀开关的胶盖
移动屏护装置		人体可能接近或触及的裸线、行车滑线、母线等	图中圆圈内所示为桥式起重机的滑线屏护装置

保证屏护装置有效性的条件如下。

1）所用材料应有足够的机械强度和良好的耐火性能，金属屏护装置必须实施可靠接地。

2）应有足够的尺寸，与带电体之间应保持必要的距离。

3）应悬挂“止步，高压危险！”等相应的安全标示。

4）必要时应配合使用声光报警信号和联锁装置等。

2. 间距

间距是指带电体与地面之间、带电体与其他设备和设施之间、带电体与带电体之间必要的安全距离。

（1）线路安全距离

1）架空线路。架空线路一般采用多股绞线敷设。在带电线路杆上工作与带电导线的最好安全距离见表4-6，临近或交叉其他电力线工作的安全距离见表4-7。

表4-6 在带电线路杆上工作与带电导线的最好安全距离

电压等级/kV	安全距离/m	电压等级/kV	安全距离/m
≤10	0.7	220	3
20~35	1	330	4
60~110	1.5	500	5

表4-7 临近或交叉其他电力线工作的安全距离

电压等级/kV	安全距离/m	电压等级/kV	安全距离/m
≤10	1	154~220	4
35（20~44）	2.5	330	5
60~110	3	500	6

2）电缆线路。直埋电缆埋设深度不应小于0.7m，并应位于冻土层之下。当电缆与热力管道接近时，电缆周围土壤温升不应超过10℃，若超过，就要进行隔热处理。电缆之间，电缆与管道、道路、建筑物之间平行和交叉时的最小安全距离见表4-8。

表4-8 电缆之间，电缆与管道、道路、建筑物之间平行和交叉时的最小安全距离

项目		最小安全距离/m	
		平行	交叉
电力电缆间及其与控制电缆间	≤10kV	0.10	0.50
	>10kV	0.25	0.50
控制电缆间		—	0.50
不同使用部门的电缆间		0.50	0.50
热管道（管沟）及热力设备		2.00	0.50
油管道（管沟）		1.00	0.50
可燃气体及易燃液体管道（管沟）		1.00	0.50
其他管道（管沟）		0.50	0.50
铁路路轨		3.00	1.00
公路		1.50	1.00
城市街道路面		1.00	0.70
杆基础（边线）		1.00	—
建筑物基础（边线）		0.60	—
排水沟		1.00	0.50
电气化铁路路轨	交流	3.00	1.00
	直流	10.0	1.00

3）建筑线路。室内低压配电线路是指1kV以下的动力和照明配电线路。室内低压线路有多种敷设方式，间距要求各不相同。

● 明配绝缘导线与地面安全距离：水平敷设时，室内2.5m，室外2.7m（跨越人行横道时，安全距离为3.5m）；垂直敷设时，室内1.8m，室外2.7m（低于此要求时应串管保护）。

● 明配绝缘导线与建筑物某些部位的安全距离：水平敷设时，距阳台、平台、屋顶2.5m，距窗户上方0.3m，距窗户下方0.8m；垂直敷设时，距阳台窗户的水平距离0.7m。

● 对室内线路，导线穿金属管与煤气管的安全距离：平行100mm，交叉100mm。

（2）配电装置安全距离

1）10kV及以下变电所室内外配电装置的最小电气安全距离见表4-9。

表4-9 室内外配电装置的最小电气安全距离 （单位：mm）

符号	适用范围	场所	额定电压			
			<0.5kV	3kV	6kV	10kV
	无遮栏裸带电部分至地（楼）面之间	室内	屏前2500 屏后2300	2500	2500	2500
		室外	2500	2700	2700	2700

（续）

符号	适用范围	场所	额定电压			
			<0.5kV	3kV	6kV	10kV
	有 IP2X 防护等级遮栏的通道净高	室内	1900	1900	1900	1900
A	裸带电部分至接地部分和不同相的裸带电部分之间	室内	20	75	100	125
		室外	75	200	200	200
B	距地（楼）面以下裸带电部分的遮栏防护等级为 IP2X 时，裸带电部分与遮护物间水平净距	室内	100	175	200	225
		室外	175	300	300	300
	不同时停电检修的无遮栏裸导体之间的水平距离	室内	1875	1875	1900	1925
		室外	2000	2200	2200	2200
	裸带电部分至无孔固定遮栏	室内	50	105	130	155
C	裸带电部分至用钥匙或工具才能打开或拆卸的栅栏	室内	800	825	850	875
		室外	825	950	950	950
	低压汇流排引出线或高压引出线的套管至屋外人行通道地面	室外	3650	4000	4000	4000

注：海拔高度超过 1000m 时，表中符号 A 项数值应按每升高 100m 增大 1%进行修正。B、C 两项数值应相应加上 A 项的修正值。

2）10kV 高压配电室内各种通道的最小电气安全距离见表 4-10。

表 4-10　10kV 高压配电室内各种通道的最小宽度

开关柜布置方式	柜后维护通道宽度/mm	柜前操作通道宽度/mm	
		固定式	手车式
单排布置	800	1500	单车长度+1200
双排面对面布置	800	2000	双车长度+900
双排背对背布置	1000	1500	单车长度+1200

注：1. 固定式开关柜为靠墙布置时，柜后与墙净距应大于 50mm，侧面与墙净距离大于 200mm。
2. 通过宽度在建筑物的墙面遇有柱类局部凸出时，凸出部位的通道宽度可减少 200mm。

3）低压配电屏前、后通道的最小宽度见表 4-11。

表 4-11　低压配电屏前、后通道的最小宽度

形　式	布置方式	屏前通道宽度/mm	屏后通道宽度/mm
固定式	单排布置	1500	1000
	双排面对面布置	2000	1000
	双排背对背布置	1500	1500
抽屉式	单排布置	1800	1000
	双排面对面布置	2300	1000
	双排背对背布置	1800	1000

注：当建筑物墙面有柱类局部凸出时，凸出部位的通道宽度可减少 200mm。

3. 安全标志

安全标志是指在有触电危险的场所或容易产生误判断、误操作的地方，以及存在不安全因素的现场设置的文字或图形标志。

（1）安全色及其含义

GB 2893—2008《安全色》国家标准中采用了红、蓝、黄、绿四种颜色为安全色。安全色的含义及用途见表 4-12。

表 4-12 安全色的含义及用途

颜色	含义	用途举例
红色	禁止、停止	禁止标志，如停止信号（机器、车辆上的紧急停止手柄或按钮）和禁止人们触动的部位；红色也表示防火
蓝色	指令	指令标志，如必须佩戴个人防护用具；道路上指引车辆和行人行驶方向的指令
黄色	警告、注意	警告标志和警戒标志，如厂内危险机器和坑池周围的警戒线，行车道中线；机械上齿轮箱内部；安全帽
绿色	提示、安全状态、通行	提示标志，如车间内的安全通道行人和车辆通行标志；消防设备和其他安全防护设备的位置

注：蓝色只有与几何图形同时使用时，才表示指令。

（2）导体色标

裸母线或电缆芯线的相序或极性标志见表 4-13。

表 4-13 导体色标

<table>
<tr><th>类别</th><th>相序/极性</th><th>新标准</th><th>旧标准</th></tr>
<tr><td rowspan="4">交流电路</td><td>L_1</td><td>黄</td><td>黄</td></tr>
<tr><td>L_2</td><td>绿</td><td>绿</td></tr>
<tr><td>L_3</td><td>红</td><td>红</td></tr>
<tr><td>N</td><td>淡蓝</td><td>黑</td></tr>
<tr><td rowspan="2">直流电路</td><td>正极</td><td>棕</td><td>红</td></tr>
<tr><td>负极</td><td>蓝</td><td>蓝</td></tr>
<tr><td colspan="2">安全用接地线（PE）</td><td>绿/黄双色线</td><td>黑</td></tr>
</table>

注：按照国家标准和国际标准，绿/黄双色线只能用作保护接地或保护接零线。但在日本及西欧一些国家和地区采用单一绿色线作为保护接地（零）线，使用这些产品时，应特别注意。

（3）安全标志的构成及分类

电力安全标志按用途可分为禁止标志、警告标志、指令标志和提示标志。

安全标志是用以表达特定安全信息的标志，根据国家有关标准，安全标志由图形符号、安全色、几何形状（边框）或文字等构成。使用过程中，严禁拆除、更换和移动。

安全标志摘自 GB 2894—2008《安全标志及其使用导则》，该标准适用于工矿企业、建筑工地、厂内运输和其他有必要提醒人们注意安全的场所。

1）禁止标志。

禁止标志的含义：禁止人们不安全行为的图形标志。

基本形式：带斜杠的圆边框（其图形符号为黑色，背景为白色）。

禁止标志见表4-14。

表4-14　禁止标志

图形标志	名称	图形标志	名称
	禁止烟火 No buring		禁止跨越 No striding
	禁止放易燃物 No laying inflammable thing		禁止靠近 No nearing
	禁止启动 No starting		禁止用水灭火 No watering to put out the fire
	禁止合闸 No switching on		禁止戴手套 No putting on gloves
	禁止触摸 No touching		禁止穿带钉鞋 No putting on spikes
	禁止攀登 No climbing		禁止穿化纤服装 No putting on chemical fibre clothings

2）警告标志。

警告标志的含义：提醒人们对周围环境引起注意，以避免可能发生危险的图形标志。

警告标志的形式：三角形的边框（其图形符号为黑色，背景为有警告意义的黄色）。

警告标志见表4-15。

表 4-15 警告标志

图形标志	名 称	图形标志	名 称
	注意安全 Warning danger		当心火灾 Warning fire
	当心爆炸 Warning explosion		当心触电 Warning electric shock
	当心电缆 Warning cable		当心自动启动 Warning automatic start-up
	当心机械伤人 Warning mechanical injury		当心吊物 Warning over head load
	当心烫伤 Warning scald		当心伤手 Warning injure hand
	当心扎脚 Warning splinter		当心弧光 Warning arc
	当心电离辐射 Warning ionizing radiation		当心激光 Warning laser
	当心微波 Warning microwave		当心坠落 Warning drop down

3）指令标志。

指令标志的含义：强制人们必须做出某种动作或采用防范措施的图形标志。

指令标志的基本形式：圆形边框（其背景为具有指令含义的蓝色，图形符号为白色）。

指令标志见表4-16。

表4-16　指令标志

图形标志	名称	图形标志	名称
	必须戴防护眼镜 Must wear protective goggles		必须系安全带 Must fasten safety belt
	必须戴防护手套 Must wear protective gloves		必须穿防护服 Must wear protective clothes
	必须穿防护鞋 Must wear protective shoes		必须戴安全帽 Must wear safety helmet
	必须加锁 Must be locked		必须戴防护帽 Must wear protective cap
	必须接地 Must connect an earth terminal to the ground		必须拔出插头 Must disconnect mains plug from electrical outlet

4）提示标志。

提示标志的含义：向人们提供某种信息（如标明安全设施或场所等）的图形标志。

提示标志的基本形式：正方形边框（其背景为绿色、图形符号及文字为白色）。

提示标志见表4-17。

表 4-17　提示标志

图形标志	名称	图形标志	名称
	紧急出口 （左向） Emergent exit		紧急出口 （右向） Emergent exit
	避险处 Haven		可动火区 Flare up region

提示标志的方向辅助标志：当提示目标的位置时要加方向辅助标志。

文字辅助标志：文字辅助标志的基本形式是矩形边框；文字辅助标志有横写和竖写两种形式。

辅助标志见表 4-18。

表 4-18　辅助标志

类型	图形标志实例	说　明
应用方向辅助标志	紧急出口　紧急出口	按实际需要指示左向或下向时，辅助标志应放在图形标志的左方；指示右向时，则应放在图形标志的右方
横写的文字辅助标志	禁止吸烟　当心火灾	文字标志写在标志的下方，和标志连在一起，也可以分开。禁止标志、指令标志为白色字；警告标志为黑色字。禁止标志、指令标志衬底色为标志的颜色，警告标志衬底色为白色
竖写在标志杆上部的文字辅助标志	禁止通行　当心坑洞　必须戴安全帽　可动火区	文字辅助标志写在标志杆的上部。禁止标志、警告标志、指令标志、提示标志均为白色衬底、黑色字。标志杆下部色带的颜色应和标志的颜色相一致

另外，电工工作中经常用到的安全牌也属于电力安全标志，常用安全标示牌的规格和式样见表4-19。

表4-19 常用安全牌

类型	图形标志实例	尺寸/(mm×mm)	式样
禁止类	禁止合闸 有人工作	200×100 或80×50	白底红字
	配电重地 闲人莫入		红底白字
允许类	在此工作	250×250	绿底，中有直径的白圆圈，圈内写黑字
警告类	止步 高压危险！	250×200	白底红边，黑字，有红色箭头

4.2.3 安全电压与人体电阻

1. 安全电压

安全电压是指人体触电后不能使人致死或致残的电压。作用于人体的电压越高，人体电阻越小，则通过人体的电流就越大，触电的危害程度就越高。因此，我国根据不同的环境条件，规定安全电压为：在无高度危险的环境为65V，有高度危险的环境为36V，特别危险的环境为12V。

（1）安全电压限值

限值为任何运行情况下，任何两导体间不可能出现的最高电压值。我国标准规定工频电压有效值的限值为50V、直流电压的限值为120V。

一般情况下，人体允许电流可按摆脱电流考虑；在装有防止电击的速断保护装置的场合下，人体允许电流可按30mA考虑。我国规定工频电压50V的限值是根据人体允许电流30mA和人体电阻1700Ω的条件确定的。

我国标准还推荐：当接触面积大于1cm^2、接触时间超过1s时，干燥环境中工频电压有效值的限值为33V、直流电压限值为70V；潮湿环境中工频电压有效值的限值为16V、直流电压限值为35V。

（2）安全电压额定值

我国规定工频有效值的额定值有42V、36V、24V、12V和6V。特别危险环境中使用的手持电动工具应采用42V安全电压；有电击危险环境中使用的手持照明灯和局部照明灯应采用36V或24V安全电压；金属容器内、特别潮湿处等特别危险环境中使用的手持照明灯应采用12V安全电压；水下作业等场所应采用6V安全电压。当电气设备采用24V以上安全电压时，必须采取直接接触电击的防护措施。

2. 人体电阻

人体电阻是由体内电阻和肌肤电阻两部分组成的。体内电阻较小（约500Ω），而且基本不变；人体电阻主要由肌肤电阻决定，且与多种因素有关，正常时可高达数万欧以上。而在恶劣的条件（如出汗且有导电粉尘）下，则可下降为1200Ω左右。安全工程计算时，从安全角度考虑，人体电阻一般取1700Ω。

4.2.4 剩余电流保护

剩余电流保护（俗称漏电保护）作为一项更加完善的防止人身触电的后备保护技术，已被广泛地应用在低压配电系统中。

剩余电流保护的作用：一是电气设备（或线路）发生漏电或接地故障时，能在人尚未触及之前就把电源切断；二是当人体触及带电体时，能在0.1s内切断电源，从而减轻电流对人体的伤害程度。此外，还可以防止漏电引起的火灾事故。

1. 剩余电流动作保护器的组成和分类

剩余电流动作保护器用以对低压电网直接触电和间接触电进行有效保护。它的结构分为单相和三相。

根据其工作原理，剩余电流动作保护器可分为电压型、电流型和脉冲型三种。

在形式上，剩余电流动作保护器按其具有的功能大体上可分为三类：剩余电流继电器、剩余电流断路器和剩余电流保护插座。

常用剩余电流动作保护器见表4-20；电磁系和电子式剩余电流断路器的性能比较见表4-21。

表4-20 常用剩余电流动作保护器

类型	图例	主要应用
剩余电流动作保护器		是一种新型的电气安全装置，为预防各类事故的发生、及时切断电源、保护设备和人身的安全提供了可靠而有效的技术手段。其主要用途如下。 1）防止由于电气设备和电气线路漏电而引起的触电事故 2）防止用电过程中的单相触电事故 3）及时切断电气设备运行中的单相接地故障，防止因漏电而引起的火灾事故
自复式剩余电流动作保护器		

（续）

类型	图例	主要应用
剩余电流保护插头		1）防止用电过程中的单相触电事故 2）防止由于电气设备和电气线路漏电而引起的触电事故 3）及时切断电气设备运行中的接地故障，防止因漏电而引起的火灾事故
剩余电流保护插座		
剩余电流断路器		适用于交流220/380V、50Hz的电源中性点接地的电路中，当人身触电或电网漏电时能迅速分断故障电路，作为剩余电流（触电）保护之用，同时可保护线路和电动机的过载或短路，亦可作为线路的不频繁转换及电动机的不频繁启动，主要用于农村、工矿企业作为大型设备总保护之用，如变压器总保护、分支保护、塔吊等大型设备

表 4-21　电磁系和电子式剩余电流断路器的性能比较

比较项目	形式	
	电磁系剩余电流断路器	电子式剩余电流断路器
辅助电源	不需要辅助电源	需要辅助电源
电源电压对特性的影响	无影响，断相或电源电压降低时也能可靠动作	有影响，电源电压断电或降低时会影响其动作特性，甚至拒动
环境温度对特性的影响	很小	有影响
绝缘耐压能力	绝缘耐压能力强，可经受低压电器的工频耐压试验	弱，只能按电子元器件的允许范围进行试验
耐受感应雷电和操作过电压的冲击能力	强	弱
受外界磁场干扰	较小	较大
动作时间	动作速度快，可以做到小于0.04s	动作速度比电磁式长，做到小于0.04s困难
接线要求	进出线倒接不影响性能	进出线不可倒接，否则要损坏开关
结构	复杂	简单

2. 剩余电流动作保护器的原理

剩余电流动作保护器的基本原理是：当剩余电流达到或超过给定值时，便能够自动断开电路，达到保护人身安全的目的。各种剩余电流动作保护器的保护原理见表4-22。

表 4-22　剩余电流动作保护器的保护原理

名　称		保　护　原　理	图　示
电压型剩余电流动作保护器		当电动机外壳漏电，外壳对地电压上升到危险数值时，漏电脱扣器迅速动作切断供电电路	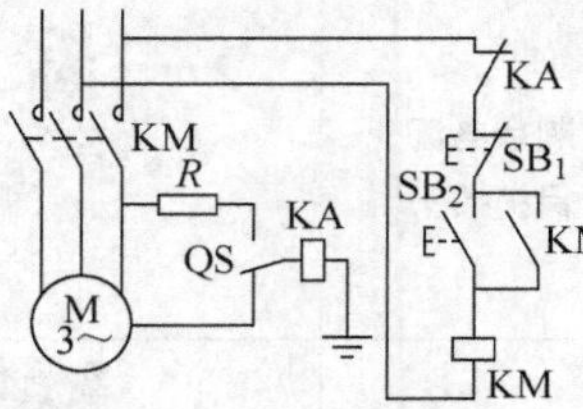
电流型漏电保护器	电磁系	二极： 当负载侧有漏电或触电事故时，电流 I_1 和 I_2 不相等，电流互感器 TA 的铁心中就有磁通量，TA 的二次线圈就会产生感应电动势，脱扣器线圈中便有交流电流，衔铁动作使主开关断开，切除故障电路	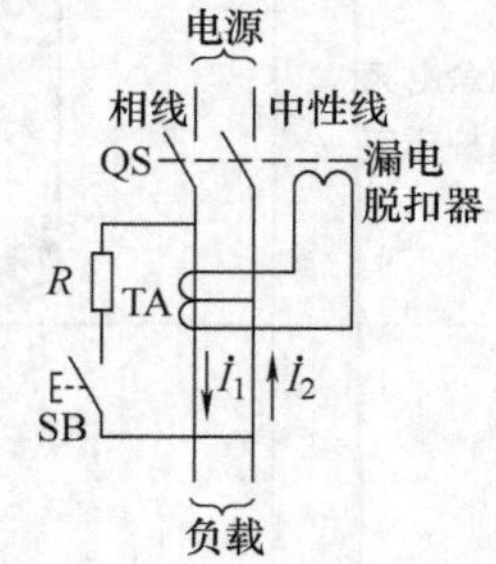
		三极： 当负载侧有漏电故障时，I_1、I_2 和 I_3 的相量和不等于零，电流互感器 TA 的环形铁心中就有磁通，TA 二次线圈就会产生感应电动势，脱扣器线圈有电流，衔铁动作使主开关断开，切除故障电路	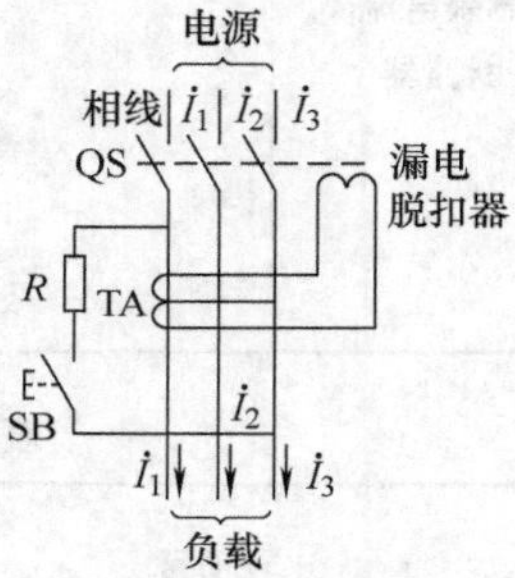
		四极： 当负载侧有漏电故障时，I_1、I_2 和 I_3 的相量和不等于零，电流互感器 TA 的环形铁心中就有磁通，TA 二次线圈就会产生感应电动势，脱扣器线圈有电流，衔铁动作使主开关断开，切除故障电路	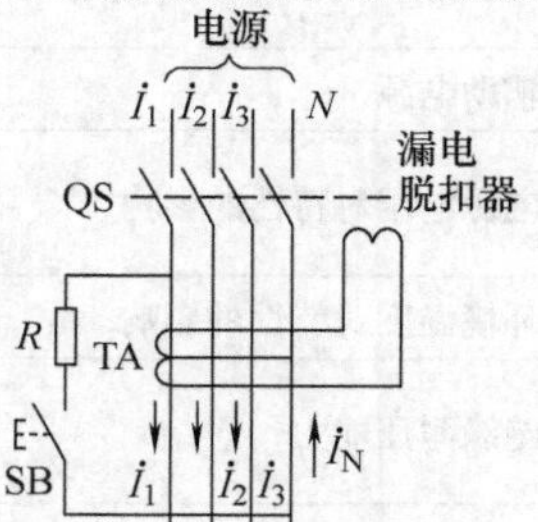
	电子式	当发生漏电故障或触电事故时，电流继电器 TA 将漏（触）电信号传给电子放大器，经放大后再传给漏电脱扣器，使主开关断开，切断故障电路	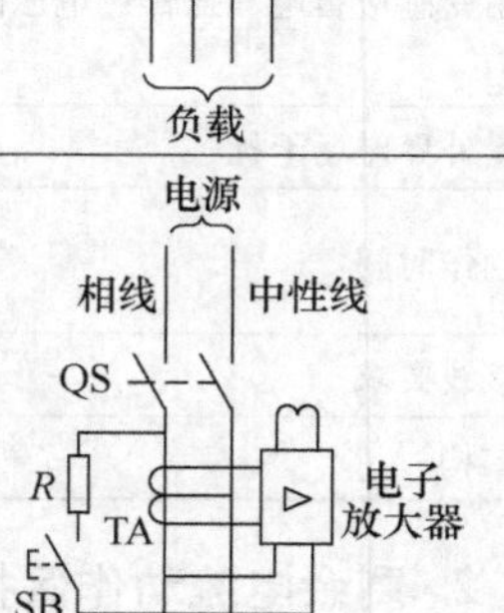

3. 剩余电流动作保护器的安装和使用

（1）剩余电流动作保护器的选用

选用剩余电流动作保护器时应首先根据保护对象的不同要求进行选型。

剩余电流动作保护器的额定电压、额定电流、分断能力等性能指标应与线路条件相适应。剩余电流动作保护器的类型应与供电线路、供电方式、系统接地类型和用电设备特征相适应。

剩余电流动作保护器的类型与供电系和用电设备特征的选择详见表 4-23。

表 4-23 剩余电流动作保护器的类型与供电系和用电设备特征的选择

<table>
<tr><th>类　型</th><th colspan="2">环　境</th><th>额定动作电流/mA</th><th>备　注</th></tr>
<tr><td rowspan="3">防止人身触电事故</td><td colspan="2">用于直接或间接接触电击防护</td><td>30</td><td>高灵敏度、快速型</td></tr>
<tr><td colspan="2">浴室、游泳池、隧道等场所</td><td>10</td><td>高灵敏度、快速型</td></tr>
<tr><td colspan="2">触电后可能导致二次事故的场合</td><td>6</td><td>快速型</td></tr>
<tr><td rowspan="4">防止火灾</td><td colspan="2">木质灰浆结构的一般住宅和规模小的建筑物</td><td>30</td><td>中灵敏度</td></tr>
<tr><td rowspan="2">除住宅以外的中等规模的建筑物</td><td>主干线</td><td>200</td><td>中灵敏度</td></tr>
<tr><td>分支回路</td><td>30</td><td>高灵敏度</td></tr>
<tr><td colspan="2">钢筋混凝土类建筑</td><td>200</td><td>中灵敏度</td></tr>
<tr><td>防止电气、电热设备烧毁</td><td colspan="2">设备绝缘电阻随温度变化有较大波动</td><td>≥100</td><td>冲击电压不动作型</td></tr>
<tr><td>不允许停转的电动机</td><td colspan="2">允许电动机起动时，有剩余电流</td><td>15</td><td>漏电报警式</td></tr>
</table>

（2）剩余电流动作保护器的安装

1）需要安装剩余电流动作保护器的场所。根据 GB/T 13955—2017《剩余电流动作保护装置安装和运行》，应安装剩余电流动作保护器（RCD）的场所和设备如下所列内容。

①属于 I 类的移动式电气设备及手持式电动工具。

②工业生产用的电气设备。

③施工工地的电气机械设备。

④安装在户外的电气装置。

⑤临时用电的电气设备。

⑥机关、学校、宾馆、饭店、企事业单位和住宅等除壁挂式空调电源插座外的其他电源插座或插座回路。

⑦游泳池、喷水池、浴室、浴池的电气设备。

⑧安装在水中的供电线路和设备。

⑨医院中可能直接接触人体的医用电气设备。

⑩农业生产用的电气设备。

⑪水产品加工用电。

⑫其他需要安装 RCD 的场所。

2）剩余电流动作保护器的安装要求。不同供电系统中剩余电流动作保护器的接线形式见表 4-24。

表 4-24　不同供电系统中剩余电流动作保护器的接线形式

接地方式		单　相	三　相	
			三线	四线
TT		L_1 L_2 L_3 N RCD RCD	L_1 L_2 L_3 N RCD RCD	L_1 L_2 L_3 N RCD RCD
TN	TN-C	L_1 L_2 L_3 PEN RCD RCD PE PE	L_1 L_2 L_3 PE RCD RCD PE PE	L_1 L_2 L_3 PEN RCD RCD PE PE
	TN-S	L_1 L_2 L_3 N PE RCD RCD PE PE	L_1 L_2 L_3 N PE RCD RCD PE PE	L_1 L_2 L_3 N PE RCD RCD PE PE
	TN-C-S	L_1 L_2 L_3 N PE RCD RCD PE PE	L_1 L_2 L_3 N PE RCD RCD PE PE	L_1 L_2 L_3 N PE RCD RCD PE PE

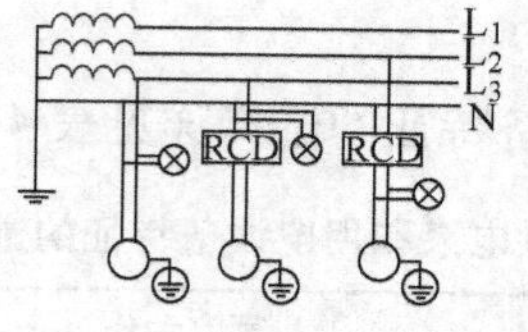

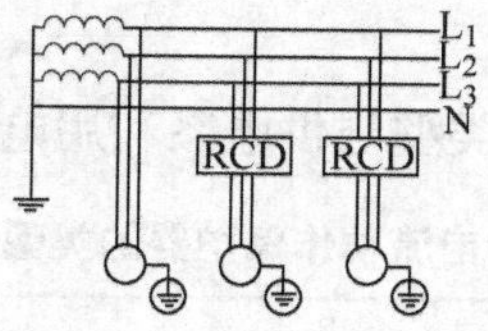

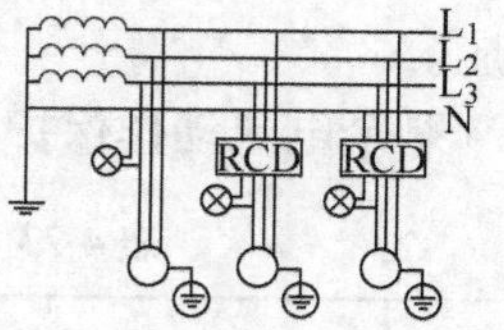

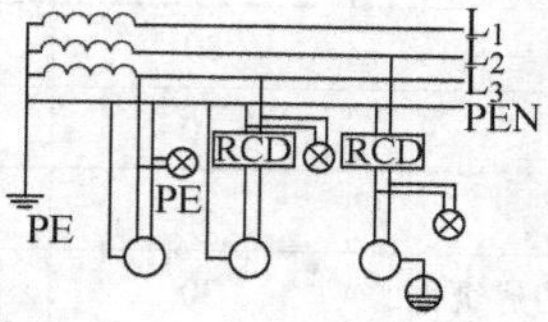

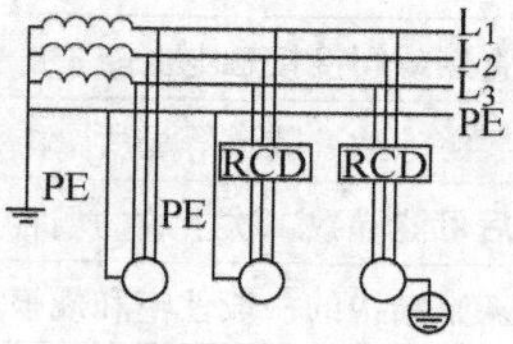

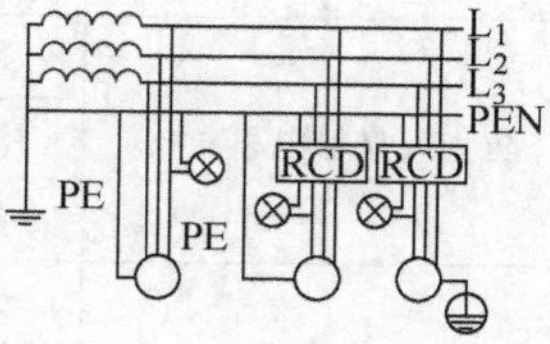

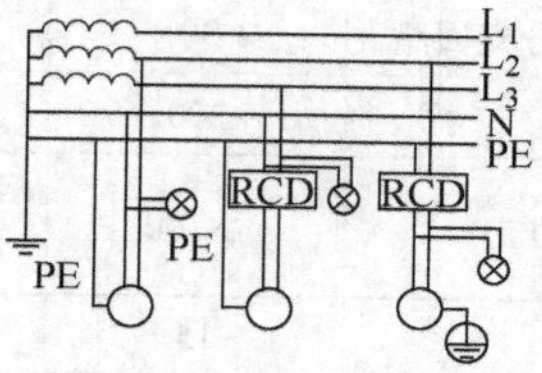

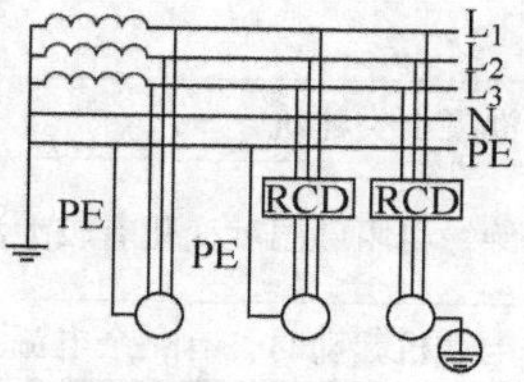

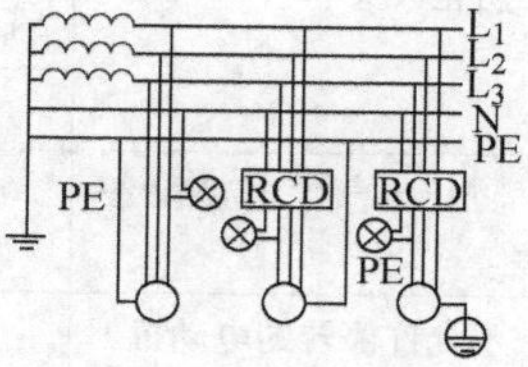

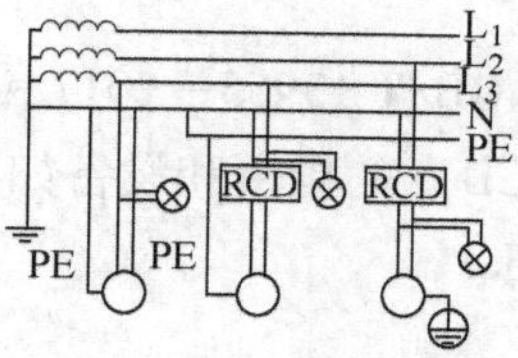

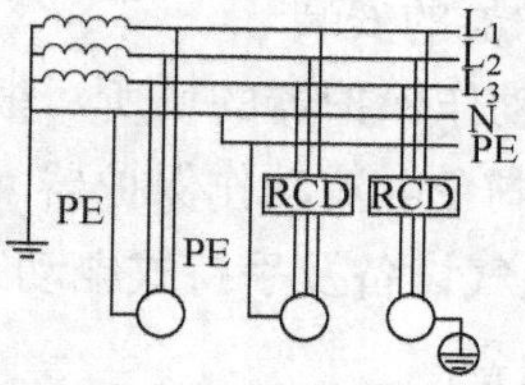

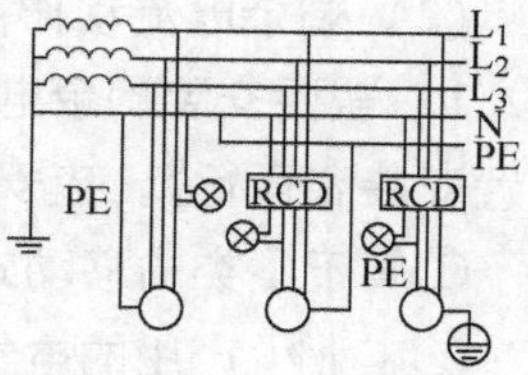

（3）剩余电流动作保护器的维护

1）剩余电流动作保护器在投入运行后，使用单位应建立运行记录并建立相应的管理制度。

2）剩余电流动作保护器投入运行后，每月需在通电状态下，按动试验按钮，检查剩余电流动作保护器动作是否可靠。雷雨季节应增加试验次数。

3）雷击或其他不明原因使剩余电流动作保护器动作后，应进行检查。

4）为检验剩余电流动作保护器在运行中的动作特性及其变化，应定期进行动作特性试验。特性试验项目如下。

①测试剩余动作电流值。

②测试剩余不动作电流值。

③测试分断时间。

5）退出运行的剩余电流动作保护器再次使用前，应按规定的项目进行动作特性试验。

6）剩余电流动作保护器进行动作特性试验时，应使用经国家有关部门检测合格的专用测试仪器，严禁利用相线直接触碰接地装置的试验方法。

7）剩余电流动作保护器动作后，经检查未发现事故原因时，允许试送电一次，如果再次动作，应查明原因找出故障，必要时对其进行动作特性试验，不得连续强行送电；除经检查确认为剩余电流动作保护器本身发生故障外，严禁私自撤除剩余电流动作保护器强行送电。

8）定期分析剩余电流动作保护器的运行情况，及时更换有故障的剩余电流动作保护器。

9）剩余电流动作保护器的动作特性由制造厂整定，按产品说明书使用，使用中不得随意变动。

10）剩余电流动作保护器的维修应由专业人员进行，运行中遇有异常现象应找电工处理，以免扩大事故范围。

11）在剩余电流动作保护器的保护范围内发生电击伤亡事故，应检查剩余电流动作保护器的动作情况，分析未能起到保护作用的原因，在未调查前应保护好现场，不得拆动剩余电流动作保护器。

12）使用的剩余电流动作保护器除按剩余电流动作保护特性进行定期试验外，对断路器部分应按低压电器有关要求定期检查维护。

（4）剩余电流动作保护器的误动作和拒动作

误动作：线路或设备未发生预期的触电或漏电时剩余电流动作保护器产生的动作。

拒动作：线路或设备已发生预期的触电或漏电而剩余电流动作保护器却不产生预期的动作。

剩余电流动作保护器的误动作、拒动作的原因和排除方法见表4-25。

表4-25　剩余电流动作保护器的误动作和拒动作

故障现象	图　示	故障原因	排除方法
误动作	PE RCD L N PE	图中右侧插座的零线N端子误连接上保护接地（PE）端子，当使用该插座时，电流不经过零线而经过保护接地线返回电源，造成剩余电流动作保护器动作	如图中左侧插座所示正确接线
	RCD L_1 L_2 L_3 N	误用了三相三线制剩余电流动作保护器，因零线不经过剩余电流动作保护器，剩余电流动作保护器检测到的不是剩余电流而是三相不平衡电流，故在三相线路中只要有一相接通任意负载，电流就远远超过剩余动作电流而跳闸	将剩余电流动作保护器换成三相四线剩余电流断路器

（续）

故障现象	图　示	故障原因	排除方法
拒动作		安装剩余电流动作保护器时重复接地，通过零序交流互感器的电流减少，导致剩余电流动作保护器该跳闸时而不能跳闸	不能重复接地
		接零保护线通过检测互感器，当设备出现漏电时，由于相线剩余电流经接零保护线又回到检测互感器，使互感器检测不出剩余电流，致使剩余电流动作保护器不动作	改正接零保护线

4.3 防止间接触电措施

安全电压和剩余电流保护是防止间接触电的措施，但保护接地和保护接零则是防止间接触电的最基本措施。为了保证电气设备的正常工作或防止人身触电，而将电气设备的某部分与大地进行良好的电气连接，此连接称为接地。

4.3.1 接地的目的

1. 防止触电

为了防止人员遭到电击，一个有效的办法就是当人体接触或接近带电体时，让人体与带电体处在同一电位。而要保持相同的电位，最简便的做法就是使电气设备的某部分与大地连接起来。

2. 防止电气设备的机械性损坏

在供配电系统遭受雷击、受到冲击电流的冲击、遭受静电或出现共振等影响的情况下，以及在与其他高压系统发生刚碰事故的情况下，供配电系统中会出现过电压，可能导致电气设备的绝缘材料的损坏或性能变坏等。采取接地措施，可以有效地抑制过电压的出现。

3. 防止火灾及爆炸

因用电而导致火灾或爆炸的点火源，可能来自雷电袭击、静电放电、电火花、电弧以及电气设备的加热和漏电等。采取接地措施，在系统正常运行和发生事故的情况下可以有效地抑制点火源的出现。

电气设备正常工作提示：为了电气设备的正常工作以及保障人身安全，需要接地的场合必须接地。很多电气设备在正常工作时是必须接地的，如变压器的中性点、防雷设备的接地等。

4.3.2 接地装置与接地电阻

1. 接地装置

接地装置是由接地体和接地线两部分构成的。其中与土壤直接接触的金属物体，称为接地体或接地极。而由若干接地体在大地中相互连接而构成的总体，称为接地网。接地体和设备接地部分之间的金属导线，称为接地线。

接地体通常采用直径50mm、长2~2.5m的钢管或50mm×50mm×5mm、长2.5m的角钢，端部削尖，打入地中。接地体按其布置方式又可分为外引式和环路式两种。外引式是将接地体引出户外某处集中埋于地下，环路式则是将接地体围绕电气设备或建筑物四周打入地中。接地体上端应露出沟底100~200mm，以便与接地线可靠焊接。

2. 接地电阻值的规定

1）低压电力系统电气装置的接地电阻不应大于4Ω。

2）小接地短路电流（500A以下）的高压保护接地电阻不大于10Ω，大接地短路电流（500A以上）的高压保护接地电阻不大于0.5Ω。

3）在土壤电阻率不大于500Ω·m的地区，独立避雷针的接地电阻不应大于10Ω。

4）防雷电感应的接地电阻不应大于30Ω。

5）发电厂的易燃油和天然气设施防静电接地的接地电阻不应大于30Ω。

4.3.3 接地装置的散流效应

1. 接地电流与对地电压

当电气设备发生接地时，电流通过接地体向大地作半球形散开，这一电流称为接地电流，用I_E表示。半球形的散流面在距接地体越远处其表面积越大，散流的电流密度越小，地表电位也就越低，电位和距离成双曲线函数关系，这一曲线称为接地电流电位分布曲线。由图4-9可见，在距接地体20m左右的地方，地表电位已趋近于零，把这个电位为零的地方称为电气的“地”。接地体的电位最高，它与零电位的“地”之间的电位差，称为对地电压，用U_E表示。

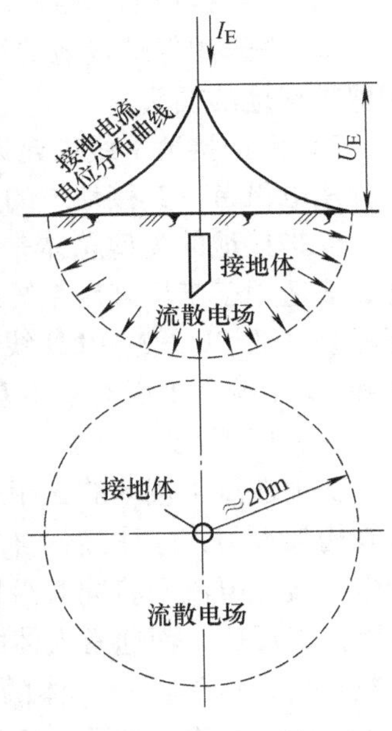

图4-9 接地电流、对地电压及接地电流电位分布曲线

2. 接触电压和跨步电压

电气设备的外壳一般都与接地体相连，在正常情况下和大地同为零电位。但当设备发生接地故障时，则有接地电流入地，并在接地体周围地表形成对地电位分布，此时如果有人触及设备外壳，则人所接触的两点（如手和脚）之间的电位差，称为接触电压，用U_{tou}表示。如果人在接地体20m范围内走动，由于两脚之间有0.8m左右的距离，从而承受了电位差，称为跨步电压，用U_{step}表示，如图4-10所示。

4.3.4 电气设备的接地

1. 工作接地

为了保证电气设备的可靠运行，在电气回路中某一点必须进行的接地，称为工作接地，如图4-11所示。避雷器、避雷针及变压器中性点的接地都属于工作接地。

2. 保护接地

将电气设备上与带电部分绝缘的金属

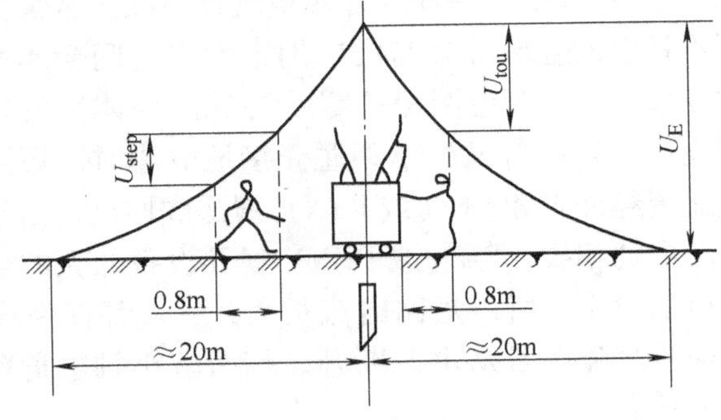

图4-10 接触电压和跨步电压

处壳与接地体相连接，这样可以防止因绝缘损坏而遭受触电的危险，这种保护工作人员的接地措施称为保护接地，代号为PE，如图4-12所示。

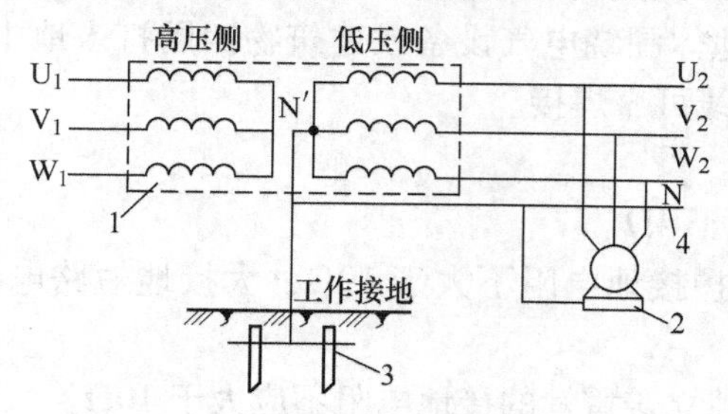

图4-11 工作接地

1—变压器 2—电动机 3—接地装置 4—中性线

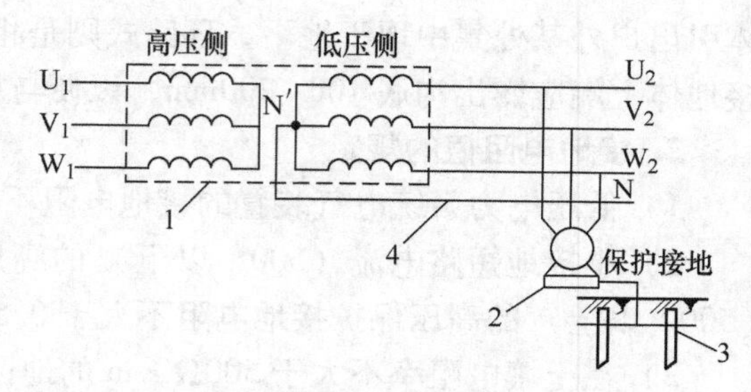

图4-12 保护接地

1—变压器 2—电动机 3—接地装置 4—中性线

保护接地的安装要求如下。

1）保护接地的电阻不应大于4Ω。

2）在采用保护接地的系统中，采用插头自插座上接入电源至用电设备的，应采用带专用保护接地的插头。

3）保护接地干线的允许电流不应小于供电网中最大负载线路相线允许载流量的1/2。单独用电设备，其接地线的允许电流不应小于供电分支网络相线允许载流量的1/3。

保护接地的类型总体来说有两种：一种是设备的金属外壳经各自的PE线分别直接接地，多适用于工厂高压系统或中性点不接地的低压三相三线制系统；另一种是设备的金属外壳经公共的PE线或PEN线接地，它多用于中性点接地的低压三相四线制系统，如TN-C系统和TT系统。下面对常用系统的保护接地进行分析。

（1）IT系统

在中性点不接地的三相三线制供电系统中，将电气设备在正常情况下不带电的金属外壳及其构架等与接地体经各自的PE线分别直接相连。当电气设备某相的绝缘损坏时，外壳就带电，接地电流I_E将同时沿接线装置和人体两条通路流过。由于流经每条通路的电流值与其电阻值成反比，而通常人体电阻R_b比接地电阻R_E大数百倍，自然流经人体的电流很小，因此人体减小了触电危险，如图4-13所示。

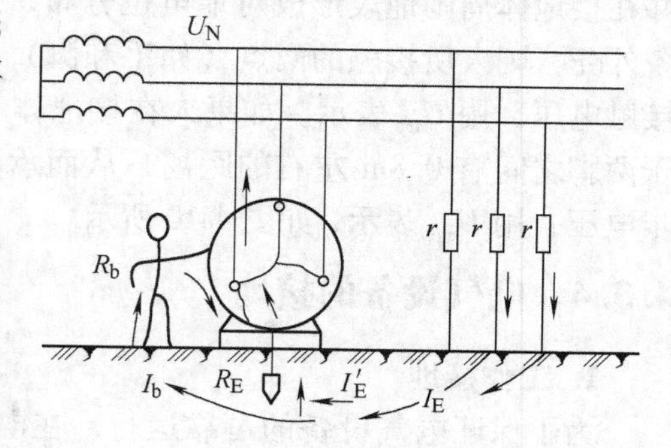

图4-13 IT系统触电情况

（2）TN系统

TN系统中，字母N表示电气设备在正常情况下不带电的金属部分与配电网中性点之间金属性的连接，即与配电网保护零线（保护导体）的紧密连接。当设备发生单相碰壳接地故障时，短路电流流经外壳和PE（或PEN）线形成回路，由于回路中的相线，PE（或PEN）线及设备外壳的合成电阻很小，所以短路电流很大，一般都能使设备的过电流保护装置（如熔断器）动作，迅速将故障设备从电源断开，从而减小触电危险，保护人身和设备安全。TN-C系统如图4-14所示。

(3) TT 系统

在中性点直接接地的低压三相四线制系统中，将电气设备正常情况下不带电的金属外壳经各自的 PE 线分别直接接地。

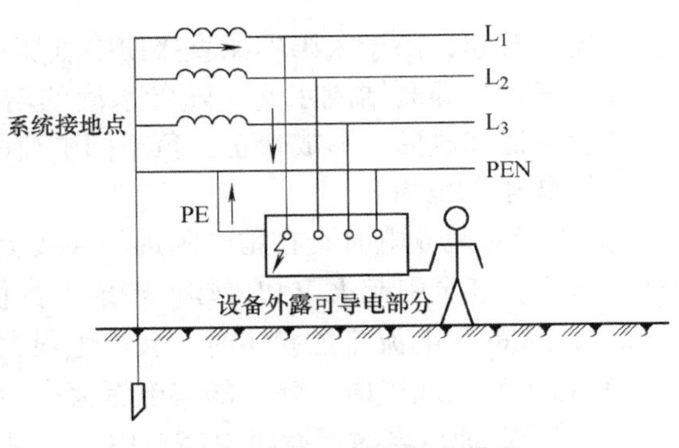

图 4-14　TN-C 系统触电情况

若外壳不接地，当设备发生单相碰壳接地故障时，由于接触不良而导致故障电流较小，不足以使过电流保护装置动作，此时如果有人触及设备外壳，则故障电流就要全部通过人体，造成触电事故，如图 4-15 所示。

当采用 TT 系统后，设备与大地接触良好，发生故障时的单相短路电流较大，足以使过电流保护装置动作，迅速切除故障设备，大大地减少触电危险。即使在故障未切除时人体触及设备外壳，由于人体电阻远大于接地电阻，因此，通过人体的电流较小，触电的危险性也不大，如图 4-16 所示。

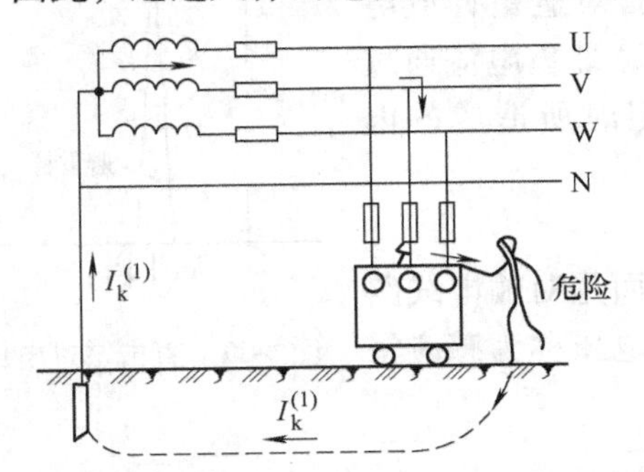

图 4-15　外露可导电部分未接地时的触电情况

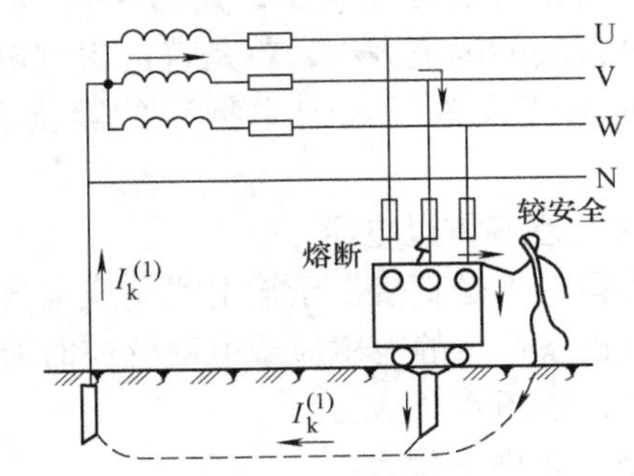

图 4-16　TT 系统触电情况

3. 重复接地

在电源中性点直接接地的 TN 系统中，为了减轻 PE 线或 PEN 线断线时的危险程度，除在电源中性点进行接地外，还在 PE 线或 PEN 线上的一处或多处再次接地，称为重复接地。重复接地一般在以下地方进行。

- 架空线路的干线和支线终端及沿线每 1km 处。
- 电缆和架空线在引入车间或建筑物之前。

重复接地的作用如下。

- 降低漏电设备外壳的对地电压。
- 减轻零线断线时的触电危险程度。

4.4　电气四防措施

4.4.1　防雷

1. 大气过电压

(1) 雷电的形成

大气过电压产生的根本原因，是雷云放电引起的。太阳把地面一部分水分蒸发为蒸汽，蒸汽又向上升起，由于太阳不能直接使空气变热，所以上部空气为冷空气。上升的蒸汽一旦遇到冷空气，立即凝结成水滴，随着水滴的增多逐渐形成积云。它们受到强烈气流的吹袭时，产生摩擦和碰撞，形成带正、负不同电荷的雷云。

（2）雷电的危害

1）雷云对地放电时，在雷电附近的导线上将产生感应过电压，会使电气设备绝缘发生闪络或击穿，甚至引起火灾和爆炸、造成人身伤亡等。

2）强大的雷电流流过导体时，会产生很大的热量而使导体严重变形或熔断。

3）雷云对地放电时，强大的雷电流会产生机械效应而使杆塔、横担和建筑物等损坏。

4）雷云对地放电时，有时也能击中人，对人造成严重伤害。

（3）直击雷过电压

雷云直接对输电线路或电气设备放电，强大的雷电流通过线路或电气设备时引起过电压，从而产生破坏性很大的热效应和机械效应，这就是直击雷过电压，如图 4-17 所示。当雷云对避雷针放电时，其顶端的电位大小，就是直击雷过电压的数值，即雷电流通过线路或电气设备（被击中物）的阻抗和接地电阻时所造成的电压降。

图 4-17　直击雷过电压

（4）感应雷过电压

当雷云不是直接击于输电线路或电气设备上，而是对输电线路或电气设备产生静电感应或电磁感应时所引起的过电压称为感应雷过电压，如图 4-18 所示。

（5）雷电波侵入

由于直击雷或感应雷而产生的高电位雷电波，沿架空线或金属管道侵入变配电站或用户而造成危害。据统计表明，工厂变配系统中，由于雷电波侵入而造成的雷害事故，在整个雷害事故中占 50%以上。

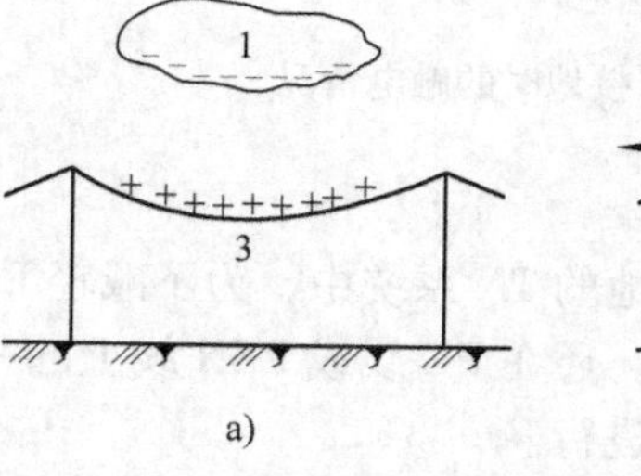

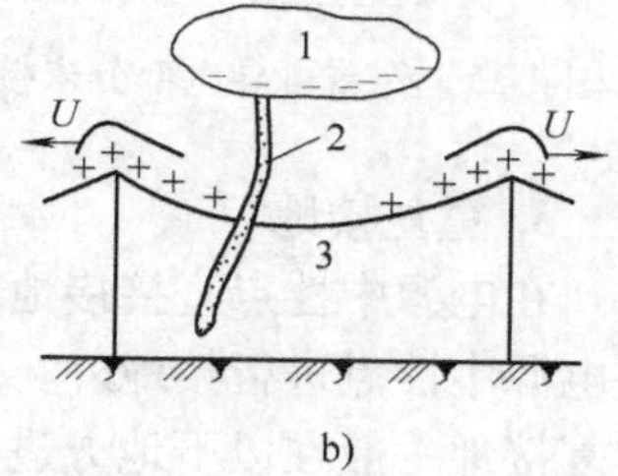

图 4-18　感应雷过电压的形成
1—雷云　2—放电通道　3—架空线路

2. 防雷设备

（1）避雷针和避雷线

1）避雷针和避雷线的引雷。避雷针（又名接闪杆）和避雷线（又名接闪线）都是引雷装置。当雷云放电接近地面时它使地面电场发生畸变。在避雷装置的顶端，形成局部电场集中的空间，以影响雷电先导放电的发展方向，引导雷电向避雷装置放电，再通过接地引下线和接地装置将雷电流引入大地，从而使被保护物体免遭雷击。避雷针引雷示意图如图 4-19 所示。

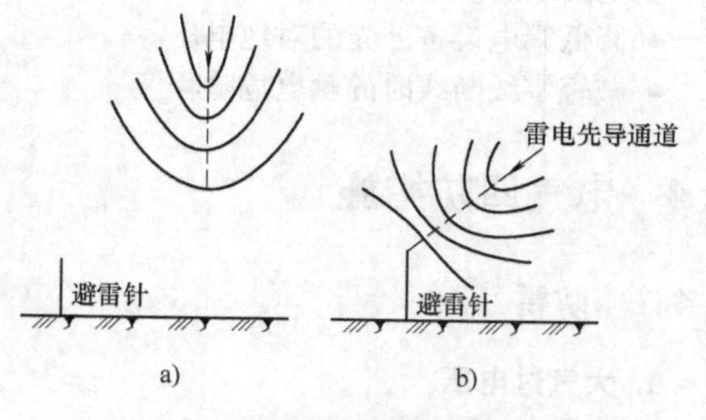

图 4-19　避雷针引雷示意图
a）雷电先导离避雷针很远时　b）雷电先导离避雷针很近时

2）避雷针与避雷线的结构。一个完

整的避雷针由接闪器、引下线及接地体三部分组成。接闪器是专门用来接收雷云放电的金属物体。不同的接闪器可组成不同的防雷设备：接闪器是金属杆的，则称为避雷针；接闪器是金属线的，称为避雷针或架空地线；接闪器是金属带或金属网的，则称为避雷带（又名接闪带）、避雷网（又名接闪网）等。

引下线是接闪器与接地体之间的连接线，将由接闪器引来的雷电流安全地通过其自身并由接地体导入大地，所以应保证雷电流通过时不致熔化。引下线一般采用直径为 8mm 的圆钢或截面不小于 $25mm^2$ 的镀锌钢绞线。如果避雷针的本体采用钢管或铁塔形式，则可以利用其本体形成引下线，还可以利用非预应力钢筋混凝土杆的钢筋形成引下线。

接地体是避雷针的地下部分，其作用是将雷电流顺利地引入大地。接地体常用长 2.5m，50mm×50mm×5mm 的多根角钢或直径为 50mm 的多根镀锌钢管打入地下，并用镀锌扁钢连接起来。接地体的效果和作用可用冲击接地电阻的大小表达，其值越小越好。各种防雷设备的冲击接地电阻值均有规定，如独立避雷针或避雷线的冲击接地电阻应不大于 10Ω。

3）单支避雷针与避雷线的保护范围。

①单支避雷针的保护范围。单支避雷针的保护范围是以避雷针为轴的折线构成的上、下两个圆锥形空间。

如图 4-20 所示，由针顶 A 向下做与针成 45°角的斜折线，与高 $0.5h$ 的水平面相交于 B 点，连接 B 到地面的保护半径 $1.5h$ 处的 C 点，通过交点 B 把锥形保护范围分为上、下两个空间。

②避雷线的保护范围。如图 4-21 所示，由避雷线向下作与其垂直面成 25°角的两个斜面，在高度 $h/2$ 处转折，与地面上离避雷线水平距离为 h 的直线相连而形成一个平面，它们合起来构成屋脊式的保护范围。

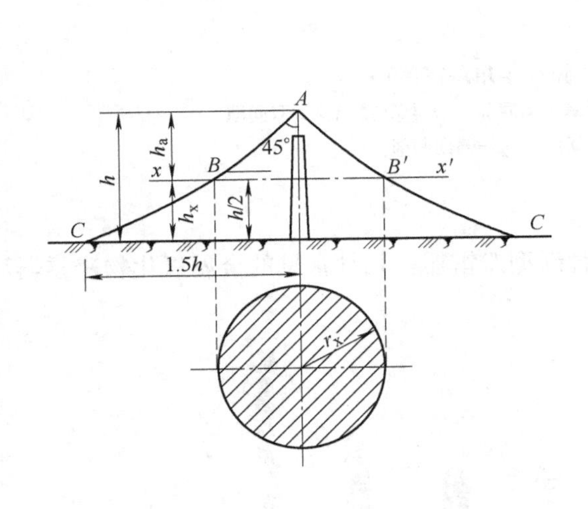

图 4-20　单支避雷针的保护范围

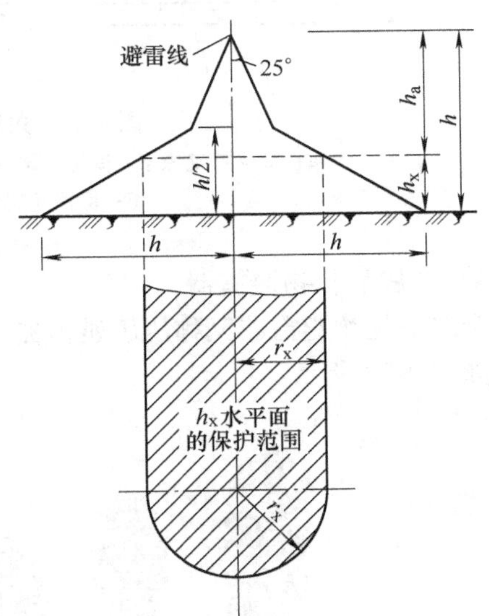

图 4-21　单根避雷线的保护范围

（2）避雷器

避雷器并联在被保护设备或设施上，正常时处在不通的状态。当出现雷击过电压时，击穿放电，切断过电压，发挥保护作用。过电压终止后，避雷器迅速恢复不通状态，恢复正常工作。

1）阀型避雷器。

①阀型避雷器的结构。阀型避雷器是由装在密封瓷套管中的火花间隙和阀片（非线性电阻）串联组成的。上端与导线相连，下端与接地体相连。

②阀型避雷器的分类。阀型避雷器主要分为普通型和磁吹型两大类。普通型有 FS 和 FZ 两种系列。磁吹型则有 FCD 和 FCZ 两种系列。阀型避雷器型号中的符号含义如下：F 为阀型；S 为线路用；Z 为电站用；D 为保护电机用；C 为磁吹。

2）管型避雷器。

管型避雷器由产气管、内部间隙和外部间隙 3 部分组成。而产气管由纤维、有机玻璃或塑料组成。它是一种灭弧能力很强的保护间隙。

3）保护间隙。

这种角形保护间隙又称为羊角避雷器。常见的三种角形保护间隙结构如图 4-22 所示，其一个电极接于线路，另一个电极接地。当线路侵入雷电波引起过电压时，间隙击穿放电，将雷电流泄入大地。为了防止间隙被外物（如鸟、兽、树枝等）短接而造成短路故障，通常在其接地引下线中还串接一个辅助间隙 S_2，如图 4-22c 所示。这样即使主间隙被物短接，也不会造成接地短路。

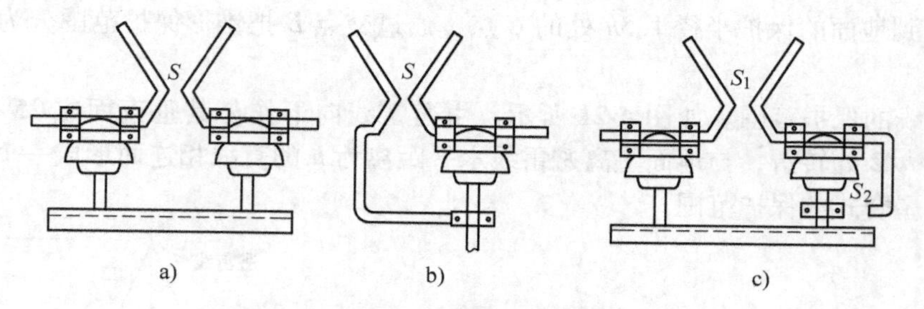

图 4-22　角形保护间隙（羊角避雷器）

a）双支持绝缘子单间隙　b）单支持绝缘子单间隙　c）双支持绝缘子双间隙

S—保护间隙　S_1—主间隙　S_2—辅助间隙

4）金属氧化物避雷器

金属氧化物避雷器又称压敏避雷器，是一种新型避雷器。几种常见的金属氧化物避雷器外形如图 4-23 所示。

a)　　b)

图 4-23　几种常见的金属氧化物避雷器外形图

氧化锌阀片上的电压超过某一值（此值称为动作电压）时，阀片将发生“导通”，而后在阀片的残压与流过其本身的电流基本无关。在工频电压下，阀片呈现极大电阻，能迅速抑制工频续流，因此不需串联火花间隙来熄灭工频续流引起的电弧。

3. 防雷措施

（1）人身防雷措施

1）雷暴时，发电厂变电所工作人员应尽量避免接近容易遭到雷击的户外配电装置。巡视时，应穿绝缘鞋，并不得靠近接闪杆和防雷器。

2）雷电时，禁止在室外和室内的架空引入线上进行检修和试验工作。

3）雷电时，禁止进行屋外高空检修、试验工作，禁止进行户外高空带电作业。

4）雷电时，禁止进行倒闸操作和更换熔断器的工作。

5）雷暴时，非工作人员应尽量减少外出。

（2）架空线路的防雷保护

1）装设避雷线。最有效的保护是在电杆（或铁塔）的顶部装设避雷线，用接地线将避雷线与接地装置连在一起，使雷电流经接地装置流入大地，以达到防雷的目的。线路电压越高，采用避雷线的效果越好，而且避雷线在线路造价中所占比重也越低。

2）装设管型避雷器或保护间隙。当线路遭受雷击时，外部和内部间隙都被击穿，把雷电流引入大地，此时就等于导线对地短路。选用管型避雷时，应注意除了其额定电压要与线路的电压相符外，还要核算安装处的短路电流是否在额定电流范围之内。

3）加强线路绝缘。在3~10kV的线路中采用瓷横担绝缘子。它比铁横担线路的绝缘耐雷水平高得多。当线路受雷击时，就可以减少发展成相间闪络的可能性，由于加强了线路绝缘，使得雷击闪络后建立稳定工频电弧的可能性也大为降低。

木质的电杆和横担使线路的相间绝缘和对地的绝缘提高，因此不易发生闪络。运行经验证明，电压较低的线路，木质电杆对减少雷电事故有显著作用。

（3）变配电站的防雷保护

避雷针分为独立避雷针和构架避雷针两种。独立避雷针和接地装置一般是独立的。构架避雷针是装设在构架上或厂房上的，其接地装置与构架或厂房的地相连，因而与电气设备的外壳也连在一起。

变电站一般装设独立避雷针来实现对直击雷的防护，从而使电气设备全部处于避雷针的保护范围之内。

装设避雷针时有如下注意事项。

1）从避雷针的引下线的入地点到主变压器接地线的入地点，沿接地网的接地体的距离不应小于15m，以防避雷针放电时，反击击穿变压器的低压绕组。

2）为防止雷击避雷针时，雷电波沿电线传入室内危及人身安全，照明线或电话线不要架设在独立避雷针上。

3）独立避雷针及其接地装置不应装设在工作人员经常通行的地方，并应距离人行道路不小于3m，否则应采取均压措施，或铺设厚度为50~80mm的沥青加碎石层。

4.4.2 防静电

静电现象是一种常见的带电现象。所谓静电，并非绝对静止的电，而是在宏观范围内暂时失去平衡的相对静止的正电荷和负电荷。

静电的利用都是利用由外来能源产生的高压静电场来进行工作的。

1. 静电的产生与危害

（1）静电的产生

实验证明，只要两种物质紧密接触而后再分离时，就可能产生静电。静电的产生是同接触电位差和接触面上的双电层直接相关的。

（2）静电的危害

工艺过程中产生的静电可能引起爆炸和火灾，也可能给人以电击，还可能妨碍生产。其中，爆炸或火灾是最大的危害和危险源。

常见的静电危害有爆炸和火灾、静电电击、妨碍生产。

静电放电的常见形式见表4-26。

表4-26　静电放电的常见形式

类型	图　示	说　明
电晕放电	带电体 接地体	它是发生在带电体尖端附近或其他曲率半径很小处附近的局部区域内
刷形放电	带电体 接地体	它是火花放电的一种，其放电通道有很多分支，而不集中在一点，且放电时伴有声光。绝缘体束缚电荷的能力很强，其表面容易出现刷形放电
火花放电		火花放电是指放电通道火花集中的放电，即电极上有明显的放电集中点的放电
雷型放电	带电体 接地体	当悬浮在空气中的带电粒子形成大范围、高电荷密度的空间电荷云时，可能发生闪电状的雷型放电。雷型放电能力大，则引燃危险性大

2. 静电防护的技术措施

静电最为严重的危险是引起爆炸和火灾。因此，静电安全防护主要是对爆炸和火灾的防护。详细的措施如下。

（1）环境危险程度的控制

静电引起爆炸和火灾的条件之一是有爆炸性混合物存在。为了防止静电危害，可采取以下措施控制所在环境的危险因素。

- 尽量减少易燃介质。
- 降低爆炸性混合物的浓度。
- 减少氧化剂含量。

(2) 工艺控制

工艺控制是从工艺上采取适当的措施，限制和避免静电的产生和积累。工艺控制方法很多、应用很广，是消除静电危害的重要方法之一。可从以下几个方面进行工艺控制。

- 材料的选用。
- 限制摩擦速度或流速。
- 增强静电消散过程。
- 消除附加静电。

(3) 接地和屏蔽

1) 导体接地。接地是消除静电危害最常见的方法，它主要是消除导体上的静电，如图 4-24 所示。

图 4-24　金属链接地

2) 屏蔽。屏蔽是用接地导体（即屏蔽导体）靠近带静电体放置，以增大带静电体对地电容，降低带静电体静电电位，从而减轻静电放电危险的方法。但屏蔽不能消除静电电荷。

(4) 增湿

对于表面容易形成水膜，即表面容易被水润湿的绝缘体（如醋酸纤维、硝酸纤维素、纸张、橡胶等），增湿对消除静电是有效的。

增湿的方法不宜用于消除高温环境里的绝缘体上的静电。

允许增湿与否以及允许增加湿度的范围，需根据生产要求确定。

(5) 抗静电添加剂

在容易产生静电的高绝缘材料中加入抗静电添加剂之后，能加速静电的泄漏，消除静电的危险。

使用抗静电添加剂是从根本上消除静电危险的办法，但应注意防止某些抗静电添加剂的毒性和腐蚀性造成的危害。

对于悬浮粉体和蒸气静电，任何抗静电添加剂都不起作用。

(6) 静电中和器

静电中和器是能产生电子和离子的装置。与抗静电添加剂相比，静电中和器具有不影响产品质量、使用方便等优点。

按照工作原理和结构的不同，静电中和器大体上可以分为感应式中和器、高压式中和器、放射线式中和器和离子风式中和器。

4.4.3 防火

1. 发生电气火灾和爆炸的主要因素

发生电气火灾和爆炸的主要因素如下。

（1）易燃易爆物质和环境

在生产和生活场所中，广泛存在着易燃、易爆、易挥发物质，其中煤炭、石油、化工和军工等生产部门尤为突出。

（2）引燃条件

生产场所中的动力、照明、控制、保护、测量等系统和生活场所中的各种电气设备、线路，在正常工作或事故中常常会产生电弧、火花和危险的高温，这就具备了引燃或引爆条件。

2. 电气火灾和爆炸形成的原因

（1）电气装置过度发热产生危险温度引起的火灾和爆炸

主要有以下几种情况。

- 过载。
- 短路。
- 接触不良与散热不良。
- 漏电。

（2）电火花及电弧引起的火灾和爆炸

一般电火花温度很高，特别是电弧，温度可高达6000℃。因此，它们不仅能引起可燃物燃烧，而且能使金属熔化、飞溅，构成危险的火源。电火花可分为工作火花和事故火花两类。

（3）在正常发热情况下因烘烤和摩擦引起的火灾和爆炸

电热器具（如小电炉、电熨斗等）、照明用灯泡在正常发热状态下，就相当于一个火源或高温热源，当其使用不当时，均能引起火灾。

3. 火灾危险区域电气设备选用原则

火灾危险区域电气设备选用原则如下。

1）电气设备应符合环境条件（化学、机械、热、霉菌和风沙）的要求。

2）正常运行时有火花或外壳表面温度较高的电气设备，应远离可燃物质。

3）不宜使用电热器具，必须使用时，应将其安装在非燃材料底板上。

4. 防火措施

电气设备或电气线路发生火灾时，如果没有及时切断电源，扑救人员的身体或所持器械可能接触带电部分而造成触电事故。因此，发现电气火灾时，首先要设法切断电源。

1）电气设备发生火灾，首先要马上切断电源，然后进行灭火，并立即拨打119火警电话报警，向公安消防部门求助。扑救电气火灾时应注意触电危险，为此要及时切断电源，通知电力部门派人到现场指导和监护扑救工作。

2）正确选用电气灭火器，在扑救尚未确定断电的电气火灾时，应选择适当的灭火器和灭火装置，否则，有可能造成触电事故和更大危害，如使用普通水枪射出的直流水柱或泡沫灭火器射出的导电泡沫会破坏绝缘，导致触电。

3）若无法切断电源，应立即采取带电灭火的方法，选用二氧化碳、四氯化碳、1211、干粉灭火剂等不导电的灭火剂灭火。灭火器和人体与10kV及以下的带电体要保持0.7m以上的安全距离；与35kV及以下的带电体保持1m以上的安全距离。灭火中要同时确保安全和防止火势蔓延。

4）用水枪灭火时应使用喷雾水枪，同时要采取安全措施，要穿绝缘鞋、戴绝缘手套，水枪喷嘴应进行可靠接地。带电灭火时使用喷雾水枪比较安全，原因是这种水枪通过水柱的泄漏电流较小。用喷雾水枪灭电气火灾时，水枪喷嘴与带电体的距离可参考以下数据：10kV及以下者（指带电体电压）不小于0.7m；35kV及以下者不小于1m；110kV及以下者不小于3m；220kV及以下者不应小于5m。

5）带电灭火必须有人监护。

6）用四氯化碳灭火器灭火时，灭火人员应站在上风侧，以防中毒；灭火后空间要注意通风。使用二氧化碳灭火时，当其浓度达85%时，人就会感到呼吸困难，要注意防止窒息。灭火人员应站在上风位置进行灭火，当发现有毒烟雾时，应当戴上防毒面罩。凡是工厂转动设备和电气设备或器件着火，不准使用泡沫灭火器和砂土灭火。

7）若火灾发生在夜间，应准备足够的照明和消防用品。

8）室内着火时，千万不要急于打开门窗，以防止空气流通而加大火势，只有做好充分灭火准备后，才可有选择地打开门窗。

9）当灭火人员身上着火时，灭火人员可就地打滚或撕脱衣服；不能用灭火器直接向灭火人员身上喷射，而应使用湿麻袋、石棉布或湿棉被将灭火人员覆盖。

4.4.4 防爆

1. 爆炸性气体环境区域的划分

世界各国对危险场所区域划分不同，但大致分为两类。

1）国际电工委员会（IEC）的划分方法——中国和大多数欧洲国家和地区采用。

2）北美划分方法——美国和加拿大为主要代表的其他国家和地区采用。

中国标准GB 3836.14—2014《爆炸性环境 第14部分：场所分类 爆炸性气体环境》的规定如下。

- 0区：爆炸性气体环境连续出现或频繁出现或长时间存在的场所。
- 1区：在正常运行时，可能偶尔出现爆炸性气体环境的场所。
- 2区：在正常运行时，不可能出现爆炸性气体环境，如果出现，也仅是短时间存在的场所。

2. 电气防爆措施

（1）防爆电气设备

火灾和爆炸危险环境使用的电气设备，结构上应能防止由于在使用中产生火花、电弧或危险温度而成为安装地点爆炸性混合物的引燃源。

1）选用防爆电气设备的一般要求，具体如下。

①在进行爆炸性环境的电力设计时，应尽量把电气设备，特别是正常运行时发生火花的设备，布置在危险性较小或非爆炸性环境中。火灾危险环境中的表面温度较高的设备，应远离可燃物。

②在满足工艺生产及安全的前提下，应尽量减少防爆电气设备使用量。火灾危险环境下不宜使用电热器具，非用不可时应用非燃烧材料进行隔离。

③防爆电气设备应有防爆合格证。

④少用携带式电气设备。

⑤可在建筑上采取措施，把爆炸性环境限制在一定范围内，如采用隔墙法等。

2）防爆电气设备分类。防爆电气设备分为两类。

Ⅰ类：煤矿用电设备。

Ⅱ类：除煤矿外的其他爆炸性气体环境用电气设备。

3）防爆电气设备的防爆型式。按其结构和防爆性能的不同分为以下几种：隔爆型（d）、增安型（e）、本质安全型（i）、正压型（p）、充油型（o）、充砂型（q）、无火花型（n）、防爆特殊型（s）、浇封型（m）。

（2）电气设备防爆的类型及标志

防爆电气设备的类型很多，性能各异。电气设备的防爆标志设置方法如下：a）可在铭牌右上方，设置清晰的永久性凸纹标志“Ex”；b）小型电气设备及仪器、仪表可采用将标志牌铆或焊在外壳上的方式，也可采用凹纹标志。常用防爆系列电气设备如下。

1）防爆照明灯（见图 4-25）。

防爆照明灯通常有以下特点。采用铝合金压铸外壳或采用钢化玻璃灯罩。

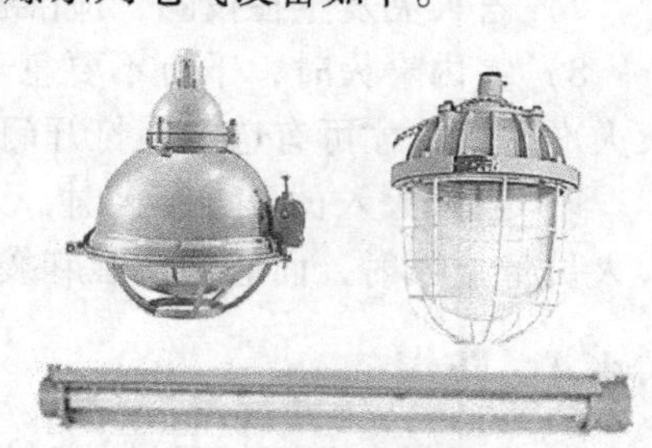

图 4-25　防爆照明灯

2）防爆标志灯（见图 4-26）。

防爆标志灯通常有以下特点。

①采用铸铝合金外壳。

②采用透明标志牌。

③内装免维护镍隔电池组，在正常供电下自动充电，事故或停电时应急灯自动点亮。

④采用钢管或电缆布线。

3）防爆开关（见图 4-27）。适用于电器线路中，供手动不频繁地接通和断开电路、换接电源和负载以及作为控制 5kW 以下三相异步电动机的直接起动、停止和换向。

图 4-26　防爆标志灯

图 4-27　防爆开关

4）防爆按钮（见图 4-28）。适用于在控制电路中发出指令，去控制接触器、继电器等电器，再控制主电路。外壳采用密封式结构，具有防水、防尘等优点，所有紧固件均为不锈钢，防强腐蚀。

5）防爆接线盒（见图 4-29）。在盒内实现导线连接。外壳采用密封式结构，具有防水、防尘、防腐蚀等优点。

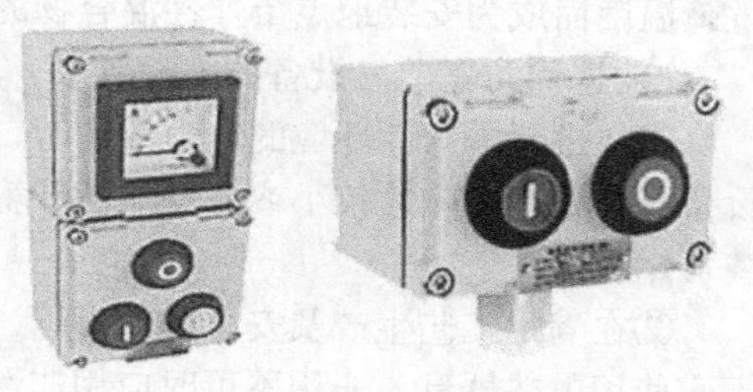

图 4-28　防爆按钮

6）防爆电铃和防爆扬声器（见图 4-30）。适用于矿井作业场所中发出声音指令。外壳采用密封式结构，具有防气体爆炸、防尘、防腐蚀等特点。

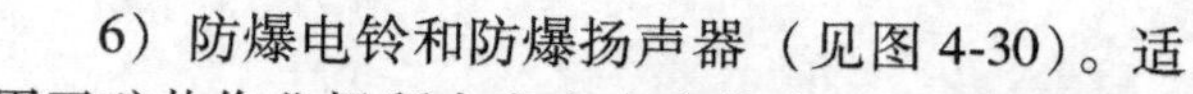

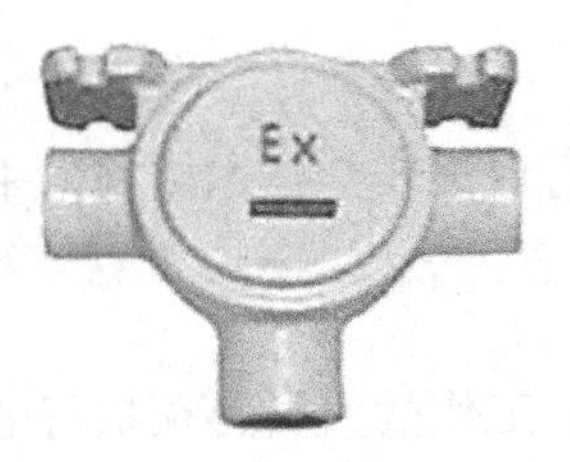

图 4-29　防爆接线盒

图 4-30　防爆电铃和防爆扬声器

7）防爆电动机（见图 4-31）。

YB2 系列电动机是全封闭自扇冷式笼型隔爆异步电动机，是全国统一设计的防爆电机基本系列，是 YB 系列电动机的更新换代产品。

8）隔爆型真空电磁起动器（见图 4-32）

图 4-31　防爆电动机

图 4-32　隔爆型真空电磁起动器

QBZ18 系列矿用隔爆型真空电磁起动器适用于有爆炸性气体（如甲烷等）和煤尘的矿井中，适用于频繁操作的机电设备。多用于在交流 50Hz、电压 660V 或 1140V 的电网中，就地或远距离控制隔爆型三相笼型异步电动机的起动、停止及换向。

4.5　电工操作安全

4.5.1　电气安全措施

1. 常用的技术措施

（1）停电

停电时，必须把来自各途径的电源断开，且保证至少有一处明显断开点。检修时，工作人员应与带电部分保持有效的安全距离。

（2）验电

停电后，通过验电设备可以明显地验证停电设备是否带电，从而防止触电事故的发生。

（3）装设临时接地线

这是为了防止在维修过程中突然来电危及工作人员安全的可靠措施。在装设临时接地线时，必须先接接地端，再接设备端；拆除时顺序应相反。

（4）悬挂标志牌和装设临时遮栏

标志牌是用来对所有人员提出安全警告和注意事项的，如“禁止合闸，有人工作”“高压危险”等。临时遮栏是为了防止工作人员误碰或靠近带电体。

2. 常用的组织措施

（1）工作票制度

工作票是准许在电气设备或线路上工作的书面命令，也是执行保证安全技术措施的书面依据。

（2）操作票制度

操作票制度是在全部停电或部分停电时，在电气设备或线路上工作的人员必须执行的操作制度，这也是人身安全和正确操作的重要保证。

（3）工作许可制度

该制度是为了进一步加强工作人员的工作责任感。工作许可人员负责审查工作票所列安全措施是否正确完备，是否符合现场条件。

（4）工作监护制度

该制度是保护人身安全和确保操作正确的措施。监护人的主要职责是监护操作人员是否按规定的要求操作。

4.5.2 低压设备检修安全要求

设备停电检修时必须切断各方面可能来电的电源，停电时必须拉开刀开关或取下熔断器。停电检修设备时，不能以经常接入设备的电压表零读数为停电标志，因为电压表可能发生故障导致读数为零，而设备仍在带电，此时检修可能会发生触电事故。此外，对任何运行中的星形接线设备的中性点，都必须视为带电设备。电气设备停电后，在未拉开刀开关和做好安全措施之前设备应视为带电，在拉开电源刀开关、验明无电后立即挂好接地线的状态才为停电。

（1）在低压配电总盘与干线上停电工作

1）由领导人签发工作票。

2）停电、验电、装设接地线、悬挂标志牌与装设临时遮栏。

3）履行工作许可手续。

4）必须执行“两人以上一起操作”的规定。

（2）电动机的安全措施

1）对电动机进行检修的安全措施如下。

①停车。

②切断电源，拉开刀开关，取下熔断器。

③在刀开关把手（或熔断器）挂上“禁止合闸，有人工作”的标志牌。

④拆电动机引线时要验电，确认无电后方可开始工作。

2）电动机的安全用电技术包括以下几个方面。

①长期停用或可能受潮的电动机，使用前应测量绝缘电阻，其值不得小于0.5MΩ。

②电动机应装设过载和短路保护装置。并应根据设备需要装设断相和失电压保护装置。每台电动机应有单独的操作开关。电动机及附属装置的安全防护装置应齐全完整。

③电动机的熔丝额定电流应按下列条件选择：单台电动机的熔丝额定电流为电动机额定电流的1.5~2.5倍；多台电动机合用的总熔丝额定电流为其中最大一台电动机额定电流的1.5~2.5倍，再加上其余电动机额定电流的总和。

④电动机的集电环与电刷接触不良时，会产生火花，集电环与电刷磨损加剧，还会增加电能损耗，甚至影响正常运转。集电环与电刷的接触面不得小于满接触面的75%，电刷高

度磨损超过原标准 2/3 时应更换新电刷。

⑤电动机运行中应无异常声响、无漏电，轴承温度正常且电刷与集电环接触良好。旋转中电动机的最高允许温度应按下列情况取值：滑动轴承为 80℃，滚动轴承为 90℃。

⑥电动机在正常运行中，不得突然进行反向运转。

⑦电动机械在工作中停电时，应立即切断电源，将起动开关置于停止位置。

⑧电动机停止运行前，应首先将负载卸去，或将转速降到最低，然后切断电源，并将起动开关置于停止位置。

⑨用于室外或潮湿、高温、污秽环境中的电动机及附属装置除选择相应的结构形式外，还应按环境条件采取特殊的安全防护措施。

⑩应定期测定与检查电动机的绝缘电阻和接地装置的接地电阻。绝缘电阻、接地电阻均应符合规定的数值。

（3）电容器柜检修的安全措施

1）拉开电容器柜的刀开关，将电容器逐个放电，放电时间不少于一分钟，然后接地。

2）在电容柜的操作把手上悬挂“禁止合闸，有人工作”的标志牌；工作地两旁和对面的带电设备遮栏上和禁止通行的过道上悬挂“止步，高压危险”的标志牌；工作地点应悬挂“在此工作”的标志牌。

（4）低压设备带电工作的安全要求

低压带电作业是指在不停电的低压设备或低压线路上工作。低压带电工作应设专人监护，使用绝缘柄的工具，工作时应站在干燥的绝缘物上进行，并戴绝缘手套和安全帽，穿长袖衣服。严禁使用锉刀和钢皮尺，带有金属物的毛刷或其他金属工具。

在带电的低压配电装置上工作时，应采取防止相间短路和单相接地的绝缘隔离措施。也应防止人体同时触及两根带电体或一个带电体和一个接地体。

严禁在雷雨、大风天气进行户外带电作业，严禁在潮湿的室内和工作位置狭窄的环境进行带电作业。

4.5.3 家用电器的安全运行

随着人们生活水平的提高，家用电器的数量和种类不断增加。在用电过程中，若操作者使用不当、安全技术措施不力或电器设备本身存在缺陷，都会造成人身触电和火灾事故，给人民的生命和财产带来损失。

1. 家用电器的安全知识

1）电器的使用者应详细阅读和了解使用说明书，并按照使用说明书的要求使用电器。

2）单相用电设备，特别是移动式用电设备，都应使用三芯插头及与其配套的三孔插座。

3）不应从带插座灯头上引接电源供给电器。

4）对无自动控制的电热电器，当人员离开现场又不使用时，应将其电源切断。

5）对能产生有害辐射的电器，使用人员必须与正在工作的电器保持说明书规定的安全距离。

6）工作时产生高温的电器，不得放在可燃物品附近使用。

7）电器出现异常噪声、气味或温度时，应立即停止使用。

8）不得用湿手操作电器的开关或插拔电源插头。

9）非专业人员不得使用工具拆卸电器和变更内部接线。

10）从插座上拔下插头时，应用手直接握持插头，不得对电源线施加拉力。

11）禁止以非熔断线的其他金属丝来更换熔断丝。

12）家电电器只用熔断器保护时，不得用大于原规格的熔丝来代替。

2. 高温季节用电安全

1）不能用手去移动正在运转的家用电器，如电风扇、洗衣机、电视机等，若需搬动，应先关上电器开关，并拔去插头。

2）对夏季使用频繁的电器，如电热沐浴器、电风扇、洗衣机等，要采取一些实用的措施，防止触电。

3）夏季雨水多，用水也多。正确处置浸水的家用电器，做好绝缘措施，防止触电发生。

3. 电气照明和用电的安全知识

（1）家庭线路

1）室内布线及电器设备不可有裸露的带电体，对于裸露部分应包上绝缘布或安装罩盖。当刀开关罩盖、熔断器、按钮盒、插头、插座等有破损而使带电部分外露时，一经发现，应及时更换，不可将就使用。

2）接户线的长度一般不得超过25m。接户线在进线处的对地高度一般应在2.7m以上；如果采用裸露导线作为接户线，对地高度应在3.5m以上。

（2）开关插座

1）要避免插头、插座不配套，例如铜接头太长，插进插座后还有一段露出外面。

2）在高温、特潮和有腐蚀气体的场所，如厨房、浴室、卫生间等，不允许安装一般的插头、插座。

3）开关要串接在相线上，不应装在零线上。悬挂吊灯的灯头离地面的高度不应小于2m，在特殊情况下可降到1.5m。明插座安装高度一般离地面1.5m。明装电能表板底口离地面应不低于1.8m。

（3）灯具

1）安装灯具严禁用“一线一地”（即用铁丝或铁棒插入地下来代替零线）。

2）电灯线不宜太长，不要把电灯吊来吊去，不能用电灯当电筒照明，以免电线绝缘被磨损而发生触电。

3）尽量不用灯头开关，而用拉线开关，因为手经常接触灯头容易触电。尽量不用床头开关，因为这种开关容易被床架碰坏或被小孩玩耍引起触电。床头开关的软线不可绕在铁床架子上。

4）采用螺口灯座时，相线必须接在灯座的顶芯上；灯泡拧进后，金属部分不应外露，否则应加防护圈。

5）更换灯泡时要先关灯，人应站在木凳子或干燥的木板上，使人体与地面绝缘。

6）清洁灯泡时，要用干燥的布擦，手不要触及灯头的金属部分，尤其是螺口灯头，更换或清洁时要加倍小心。最好将灯泡拧下来擦。湿手或湿布都不能接触灯泡和其他电器。

4.5.4 手持式和可移式电动工具使用安全要求

手持式和可移动式电动工具包括手电钻、冲击钻、电锤、台式钻床、小型电焊机等。这些工具分为三个等级。

Ⅰ类工具：除了本身的基本绝缘外，还要依靠工具金属外壳的接地（或接零）保护的工具。

Ⅱ类工具：除了本身的基本绝缘外，还具有双重绝缘或加强绝缘保护的工具。

Ⅲ类工具：额定电压为安全电压的工具。

手持电动工具的绝缘电阻不应小于表4-27中的规定数值。

表4-27 各类工具的绝缘电阻

测量部位	绝缘电阻/MΩ
Ⅰ类工具带电零件与外壳之间	2
Ⅱ类工具带电零件与外壳之间	7
Ⅲ类工具带电零件与外壳之间	1

手持式电动工具使用的安全要求如下。

1）在一般场合使用Ⅰ类电动工具时，必须安装动作电流30mA、动作时间0.1s的剩余电流动作保护器，否则操作时要戴绝缘手套、穿绝缘鞋，或站在绝缘垫上。

2）在潮湿场所和金属构架上，必须使用Ⅱ类或Ⅲ类电动工具。如果要使用Ⅰ类电动工，必须安装动作电流小于30mA、动作时间小于0.1s的剩余电流动作保护器。

3）在狭窄工作场所，如锅炉、管道和金属容器内，必须使用Ⅲ类电动工具。如果要使用Ⅱ类电动工具，必须安装动作电流小于15mA、动作时间小于0.1s的剩余电流动作保护器。

注意：电动工具金属外壳必须接地，必须使用三线扁插座，严禁将接地线与工作零线拧在一起插入插座中。电动工具的电源引线应采用多股铜芯绝缘软线，其中的黄绿双色线在任何情况下，只能作为接地线使用。

4.6 实训

4.6.1 实训1 触电事故现场的应急处理

考核项目：K41触电事故现场的应急处理　　　　考核时间：10分钟

姓名：　　　　准考证号：

序号	考核项目	考核内容	配分	评分标准	考核情况记录	扣分	得分
1	触电事故现场的应急处理	低压触电的断电应急程序	50	口述低压触电脱离电源方法不完整扣5~25分，口述注意事项不合适或不完整扣5~25分			
		高压触电的断电应急程序	50	口述高压触电脱离电源方法不完整扣5~25分，口述注意事项不合适或不完整扣5~25分			
2	否定项	否定项说明	扣除该题分类	口述高低压触电脱离电源方法不正确，终止整个实操项目考试			
3	考核时间登记：______时______分至______时______分				合计		
评分人签字		核分人					

考核日期：　　年　　月　　日　　　　＊＊市安全生产宣传教育中心制

1. 实训目的

1）通过本实训使学生掌握触电现场的应急处理，能对高、低压触电的断电应急程序进行熟练口述。

2）掌握触电电流的计算。

2. 实训器材

干燥木棍	1
带绝缘柄的电工钳	1
绝缘靴	1
手套	1
绳索	1
电筒	1
计算器	1

3. 实训内容与步骤

本实训采用情景模拟的形式来实现，通过学生分组，组中成员轮流扮演情景中的各种角色，以加深学生对触电现场应急处理程序的印象。

（1）低压触电的应急处理模拟

1）发现有人低压触电。

2）在触电人脱离电源的同时，防止自身触电。

3）触电者在通风暖和的处所静卧休息，根据情况做好急救准备。

4）对触电者进行急救。

5）模拟黑夜情况重复1）~4）步。

6）小组讨论：限制触电电流防范措施。

（2）高压触电的应急处理模拟

1）发现有人高压触电。

2）在触电人脱离电源的同时，防止自身触电。

3）严密观察，判断是否送医院。

4）触电者在通风暖和的处所静卧休息，根据情况做好急救准备。

5）对触电者进行急救。

6）模拟黑夜情况重复1）~5）步。

7）小组讨论：限制触电电流防范措施。

触电事故发生的规律：触电事故季节性明显；每年的二、三季度事故多，6~9月最集中；低压设备触电事故多；携带式和移动式设备触电事故多；电气连接部位触电事故多；冶金、矿业、建筑、机械行业触电事故多；中青年工人、非专业电工、临时工触电事故多；农村触电事故多；错误操作和违章作业造成的触电事故多。

思考题：完成触电电流的计算。

对于380V/220V三相四线制配电系统，相电压为220V，系统接地电阻为4Ω，人体电阻为1700Ω，试分析发生单相触电和两相触电时流过人体的电流，并提出限制单相触电电流的有效措施。

口述1：低压触电的断电应急程序。

1）发现有人低压触电时，应立即寻找最近的电源开关，进行紧急断电，如果不能断开开关，则应采用绝缘的方法切断电源。

2）在触电人脱离电源的同时，救护人应防止自身触电，还应防止触电人脱离电源后发生二次伤害。

3）让触电者在通风暖和的处所静卧休息，根据触电者的身体特征，做好急救准备工作。

4）如果触电人触电后已出现外伤，处理外伤时不应影响抢救工作。

5）夜间有人触电，急救时应解决临时照明问题。

口述2：高压触电的断电应急程序。

1）发现有人高压触电时，应立即通知上级有关供电部门进行紧急断电，如果不能断电，则采用绝缘的方法挑开电线，设法使其尽快脱离电源。

2）在触电人脱离电源的同时，救护人应防止自身触电，还应防止触电人脱离电源后发生二次伤害。

3）根据触电者的身体特征，派人严密观察，确定是否请医生前来或送往医院诊察。

4）让触电者在通风暖和的处所静卧休息，根据触电者的身体特征，做好急救准备工作；夜间有人触电，急救时应解决临时照明问题。

5）如果触电人触电后已出现外伤，处理外伤时不应影响抢救工作。

4.6.2 实训2 单人徒手心肺复苏操作

考核项目：K42 单人徒手心肺复苏操作　　　　考核时间：3分钟

姓名：　　　　　　　　　　　　　　　　　　准考证号：

序号	考核项目	考核内容	配分	评分标准	考核情况记录	扣分	得分
1	判断意识	拍患者肩部，大声呼叫患者	4	一项做不到扣2分			
2	呼救	环顾四周，请人协助救助，解衣扣、松腰带，摆体位	4	不呼救扣1分，未解衣扣、腰带各扣1分，未述摆体位或体位不正确扣1分			
3	判断颈动脉搏	手法正确（单侧触摸，时间不少于5s）	6	不找甲状软骨扣2分，位置不对扣2分，触摸时不停留扣2分，同时触摸两侧颈动脉扣2分，大于10s扣2分，小于5s扣2分（最多扣6分）			
4	定位	胸骨中下1/3处，一手掌根部放于按压部位，另一手平行重叠于该手手背上，手指并拢，以掌根部接触按压部位，双臂位于患者胸骨的正上方，双肘关节伸直，手用上身重量垂直下压	6	位置靠左、右、上、下均扣1分，一次不定位扣1分，定位方法不正确扣1分			
5	胸外按压	按压速率每分钟至少100次，按压幅度至少5cm（每个循环按压30次，时间15~18s）	30	节律不均匀扣5分，一次小于15s或大于18s扣5分，1次按压幅度小于5cm扣2分，1次胸壁不回弹扣2分			

（续）

序号	考核项目	考核内容	配分	评分标准	考核情况记录	扣分	得分
6	畅通气道	摘掉假牙，清理口腔	4	不清理口腔扣1分，未述摘掉假牙扣1分，头偏向一侧扣2分			
7	打开气道	常用仰头抬颏、托颌法，标准为下颌角与耳垂的连线与地面垂直	6	未打开气道不得分，过度后仰或程度不够均扣4分			
8	吹气	吹气时看到胸廓起伏，吹气完毕，立即离开口部，松开鼻腔，视患者胸廓下降后，再吹气（每个循环吹气2次）	20	失败一次扣2分，一次未捏鼻孔扣1分，两次吹气间不松鼻孔扣1分，不看胸廓起伏扣1分（共10次20分）			
9	判断	完成5次循环后判断有无自主呼吸、心跳，观察双侧瞳孔	4	一项不判断扣1分，少观察一侧瞳孔扣0.5分			
10	整体质量判定有效指征	有效吹气10次，有效按压150次，并判断效果（从判断颈动脉搏动开始到最后一次吹气，总时间不超过130s）	10	手掌根部不重叠扣1分，手指不离开胸壁扣1分，每次按压手掌离开胸壁扣1分，按压时间过长（小于放松时间）扣1分，按压时身体不垂直扣1分，一项不符合要求扣1分，少按、多按1次扣1分，少吹、多吹气1次扣1分，总时间每超过5s扣1分			
11	整理	安置患者、整理服装，摆好体位，整理用物	4	一项不符合要求扣1分			
12	整体评价	个人着装整齐	2	未戴帽扣1分，穿深色袜子扣1分			
13	考核时间登记：____时____分至____时____分						
评分人签字		核分人			合计		

考核日期：　　年　　月　　日　　　　＊＊市安全生产宣传教育中心制

1. 实训目的

通过本实训使学生掌握单人徒手心肺复苏的操作方法。

2. 实训器材

人体模特　　1

消毒酒精　　1

3. 实训内容与步骤

操作步骤如下。

1）判断意识：拍患者肩部，大声呼叫患者。

2）呼救：环顾四周，请人协助救助，解衣扣、松腰带，摆体位。

3）判断颈动脉搏动：手法正确（单侧触摸，时间不多于5s）。

4）定位：胸骨中下1/3处，一手掌根部放于按压部位，另一手平行重叠于该手手背上，手指并拢，以掌根部接触按压部位，双臂位于患者胸骨的正上方，双肘关节伸直，利用上身重量垂直下压。

5）胸外按压：按压速率每分钟至少100~120次，按压幅度5~6cm（每个循环按压30次）。

6）畅通气道：摘掉假牙，清理口腔。

7）打开气道：常用仰头抬颏法、托颌法，标准为下颌角与耳垂的连线与地面垂直。

8）吹气：吹气时看到胸廓起伏，吹气毕，立即离开口部，松开鼻腔，视患者胸廓下降后，再吹气（每个循环吹气2次）。

9）判断：完成5次循环后判断有无自主呼吸、心跳，观察双侧瞳孔。

10）整体质量判定有效指征：有效吹气10次，有效按压150次，并判定效果（从判断颈动脉搏动开始到最后一次吹气，总时间不超过150s）。

11）整理：安置患者，整理服装，摆好体位，整理用物。

注意：急救者在挤压时，切忌用力过猛，以防造成触电者内伤，但也不可用力过小，而使挤压无效。如果触电者是儿童，则可用一只手按压，用力要轻，以免损伤胸骨。

单人徒手心肺复苏操作流程如图4-33所示。

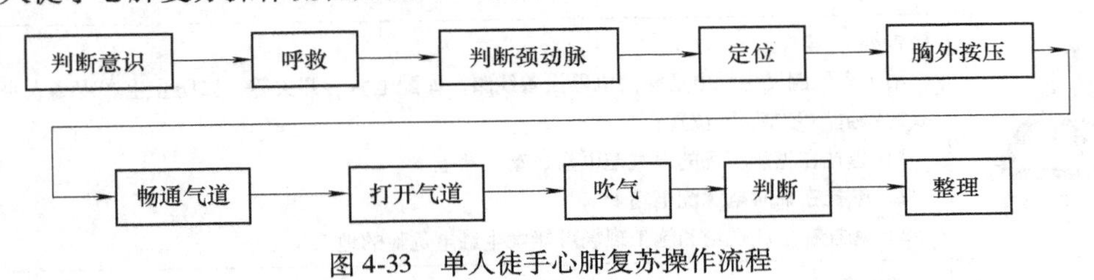

图4-33　单人徒手心肺复苏操作流程

4.6.3　实训3　电工安全标示的辨识

考核项目：K13 电工安全标示的辨识　　　　考核时间：10分钟

姓名：　　　　　　　　　　　　　　　　　准考证号：

序号	考核项目	考核内容	配分	评分标准	考核情况记录	扣分	得分
1	常用的安全标示的辨识	熟悉常用安全标示	20	指认图片上所列的安全标示（5个），全对得20分，错一个扣4分			
		常用安全标示用途解释	20	能对指定的安全标示（5个）用途进行说明，并解释其用途，错一个扣4分			
		正确布置安全标示	60	按照指定的作业场景，正确布置相关的安全标示（2个）。选错标示一个扣20分，摆放位置错误一个扣10分			
2	考核时间登记：________时________分至________时________分				合计		
评分人签字			核分人				

考核日期：　　年　月　日　　　　　　　＊＊市安全生产宣传教育中心制

1. 实训目的

1）通过本实训使学生熟悉低压电工常用的安全标示。

2）掌握常用安全标示用途。

3）能按指定的作业场景正确布置相关的安全标示。

2. 实训器材

安全标示　　　19

3. 实训内容与步骤

常用低压电工安全标示的使用范围详见表4-28。

表4-28　常用低压电工安全标示的使用范围

图形标志	使用范围
安全用电	提示类 安装范围：工厂、办公室、商场（店）、影剧院、娱乐厅、体育馆、医院、饭店、旅馆、网吧等公共场所及部分相关场所
当心触电	警告类 用于有可能发生触电危险的电器设备线路，如配电室、开关等，以防止生产现场人身触电事故的发生。例如以下位置： 1）悬挂在生产现场的电气配电盘、动力箱上 2）悬挂在临时电源配电箱上 3）悬挂在生产现场和施工现场可能发生触电危险的地点
止步 高压危险	警告类 告诫人们此处有高电压，应站在警戒线以外，不得靠近或触摸导电部分，否则后果不堪设想。例如以下位置： 1）悬挂在室外带电设备的固定围栏上 2）悬挂在因高压危险禁止通行的过道上 3）悬挂在高压试验地点安全围栏上 4）悬挂在室外高压带电设备的构架上 5）悬挂在检修工作地点临近带电设备的安全围栏上或横梁上 6）悬挂在室内高压配电设备的固定围栏上
小心有电	提示类 一般安装在配电箱或电气设备上，提醒工作人员小心有电
有电危险	警告类 悬挂在变压器、配电房、高压线塔、配电柜、避雷器及其他提醒人们防止触电的地方

（续）

图形标志	使 用 范 围
设备检修	提示类 一般悬挂在检修设备的周围或检修设备上，提醒工作人员该设备正在检修，请注意安全
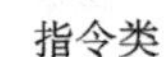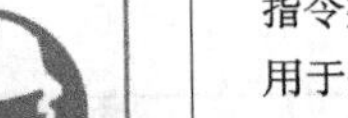 必须佩戴安全帽	指令类 用于头部易受外力伤害的作业场所，如矿山、建筑工地、伐木场、造船厂及起重吊装处等，告诫人们进入这些场所时应戴好安全帽： 1. 应悬挂在发电企业各生产车间的主要通道入口处 2. 应悬挂在变电所的入口处 3. 应悬挂在检修或施工设备的围栏入口外
 必须系安全带	指令类 用于易发生坠落危险的作业场所，如高处建筑、修理、安装等地点。应悬挂在高差 1.5～2m 周围没有设置防护围栏的作业地点和高空作业场所
从此上下	提示类 是设备检修或施工中必不可少的重要安全标示，用于指引作业人员安全上下铁架、爬梯等。应悬挂在现场工作人员可以上下的铁架或爬梯上。如变电所某条母线检修时，通常在通往该条母线的铁架上挂“从此上下”标示牌，其他带电设备或母线架构上悬挂“禁止攀登 高压危险”标示牌
	提示类标示 是设备检修或施工的重要标示。应悬挂在设备检修或施工的工作地点或设备上。悬挂“在此工作”标示牌的数量应在工作票中填写，同时工作许可人应向工作负责人交代清楚
	禁止类 用于禁止触摸的设备或物体附近，如裸露的带电体
 禁止合闸 有人工作	禁止类 是保证检修人员工作安全的重要技术措施，悬挂位置如下： 1）悬挂在一经合闸即可送电到停电检修（施工）设备的断路器和隔离开关的操作把手上 2）悬挂在控制室内已停电检修（施工）设备的电源开关或合闸按钮上 3）悬挂在控制屏上的标示牌可根据实际需要制作，同时，可以只有文字，没有图形

（续）

图形标志	使 用 范 围
禁止靠近 No nearing	禁止类 用于不允许靠近的危险区域，如高压试验区、高压线、输变电设备的附近。悬挂位置如下： 1）应悬挂在变电所户外高压配电装置构架的爬梯上 2）应悬挂在主变压器、高压备用变压器、高压厂变压器和电抗器等设备的爬梯上 3）应悬挂在架空电力线路杆塔的爬梯上和配电变压器的杆架或台架上 4）标示牌应悬挂在距离地面 1.5~3m 处
禁止攀登 高压危险	禁止类 用于不允许攀爬的危险地点。悬挂位置如下： 1）应悬挂在变电所户外高压配电装置构架的爬梯上 2）应悬挂在主变压器、高压备用变压器、高压厂变压器和电抗器等设备的爬梯上 3）应悬挂在架空电力线路杆塔的爬梯上和配电变压器的杆架或台架上 4）标示牌应悬挂在距离地面 1.5~3m 处
禁止启动	禁止类 放置在暂停使用的设备附近，如设备检修、更换零件等
禁止入内	禁止类 用于易造成事故或对人员有伤害的场所，如高压设备室、各种污染源等入口处。应悬挂在主控、网控、调度室和变电所出入口的门上
停电	提示类 提示设备正处于停电状态。应悬挂在设备上
送电	提示类 提示设备正处于送电状态。应悬挂在设备上

本实训采用情景模拟的形式来实现，对学生进行分组，由组中成员积极讨论并完成以下任务，以加深其对常用安全标示的印象。

1）熟悉低压电工常用的 19 个安全标示。

2）分组讨论 19 个常用安全标示的用途。

3）根据下面指定的三种作业场景，正确布置相关的安全标示。

①你认为图 4-34 中的场景应采用哪些安全标示？分别挂在何处？

图 4-34　配电室

名　称	悬挂处	名　称	悬挂处

②你认为图 4-35 中的场景应采用哪些安全标示？分别挂在何处？

图 4-35　户外变压器

名　称	悬挂处	名　称	悬挂处

③你认为图 4-36 中的场景应采用哪些安全标示？分别挂在何处？

图 4-36　箱式变压器

名　称	悬挂处	名　称	悬挂处

4.6.4　实训 4　灭火器的选择和使用

考核项目：K43 灭火器的选择和使用　　　　考核时间：5 分钟

姓名：　　　　准考证号：

序号	考核项目	考核内容	配分	评分标准	考核情况记录	扣分	得分
1	准备工作	检查灭火器压力、铅封、出厂合格证、有效期、瓶体、喷管	10	未检查灭火器扣 10 分；压力、铅封、出厂合格证、有效期、瓶体、喷管漏检查一项扣 2 分			
2	火情判断	根据火情选择合适灭火器后迅速赶赴火场；正确判断风向	15	灭火器选择错误扣 15 分；风向判断错误扣 15 分；赶赴火场动作迟缓扣 5 分			
3	灭火操作	站在火源上风口；在距离火源 3~5m 处迅速拉下安全环	20	未站在火源上风口扣 20 分；灭火距离不对扣 10 分；未迅速拉下安全环扣 5 分			
		手握喷嘴对准着火点，压下手柄，侧身对准火源根部由近及远扫射灭火；在干粉将喷完前（3s）迅速撤离火场，火未熄灭应继续更换操作	25	未侧身对准火源根部扫射扣 10 分；未由近及远扣 10 分；干粉喷完前未迅速撤离扣 10 分；火未熄灭就停止操作扣 10 分			

（续）

<table>
<tr><th>序号</th><th>考核项目</th><th>考核内容</th><th>配分</th><th>评分标准</th><th>考核情况记录</th><th>扣分</th><th>得分</th></tr>
<tr><td rowspan="3">4</td><td rowspan="3">检查确认</td><td>检查灭火效果；确认火源熄灭</td><td>10</td><td>未检查灭火效果扣10分；未确认火源熄灭扣10分</td><td></td><td></td><td></td></tr>
<tr><td>将使用过的灭火器放到指定位置；注明已使用</td><td>10</td><td>未放到指定位置扣5分；未注明已使用扣10分</td><td></td><td></td><td></td></tr>
<tr><td>报告灭火情况</td><td>5</td><td>未报告灭火情况扣5分</td><td></td><td></td><td></td></tr>
<tr><td>5</td><td>现场清理</td><td>清理</td><td>5</td><td>未清理工具、现场扣5分</td><td></td><td></td><td></td></tr>
<tr><td>6</td><td colspan="4">考核时间登记：　　时　　分至　　时　　分</td><td rowspan="2">合计</td><td rowspan="2"></td><td rowspan="2"></td></tr>
<tr><td>评分人签字</td><td></td><td>核分人</td><td colspan="2"></td></tr>
</table>

考核日期：　　年　　月　　日　　　　＊＊市安全生产宣传教育中心制

1. 实训目的

通过本实训使学生掌握灭火器的选择和使用方法。

2. 实训器材

二氧化碳灭火器　　1

泡沫灭火器　　1

干粉灭火器　　1

简易式水型灭火器　　1

3. 实训内容与步骤

各类消防设备及其使用方法详见表4-29。

表4-29　各类消防设备及其使用方法

名　称	图　示	使　用　方　法
消防栓	消火栓 火警电话:119	1）按下警铃；2）打开箱门；3）拿出水枪；4）拉开水带；5）旋转水阀；6）对准火源灭火
脉冲气压喷雾水枪		1）调节脉冲水雾的强弱；2）手持枪体；3）对准火源；4）扣动扳机，灭火剂在脉冲气压的作用下以很大的动能从枪口高速喷出、射向火源，射流与空气碰撞产生的微雾滴在极短的时间内覆盖火源，窒息灭火

（续）

名称	图示	使用方法
磷酸铵盐干粉灭火器（ABC干粉灭火器）		1）拔下保险销；2）一只手握住喷嘴，另一只手紧握压把和提把；3）按下压把进行灭火。推车式要用手掌使劲按下供气阀门，取下喷枪，展开喷射软管，然后一手握住喷枪枪管，另一只手勾动扳机，将喷嘴对准火焰根部，喷粉灭火
简易式水型灭火器		简易式水型灭火器的使用方法与上述干粉灭火器相同
二氧化碳灭火器		使用方法基本与干粉灭火器相似。1）拔出保险销；2）一手握住喇叭筒根部的手柄，另一只手按下压把；3）对准火源灭火。注意使用时不能扑救钾、钠、镁、铝等物质的火灾
六氟丙烷灭火器（HFC-236灭火器）		使用方法与二氧化碳灭火器相似，但要注意六氟丙烷灭火器使用时不能颠倒，也不能横卧
泡沫灭火器		1）垂直手提灭火器到火源处；2）将筒体颠倒过来，一只手紧握提环，另一只手扶住筒体的底圈；3）把喷嘴朝向燃烧区喷射灭火。注意使用时不能扑救忌水和带电物体的火灾

提示：

1）使用泡沫灭火器时，必须注意不要将筒盖、筒底对着人，以防爆炸伤人。泡沫灭火器只能立着放置。筒内溶液一般每年更换一次。

2）对于二氧化碳灭火器，一般每三个月检查一次，当二氧化碳重量比额定重量少1/10时，即应灌装。注意防止日光暴晒，以免二氧化碳受热膨胀发生漏气。

3）干粉灭火器应保持干燥、密封，以防止干粉结块，同时应防止日光暴晒。

实训步骤：
（1）准备工作
检查灭火器压力、铅封、出厂合格证、有效期、瓶体、喷管。
（2）根据火情选择合适的灭火器，迅速赶赴火场，并正确判断风向。
（3）灭火操作
1）站在火源上风口位置。
2）在距离火源3~5m处迅速拉下安全环。
3）灭火器灭火。
（4）善后
1）检查灭火效果。
2）确认火源是否熄灭。
3）将使用过的灭火器处理恰当。
4）汇报灭火情况。
（5）现场清理
清点和整理工具，清理现场。
小组讨论：简述自己所知道的灭火设施及应用方法。

4.7 考试要点

1）按照通过人体的电流大小，人体反应状态的不同，可将电流划分为感知电流、摆脱电流和室颤电流。

2）概率为50%时，成年男性的平均感知电流值（有效值，下同）约为1.1mA，最小为0.5mA；成年女性的平均感知电流值约为0.7mA。人的室颤电流约为50mA。

3）相同条件下，交流电比直流电对人体危害大，50~60Hz的电流危险性最大。高频电流比工频电流更容易引起皮肤灼伤。

4）一般情况下，接地电网的单相触电比不接地电网的危险性大。两相触电的危险性是最大的。

5）在室内对可能存在较高跨步电压的接地故障点进行检查时，不得位于故障点4m以内。

6）据统计，农村触电事故要多于城市触电事故，约多出两倍。

7）脑细胞对缺氧最敏感，一般缺氧超过8min就会造成不可逆转的损害甚至导致脑死亡。据一些资料表明，心跳、呼吸停止后，在1min内进行抢救，约80%可以救活。

8）安全特低电压（SELV）的保护原理是：通过对系统中可能会作用于人体的电压进行限制，从而使触电时流过人体的电流受到抑制，将触电危险性限制在没有危险的范围内。有特低电压供电的设备属于Ⅲ类设备。

9）特低电压（ELV）限值是指在任何条件下，任意两导体之间出现的最大电压值。当采用安全特低电压作为直接电击防护时，应选用25V及以下的安全电压。

10）剩余电流动作保护装置（RCD）主要用于1000V以下的低压系统。

11）RCD的选择必须考虑用电设备和电路正常泄漏电流的影响，剩余动作电流小于或等于 0.03mA 的 RCD 属于高灵敏度 RCD，主要用于防止各种人身触电事故。

12）剩余电流断路器只作为基本防护措施的补充保护措施，其保护不包括对相与相、相与 N 线间形成的直接接触电击事故的防护，接剩余电流断路器之后，设备外壳仍然需要再接地或接零。

13）消防用电梯和建筑施工工地的用电机械设备应安装剩余电流动作保护器。单相 220V 电源供电的电气设备，应选用二极二线或单极二线式剩余电流动作保护器。

14）电气火灾的引发是由于危险温度的存在，危险温度的引发主要是由于电流过大。

15）电气线路安装时，导线与导线或导线与电气螺栓之间的连接最易引发火灾的连接工艺是铜线与铝线绞接。

16）在易燃、易爆、易灼烧及有静电发生的场所作业的工作人员，不可以使用化纤防护用品。

17）当电气火灾发生时，首先应迅速切断电源，在无法切断电源的情况下，只能带电灭火，应迅速选择干粉或二氧化碳灭火器等不导电的灭火器进行灭火，严禁使用水基式灭火器。

18）在带电灭火时，如果用喷雾水枪则应将水枪喷嘴接地，并穿上绝缘靴和戴上绝缘手套，才可以进行灭火操作。

19）二氧化碳灭火器带电灭火只适用于 600V 以下的线路。对于 10kV 或者 35kV 线路，如要带电灭火，只能选择干粉灭火器。

20）旋转电器设备着火时，不宜使用干粉灭火器灭火。

21）在易燃、易爆危险场所，供电线路应采用单相三线制或三相五线制方式供电。

22）在有爆炸和火灾危险的场所，应尽量少用或不用携带式、移动式的电气设备。

23）安装避雷器是防止雷电破坏电力设备和高电压冲击波侵入的主要措施。10kV 以下运行的阀型避雷器的绝缘电阻应半年检测一次。

24）除独立避雷针（接闪杆）外，在接地电阻满足要求的前提下，防雷接地装置可以和其他接地装置共用。

25）高压变配电站一般用接闪杆来防止遭受直击雷，防止引发大面积停电事故。

26）对于变压器和高压开关柜，防止雷电侵入产生破坏的主要措施是安装避雷器。

27）固体静电可达 200kV 以上，人体静电也可达 10kV 以上，易引发火灾是静电现象最大的危险。

28）对于容易产生静电的场所，应保持地面潮湿，或者铺设导电性能较好的地板。

29）防静电的接地电阻要求不大于 100Ω。

30）Ⅱ类手持电动工具比Ⅰ类工具安全可靠，Ⅲ类电动工具的工作电压不超过 50V。

31）手持电动工具有两种分类方式，即按触电保护方式分类和按防潮程度分类。

32）移动电气设备电源应采用高强度铜芯橡皮护套软绝缘电缆。

4.8 习题

一、判断题

1. 触电事故是由电能以电流形式作用于人体造成的事故。（ ）

2. 触电分为电击和电伤。（ ）

3. 脱离电源后，触电者神志清醒，应让触电者来回走动，加强血液循环。（ ）

4. 发现有人触电后，应立即通知医院派救护车来抢救，在医生到来前，现场人员不能对触电者进行抢救，以免造成二次伤害。（ ）

5. 使用竹梯作业时，梯子与地面的夹角以50°左右为宜。（ ）

6. 在安全色标中用红色表示禁止、停止或消防。（ ）

7. 对对地电压为50V以上的带电设备进行试验时，氖泡式低压验电器应显示有电。（ ）

8. RCD的额定动作电流是指能使RCD动作的最大电流。（ ）

9. SELV只作为接地系统的电击保护。（ ）

10. RCD后的中性线可以接地。（ ）

11. 对于由单相220V电源供电的电气设备，应选用三极式剩余电流动作保护器。（ ）

12. IT系统就是保护接零系统。（ ）

13. 雷电天气时，应禁止进行屋外高空检修、试验和屋内验电等作业。（ ）

14. 使用避雷针、避雷带是防止雷电破坏电力设备的主要措施。（ ）

15. 雷电按其传播方式可分为直击雷和感应雷两种。（ ）

16. 10kV以下运行的阀型避雷器的绝缘电阻应每年测量一次。（ ）

17. 接闪杆可以用镀锌钢管焊成，其长度应在1m以上，钢管直径不得小于20mm，管壁厚度不得小于2.75mm。（ ）

18. 在有爆炸危险的场所，应采用三相四线制或单相三线制方式供电。（ ）

19. 使用电气设备时，如果导线截面选择过小，当电流较大时也会因发热过多而引发火灾。（ ）

20. 日常生活中，在与易燃易爆物接触时要注意：有些介质是比较容易产生静电乃至引发火灾爆炸的。比如在加油站不可用金属桶盛装油。（ ）

21. 在设备运行时发生起火的原因中，电流热量是间接原因，而火花或电弧则是直接原因。（ ）

22. 在高压线路发生火灾时，应迅速撤离现场，并拨打火警电话119报警。（ ）

23. 在高压线路发生火灾时，应采用有相应绝缘等级的绝缘工具，迅速拉开隔离开关切断电源，再选择二氧化碳或者干粉灭火器进行灭火。（ ）

24. 一号电工刀比二号电工刀的刀柄长度长。（ ）

25. Ⅱ类设备和Ⅲ设备都要采取接地或接零措施。（ ）

26. 手持式电动工具接线可以随意加长。（ ）

27. Ⅱ类手持电动工具比Ⅰ类工具安全可靠。（ ）

28. Ⅲ类电动工具的工作电压不超过50V。（ ）

29. 移动电气设备的电源一般采用架设或穿钢管保护的方式。（ ）

30. 移动电气设备的电源应采用高强钢芯橡皮护套硬绝缘电缆。（ ）

二、选择题

1. 电流对人体的热效应造成的伤害是（ ）。

A. 电烧伤　　　　B. 电烙印　　　　C. 皮肤金属化

2. 人体体内的电阻约为（　）Ω。

A. 200　　　　B. 300　　　　C. 500

3. 一般情况下220V工频电压作用下人体的电阻为（　）Ω。

A. 500~1000　　　　B. 800~1600　　　　C. 1000~2000

4. 如果触电者心跳停止，有呼吸，应立即对触电者实施（　）急救。

A. 仰卧压胸法　　　　B. 胸外心脏按压法　　　　C. 俯卧压背法

5. 对触电成年伤员进行人工呼吸时，每次吹入伤员的气量要达到（　）mL才能保证伤员得到足够的氧气。

A. 500~700　　　　B. 800~1200　　　　C. 1200~1400

6. “禁止合闸，有人工作”标示牌应制作为（　）。

A. 白底红字　　　　B. 红底白字　　　　C. 白底绿字

7. “禁止攀登，高压危险！”标示牌应制作为（　）。

A. 白底红字　　　　B. 红底白字　　　　C. 白底红边黑字

8. 对于低压配电网，配电容量在100kW以下时，设备保护接地的接地电阻不应超过（　）Ω。

A. 10　　　　B. 6　　　　C. 4

9. 特低电压限值是指在任何条件下，任意两导体之间出现的（　）电压值。

A. 最小　　　　B. 最大　　　　C. 中间

10. 特别潮湿的场所应采用（　）V的安全特低电压。

A. 42　　　　B. 24　　　　C. 12

11. 在选择剩余电流动作保护器的灵敏度时，要避免由于正常（　）引起的不必要的动作而影响正常供电。

A. 泄漏电流　　　　B. 泄漏电压　　　　C. 泄漏功率

12. 应装设报警式剩余电流动作保护器而不自动切断电源的是（　）。

A. 招待所插座回路　　　　B. 生产用的电气设备　　　　C. 消防用电梯

13. 静电防护的措施比较多，下面常用又行之有效的可消除设备外壳静电的方法是（　）。

A. 接地　　　　B. 接零　　　　C. 串接

14. 在低压供电线路保护接地和建筑物防雷接地网需要共用时，其接地网电阻要求小于或等于（　）Ω。

A. 2.5　　　　B. 1　　　　C. 10

15. 防静电的接地电阻要求不大于（　）Ω。

A. 10　　　　B. 40　　　　C. 100

16. 在雷暴雨天气，应将门和窗户等关闭，其目的是为了防止（　）侵入屋内，造成火灾、爆炸或人员伤亡。

A. 球形雷　　　　B. 感应雷　　　　C. 直击雷

17. 在建筑物、电气设备和构筑物上能产生电效应、热效应和机械效应，具有较大破坏作用的雷属于（　）。

A. 球形雷　　B. 感应雷　　C. 直击雷

18. 接闪线是避雷装置中的一种，它主要用来保护（　　）。

A. 变配电设备　　B. 房顶面积较大的建筑物　　C. 高压输电线路

19. 静电引起爆炸和火灾的条件之一是（　　）。

A. 有爆炸性混合物存在　　B. 静电能量要足够大　　C. 有足够的温度

20. 为防止跨步电压对人造成伤害，要求防雷接地装置距离建筑物出入口、人行道最小距离不应小于（　　）m。

A. 2.5　　B. 3　　C. 4

21. 当电气火灾发生时，应首先切断电源再灭火，但当电源无法切断时，只能带电灭火。500V 低压配电柜灭火可选用的灭火器是（　　）。

A. 二氧化碳灭火器　　B. 泡沫灭火器　　C. 水基式灭火器

22. 在易燃易爆危险场所，供电线路应采用（　　）方式供电。

A. 单相三线制或三相四线制

B. 单相三线制或三相五线制

C. 单相两线制或三相五线制

23. 当车间发生电器火灾时，应首先切断电源。切断电源的方法是（　　）。

A. 拉开刀开关　　B. 拉开断路器或磁力开关

C. 报告负责人请求断开总电源

24. 带电灭火时，如用二氧化碳灭火器的机体和喷嘴距 10kV 以下高压带电体不得小于（　　）m。

A. 0.4　　B. 0.7　　C. 1.0

25. 当架空线路与爆炸性气体环境临近时，其间距不得小于杆塔高度的（　　）倍。

A. 3　　B. 2.5　　C. 1.5

26. 使用剥线钳时应选用比导线直径（　　）的刃口。

A. 相同　　B. 稍大　　C. 较大

27. Ⅱ类工具的绝缘电阻要求最小为（　　）MΩ。

A. 5　　B. 7　　C. 9

28. 锡焊晶体管等弱电元器件应使用（　　）W 的电烙铁。

A. 25　　B. 75　　C. 100

29. 带“回”字标志的手持电动工具是（　　）工具。

A. Ⅰ类　　B. Ⅱ类　　C. Ⅲ类

30. 一般场所中，为保证使用安全，应选用（　　）电动工具。

A. Ⅰ类　　B. Ⅱ类　　C. Ⅲ类

附　录

附录 A　理论题库

一、判断题

1. “止步，高压危险”标示牌的式样是白底、红边，有红色箭头。（　）

2.《安全生产法》所说的“负有安全生产监督管理职责的部门”就是指各级安全生产监督管理部门。（　）

3.《中华人民共和国安全生产法》第二十七条规定：生产经营单位的特种作业人员必须按照国家有关规定经专门的安全作业培训，取得相应资格，方可上岗作业。（　）

4. 10kV 以下运行的阀型避雷器的绝缘电阻应每年测量一次。（　）

5. 220V 交流电压的电压最大值为 380V。（　）

6. 30~40Hz 的电流危险性最大。（　）

7. Ⅱ类设备和Ⅲ类设备都要采取接地或接零措施。（　）

8. Ⅱ类手持电动工具比Ⅰ类工具安全可靠。（　）

9. PN 结正向导通时，其内外电场方向一致。（　）

10. RCD 的额定动作电流是指能使 RCD 动作的最大电流。（　）

11. RCD 的选择必须考虑用电设备和电路正常泄漏电流的影响。（　）

12. RCD 后的中性线可以接地。（　）

13. SELV 只作为接地系统的电击保护。（　）

14. TT 系统是配电网中性点直接接地，用电设备外壳也采用接地措施的系统。（　）

15. 安全可靠是对任何开关电器的基本要求。（　）

16. 按钮的文字符号为 SB。（　）

17. 根据使用场合，可选的按钮种类有开启式、防水式、防腐式、保护式等。（　）

18. 按照通过人体的电流大小，人体反应状态的不同，可将电流划分为感知电流、摆脱电流和室颤电流。（　）

19. 白炽灯属于热辐射光源。（　）

20. 保护接零适用于中性点直接接地的配电系统。（　）

21. 变配电设备应有完善的屏护装置。（　）

22. 并联补偿电容器主要用在直流电路中。（　）

23. 并联电路的总电压等于各支路电压之和。（　）

24. 并联电路中各支路上的电流不一定相等。（　）

25. 并联电容器所接的线停电后，必须断开电容器组。（　）

26. 并联电容器有减少电压损失的作用。（　）

27. 剥线钳是用来剥除小导线头部表面绝缘层的专用工具。（　）

28. 补偿电容器的容量越大越好。（ ）

29. 不同电压的插座应有明显区别。（ ）

30. 测量电动机的对地绝缘电阻和相间绝缘电阻时常使用兆欧表，而不宜使用万用表。（ ）

31. 测量电流时应把电流表串联在被测电路中。（ ）

32. 测量交流电路的有功电能时，因为是交流电，故其电压线圈、电流线圈和各两个端可任意接在线路上。（ ）

33. 常用绝缘安全防护用具有绝缘手套、绝缘靴、绝缘隔板、绝缘垫、绝缘站台等。（ ）

34. 除独立避雷针之外，在接地电阻满足要求的前提下，防雷接地装置可以和其他接地装置共用。（ ）

35. 触电分为电击和电伤。（ ）

36. 触电事故是由电能以电流形式作用于人体造成的事故。（ ）

37. 如果触电者神志不清、有心跳，但呼吸停止，应立即进行口对口人工呼吸。（ ）

38. 磁力线是一种闭合曲线。（ ）

39. 从过载角度出发，规定了熔断器的额定电压。（ ）

40. 对于带电机的设备，在电机通电前要检查电机的辅助设备、安装底座、接地等，正常后再通电使用。（ ）

41. 对于由单相 220V 电源供电的电气设备，应选用三极式剩余电流动作保护器。（ ）

42. 当采用安全特低电压作为直接电击防护时，应选用 25V 及以下的安全电压。（ ）

43. 当导体温度不变时，通过导体的电流与导体两端的电压成正比，与其电阻成反比。（ ）

44. 当灯具达不到最小高度要求时，应采用 24V 以下电压。（ ）

45. 当电气火灾发生时，如果无法切断电源，就只能带电灭火，并选择干粉或者二氧化碳灭火器，尽量少用水基式灭火器。（ ）

46. 当电气火灾发生时，首先应迅速切断电源，在无法切断电源的情况下，应迅速选择干粉、二氧化碳灭火器等不导电的灭火器进行灭火。（ ）

47. 当电容器爆炸时，应立即检查。（ ）

48. 测量电容器时万用表指针摆动后停止不动，说明电容器短路。（ ）

49. 当静电的放电火花能量足够大时，就能引起火灾和爆炸事故。在生产过程中静电还会妨碍生产和降低产品质量等。（ ）

50. 拉下总开关后，线路即被视为无电。（ ）

51. 刀开关在作为隔离开关被选用时，要求刀开关的额定电流要大于或等于线路实际的故障电流。（ ）

52. 导电性能介于导体和绝缘体之间的物体称为半导体。（ ）

53. 导线的工作电压应大于其额定电压。（ ）

54. 导线接头的抗拉强度必须与原导线的抗拉强度相同。（ ）

55. 导线接头位置应尽量在绝缘子固定处，以方便统一扎线。 ( )

56. 导线连接后接头与绝缘层的距离越小越好。 ( )

57. 导线连接时必须注意做好防腐措施。 ( )

58. 低压断路器是一种重要的控制和保护电器。断路器都装有灭弧装置，因此可以安全地带负载合、分闸。 ( )

59. 低压绝缘材料的耐压等级一般为500V。 ( )

60. 低压配电屏按一定的接线方案将有关低压一、二次设备组装起来，每一个主电路方案对应一个或多个辅助方案，从而简化了工程设计。 ( )

61. 低压验电器可以验出500V以下的电压。 ( )

62. 电动机按铭牌数值工作时，短时运行的定额工作制用S2表示。 ( )

63. 电动式时间继电器的延时时间不受电源电压波动及环境温度变化的影响。 ( )

64. 电动势的正方向规定为从低电位指向高电位，所以测量时应将电压表正极接电源负极、负极接电源正极。 ( )

65. 电能表是专门用来测量设备功率的装置。 ( )

66. 电工刀的手柄是无绝缘保护的，不能在带电导线或器材上剖切，以免触电。 ( )

67. 电工钳、电工刀、螺钉旋具是常用的电工工具。 ( )

68. 电工特种作业人员应当具备高中或相当于高中及以上文化程度。 ( )

69. 电工应严格按照操作规程进行作业。 ( )

70. 电工应做好用电人员在特殊场所作业的监护作业。 ( )

71. 电工作业分为高压电工和低压电工。 ( )

72. 如果电动机异常发响发热的同时，转速急速下降，应立即切断电源，停机检查。 ( )

73. 电动机运行时发出沉闷声是电动机在正常运行的声音。 ( )

74. 电动机在检修后，经各项检查合格，就可对电动机进行空载试验和短路试验。 ( )

75. 电动机在正常运行时，如闻到焦臭味，则说明电动机速度过快。 ( )

76. 电解电容器的电工符号如图所示。 ( )

77. 电缆保护层的作用是保护电缆。 ( )

78. 电力线路敷设时严禁采用突然剪断导线的办法松线。 ( )

79. 电流表的内阻越小越好。 ( )

80. 电流的大小用电流表来测量，测量时将其并联在电路中。 ( )

81. 电流和磁场密不可分，磁场总是伴随着电流而存在，而电流永远被磁场所包围。 ( )

82. 电气安装接线图中，同一电器的各部分必须画在一起。 ( )

83. 电气控制系统图包括电气原理图和电气安装图。 ( )

84. 电气设备缺陷、设计不合理、安装不当等都是引发火灾的重要原因。 ( )

85. 电气原理图中的所有元器件均按未通电状态或无外力作用时的状态画出。 ( )

86. 电容器的放电负载不能装设熔断器或开关。 ( )

87. 电容器的容量就是电容量。 ( )

88. 电容器放电的方法就是将其两端用导线连接。 ( )

89. 电容器室内要有良好的天然采光。 ( )

90. 电容器室内应有良好的通风。 ( )

91. 电压表内阻越大越好。 ( )

92. 电压表在测量时，量程要大于或等于被测线路电压。 ( )

93. 电压的大小用电压表来测量，测量时将其串联在电路中。 ( )

94. 电子镇流器的功率因数高于电感式镇流器。 ( )

95. 吊灯安装在桌子上方时，与桌子的垂直距离不少于1.5m。 ( )

96. 断路器可分为框架式和塑料外壳式。 ( )

97. 断路器通过手动或电动等操作机构使断路器合闸，通过脱扣装置使断路器自动跳闸，以达到故障保护的目的。 ( )

98. 在选用断路器时，要求断路器的额定通断能力要大于或等于被保护线路中可能出现的最大负载电流。 ( )

99. 对称的三相电源是由振幅相同、初相依次相差120°的正弦电源连接而成的供电系统。 ( )

100. 对电动机各绕组进行绝缘检查时，如果测出绝缘电阻不合格，则不允许通电运行。 ( )

101. 对电动机轴承润滑的检查，可通电转动电动机转轴，看是否转动灵活，听有无异声。 ( )

102. 对绕线转子异步电动机应经常检查电刷与集电环的接触及电刷的磨损、压力、火花等情况。 ( )

103. 对于开关频繁的场所应采用白炽灯照明。 ( )

104. 对于容易产生静电的场所，应保持地面潮湿，或者铺设导电性能较好的地板。 ( )

105. 对于容易产生静电的场所，应保持环境湿度在70%以上。 ( )

106. 对于异步电动机，国家标准规定3kW以下的电动机均采用三角形联结。 ( )

107. 对于在易燃、易爆、易灼烧及有静电发生的场所作业的工作人员，不可以发放和使用化纤防护用品。 ( )

108. 对于转子有绕组的电动机，将外电阻串入转子电路中，并随电动机转速升高而逐渐地将电阻值减小并最终切除的起动方式叫作转子串电阻起动。 ( )

109. 多用螺钉旋具的规格是以它的全长（手柄加旋杆）表示。 ( )

110. 额定电压为380V的熔断器可用在220V的线路中。 ( )

111. 二极管只要工作在反向击穿区，一定会被击穿。 ( )

112. 二氧化碳灭火器带电灭火只适用于600V以下的线路，如果是10kV或者35kV线路，带电灭火时只能选择干粉灭火器。 ( )

113. 防雷装置应沿建筑物的外墙敷设，并经最短途径接地，如有特殊要求可以暗设。 ( )

114. 分断电流能力是各类刀开关的主要技术参数之一。 ( )

115. 符号 A 表示交流电源。（ ）

116. 改变转子电阻调速这种方法只适用于绕线式异步电动机。（ ）

117. 改革开放前我国强调以铝代铜作为导线，以减轻导线的重量。（ ）

118. 概率为 50%时，成年男性的平均感知电流值约为 1.1mA，最小为 0.5mA，成年女性的约为 0.6mA。（ ）

119. 铜线与铝线在需要时可以直接连接。（ ）

120. 高压汞灯的电压比较高，所以称为高压汞灯。（ ）

121. 隔离开关承担接通和断开电流任务，将电路与电源隔开。（ ）

122. 根据用电性质，电力线路可分为动力线路和配电线路。（ ）

123. 工频电流比高频电流更容易引起皮肤灼伤。（ ）

124. 挂登高板时，应将钩口向外并且向上。（ ）

125. 规定小磁针的北极所指的方向是磁力线的方向。（ ）

126. 过载是指线路中的电流大于线路的计算电流或允许载流量。（ ）

127. 行程开关的作用是将机械行走的长度用电信号传出。（ ）

128. 黄绿双色的导线只能用于保护线。（ ）

129. 机关、学校、企业、住宅等建筑物内的插座回路不需要安装漏电保护器。（ ）

130. 基尔霍夫第一定律是节点电流定律，是用来证明电路上各电流之间关系的定律。（ ）

131. 几个电阻并联后的总电阻等于各并联电阻的倒数之和。（ ）

132. 检查电容器时，只要检查电压是否符合要求即可。（ ）

133. 交流电动机铭牌上的频率是此电动机使用的交流电源的频率。（ ）

134. 交流电流表和电压表测量所测得的值都是有效值。（ ）

135. 交流电每交变一周所需的时间叫作周期 T。（ ）

136. 交流发电机是应用电磁感应的原理发电的。（ ）

137. 交流接触器常见的额定最高工作电压达到 6000V。（ ）

138. 交流接触器的额定电流，是在额定的工作条件下所决定的电流值。（ ）

139. 交流钳形电流表可测量交直流电流。（ ）

140. 胶壳开关不适合直接控制 5.5kW 以上的交流电动机。（ ）

141. 接触器的文字符号为 KM。（ ）

142. 接地电阻表主要由手摇发电机、电流互感器、电位器及检流计组成。（ ）

143. 接地电阻测试仪就是测量线路的绝缘电阻的仪器。（ ）

144. 接地线是在已停电的设备和线路上意外地出现电压时保护工作人员的重要工具。按照规定，接地线必须由截面积 $25mm^2$ 以上的裸铜软线制成。（ ）

145. 接了剩余电流断路器之后，设备外壳就不需要再接地或接零了。（ ）

146. 截面积较小的单股导线平接时可采用绞接法。（ ）

147. 静电现象是很普遍的电现象，其危害不小，固体静电电压可达 200kV 以上，人体静电电压也可达 10kV 以上。（ ）

148. 据部分省市统计，农村触电事故要少于城市触电事故。（ ）

149. 绝缘棒在闭合或拉开高压隔离开关和跌落式熔断器，装拆携带式接地线，以及进

行辅助测量和试验时使用。 （ ）

150. 绝缘材料就是绝对不导电的材料。 （ ）

151. 绝缘老化只是一种化学变化。 （ ）

152. 绝缘体被击穿时的电压称为击穿电压。 （ ）

153. 可以用相线碰地线的方法检查地线是否接地良好。 （ ）

154. 雷电按其传播方式可分为直击雷和感应雷两种。 （ ）

155. 雷电发生后造成架空线路产生高电压冲击波，这种雷电称为直击雷。 （ ）

156. 雷电可通过其他带电体或直接对人体放电，使人的身体遭到巨大损害甚至死亡。 （ ）

157. 雷电天气时，应禁止进行屋外高空检修、试验和屋内验电等作业。 （ ）

158. 雷击产生的高电压可对电气装置和建筑物及其他设施造成毁坏，电力设施或电力线路遭到破坏可能导致大规模停电。 （ ）

159. 雷雨天气时，即使在室内也不要修理家中的电气线路、开关、插座等。如果必须要修，应把家中电源总开关断开。 （ ）

160. 两相触电危险性比单相触电小。 （ ）

161. 剩余电流断路器在被保护电路中有漏电或有人触电时，零序电流互感器就产生感应电流，经放大使脱扣器动作，从而切断电路。 （ ）

162. 剩余电流断路器跳闸后，允许采用分路停电再送电的方式检查线路。 （ ）

163. 剩余电流断路器只有在有人触电时才会动作。 （ ）

164. 路灯的各回路应有保护，每一灯具宜设单独熔断器。 （ ）

165. 螺口灯头的台灯应采用三孔插座。 （ ）

166. 没有用验电器验电前，线路应视为有电。 （ ）

167. 民用住宅严禁装设床头开关。 （ ）

168. 目前我国生产的接触器额定电流一般大于或等于630A。 （ ）

169. 能耗制动这种方法是将转子的动能转化为电能，并消耗在转子回路的电阻上。 （ ）

170. 欧姆定律指出，在一个闭合电路中，当导体温度不变时，通过导体的电流与加在导体两端的电压成反比，与其电阻成正比。 （ ）

171. 频率的自动调节补偿是热继电器的一个功能。 （ ）

172. 企事业单位的职工无特种作业操作证而从事特种作业属于违章作业。 （ ）

173. 钳形电流表可做成既能测量交流电流，也能测量直流电流的仪表。 （ ）

174. 取得高级电工证的人员就可以从事电工作业。 （ ）

175. 在保护电动机时热继电器的保护特性，应尽可能与电动机过载特性贴近。 （ ）

176. 热继电器的双金属片是由一种热膨胀系数不同的金属材料辗压而成的。 （ ）

177. 热继电器的双金属片弯曲的速度与电流大小有关，电流越大，速度越快，这种特性称为正比时限特性。 （ ）

178. 热继电器是利用双金属片受热弯曲来推动触点动作的一种保护电器，它主要用于线路的速断保护。 （ ）

179. 日常电气设备的维护和保养应由设备管理人员负责。 （ ）

180. 荧光灯点亮后，镇流器起降压限流作用。 ( )

181. 熔断器的特性是通过熔体的电压值越高，熔断时间越短。 ( )

182. 熔断器的文字符号为 FU。 ( )

183. 熔断器在所有电路中，都能起到过载保护。 ( )

184. 熔体的额定电流不可大于熔断器的额定电流。 ( )

185. 如果电容器运行时检查发现温度过高，应加强通风。 ( )

186. 三相电动机的转子和定子要同时通电才能工作。 ( )

187. 三相异步电动机的转子导体中会形成电流，其电流方向可用右手定则判定。 ( )

188. 剩余电流动作保护装置主要用于 1000V 以下的低压系统。 ( )

189. 剩余动作电流小于或等于 0.3A 的 RCD 属于高灵敏度 RCD。 ( )

190. 时间继电器的文字符号为 KT。 ( )

191. 对对地电压为 50V 以上的带电设备进行试验时，氖泡式低压验电器就应显示有电。 ( )

192. 使用电气设备时，如果导线截面选择过小，当电流较大时也会因发热过多而引发火灾。 ( )

193. 使用改变磁极对数来调速的电动机一般都是绕线转子电动机。 ( )

194. 使用脚扣进行登杆作业时，上、下杆的每一步必须使脚扣环完全套入并可靠地扣住电杆才能移动身体，否则会造成事故。 ( )

195. 使用手持式电动工具应当检查电源开关是否失灵、是否破损、是否牢固、接线是否松动。 ( )

196. 使用万用表测量电阻时，每换一次欧姆档都要进行欧姆调零。 ( )

197. 使用万用表电阻档能够测量变压器的线圈电阻。 ( )

198. 使用兆欧表前不必切断被测设备的电源。 ( )

199. 使用竹梯作业时，梯子与地面的夹角以 50°左右为宜。 ( )

200. 事故照明不允许和其他照明共用同一线路。 ( )

201. 视在功率就是无功功率加上有功功率。 ( )

202. 手持电动工具有两种分类方式，即按工作电压分类和按防潮程度分类。 ( )

203. 手持式电动工具接线可以随意加长。 ( )

204. 水和金属相比，水的导电性能更好。 ( )

205. 特种作业操作证每年由考核发证部门复审一次。 ( )

206. 特种作业人员必须年满 20 周岁，且不超过国家法定退休年龄。 ( )

207. 特种作业人员未经专门的安全作业培训，未取得相应资格，上岗作业导致事故的，应追究生产经营单位有关人员的责任。 ( )

208. 铁壳开关安装时外壳必须可靠接地。 ( )

209. 停电作业安全措施分为预见性措施和防护措施。 ( )

210. 通电时间增加，人体电阻因出汗而增加，会导致通过人体的电流减小。 ( )

211. 通用继电器可以更换不同性质的线圈，从而将其制作成各种继电器。 ( )

212. 同一电器元件的各部件分散地画在原理图中，必须按顺序标注其文字符号。
( )

213. 若脱离电源后触电者神志清醒，应让触电者来回走动，加强血液循环。 ( )

214. 万能转换开关的定位结构一般为滚轮卡转轴辐射型结构。 ( )

215. 万用表使用后，转换开关可置于任意位置。 ( )

216. 万用表在测量电阻时，指针指在刻度盘中间时结果最准确。 ( )

217. 危险场所室内的吊灯与地面距离不少于3m。 ( )

218. 为保证零线安全，三相四线的零线必须加装熔断器。 ( )

219. 为改善电动机的起动及运行性能，笼型异步电动机的转子铁心一般采用直槽结构。
( )

220. 为了安全，高压线路通常采用绝缘导线。 ( )

221. 为了安全可靠，所有开关均应同时控制相线和零线。 ( )

222. 为了避免因静电火花造成爆炸事故，在加工、运输、储存等过程中应对各种易燃液体、气体、设备进行隔离 ( )

223. 为了防止电气火花、电弧等引燃爆炸物，应选用防爆电气级别和温度组别与环境相适应的防爆电气设备。 ( )

224. 为了有明显区别，并列安装的同型号开关应位于不同高度，错落有致。 ( )

225. 我国正弦交流电的频率为50Hz。 ( )

226. 无论在任何情况下，晶体管都具有电流放大功能。 ( )

227. 吸收比可用兆欧表测定。 ( )

228. 锡焊晶体管等弱电器件应用100W的电烙铁。 ( )

229. 相同条件下，交流电比直流电对人体危害大。 ( )

230. 旋转电器设备着火时不宜用干粉灭火器灭火。 ( )

231. 使用验电器前必须确认其功能良好。 ( )

232. 验电是保证电气作业安全的技术措施之一。 ( )

233. 在使用绝缘电阻表前，无须先检查其是否完好，可直接对被测设备进行绝缘测量。
( )

234. 摇测大容量设备吸收比是测量60秒时的绝缘电阻与15秒时的绝缘电阻之比。
( )

235. 一般情况下，接地电网的单相触电比不接地的电网危险性小。 ( )

236. 一号电工刀比二号电工刀的刀柄长度长。 ( )

237. 移动电气设备电源应采用高强度铜芯橡皮护套硬绝缘电缆。 ( )

238. 移动电气设备可以参考手持电动工具的有关要求进行使用。 ( )

239. 异步电动机的转差率是旋转磁场的转速和电动机转速之差与旋转磁场的转速之比。
( )

240. 因闻到焦臭味而停止运行的电动机，必须找出原因后才能通电使用。 ( )

241. 用避雷针、避雷带是防止雷电破坏电力设备的主要措施。 ( )

242. 用电笔检查时，电笔发光就说明线路一定有电。 ( )

243. 用电笔验电时，应赤脚站立，保证与大地有良好的接触。 ( )

244. 用钳形电流表测量电动机空转电流时，不需要档位变换就可直接进行测量。（ ）

245. 用钳形电流表测量电动机空转电流时，可直接用小电流档一次测量出来。（ ）

246. 用钳形电流表测量电流时，尽量将导线置于钳口铁心中间，以减少测量误差。（ ）

247. 用万用表 $R \times 1k\Omega$ 欧姆档测量二极管时，红表笔接一只脚、黑表笔接另一只脚测得的电阻值约为几百欧姆，反向测量时电阻值很大，则该二极管是好的。（ ）

248. 采用星-三角减压起动时，起动转矩为直接采用三角形联结时起动转矩的1/3。（ ）

249. 有美尼尔氏征的人不得从事电工作业。（ ）

250. 右手定则用来判定直导体做切割磁力运动时所产生的感应电流方向。（ ）

251. 幼儿园及小学等儿童活动场所的插座安装高度不宜小于1.8m。（ ）

252. 载流导体在磁场中一定受到磁场力的作用。（ ）

253. 再生发电制动只适用于电动机转速高于同步转速的场合。（ ）

254. 在安全色标中，用红色表示禁止、停止或消防。（ ）

255. 在安全色标中，用绿色表示安全、通过、允许、工作。（ ）

256. 在爆炸和火灾危险的场所，应尽量少用或不用携带式、移动式的电气设备。（ ）

257. 在爆炸危险场所，应采用三相四线制或单相三线制方式供电。（ ）

258. 采用多级熔断器保护时，后级熔体的额定电流比前级大，以电源端为最前端。（ ）

259. 在串联电路中，电流处处相等。（ ）

260. 在串联电路中，电路总电压等于各电阻的分电压之和。（ ）

261. 带电灭火时，如果用喷雾水枪，则应将水枪喷嘴接地，并穿上绝缘靴、戴上绝缘手套，才可进行灭火操作。（ ）

262. 带电维修线路时，应站在绝缘垫上。（ ）

263. 在电气原理图中，当触点图形垂直放置时，以“左开右闭”原则绘制。（ ）

264. 在电压低于额定值的一定比例后能自动断电的保护称为欠电压保护。（ ）

265. 断电之后电动机停转，当电网再次来电时电动机又能自行起动的运行方式称为失电压保护。（ ）

266. 在高压操作中，无遮栏作业人体或其所携带工具与带电体之间的距离应不少于0.7m。（ ）

267. 在高压线路发生火灾时，应采用有相应绝缘等级的绝缘工具迅速拉开隔离开关切断电源，再选择二氧化碳或者干粉灭火器进行灭火。（ ）

268. 在供配电系统和设备自动系统中，刀开关通常用于电源隔离。（ ）

269. 在没有用验电器验电前，线路应视为有电。（ ）

270. 在三相交流电路中，负载为三角形联结时，其相电压等于三相电源的线电压。（ ）

271. 在三相交流电路中，负载为星形联结时，其相电压等于三相电源的线电压。（　）

272. 在设备运行时，发生起火的原因中，电流热量是间接原因，而火花或电弧则是直接原因。（　）

273. 在我国，超高压送电线路基本上是架空敷设。（　）

274. 在选择导线时必须考虑线路投资，但导线截面积不能太小。（　）

275. 在直流电路中，常用棕色表示正极。（　）

276. 遮栏是为防止工作人员无意碰到设备带电部分而装设的设备屏护，分为临时遮栏和常设遮栏两种。（　）

277. 正弦交流电的周期与角频率的关系是互为倒数。（　）

278. 直流电流表可以用于交流电路测量。（　）

279. 中间继电器的动作值与释放值可调节。（　）

280. 中间继电器实际上是一种动作与释放值可调节的电压继电器。（　）

281. 转子串频敏变阻器起动的转矩大，适合重载起动。（　）

282. 自动开关属于手动电器。（　）

283. 自动空气开关具有过载、短路和欠电压保护功能。（　）

284. 自动切换电器是依靠本身参数的变化或外来信号而自动进行工作的。（　）

285. 组合开关可直接起动 5kW 以下的电动机。（　）

286. 组合开关在用作直接控制电机时，要求其额定电流为电动机额定电流的 2~3 倍。（　）

二、选择题

1. 铁壳开关的电气图形为（　），文字符号为 QS。

A. 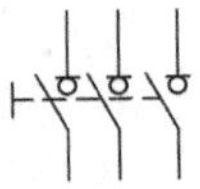　　B. 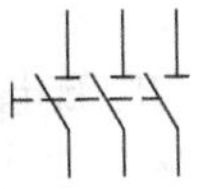　　C.

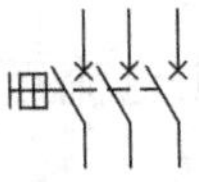

2. 正确选用电器时应遵循的两个基本原则是安全原则和（　）原则。

A. 性能　　B. 经济　　C. 功能

3. 脑细胞对缺氧最敏感，一般缺氧超过（　）min 就会造成不可逆转的损害导致脑死亡。

A. 8　　B. 5　　C. 12

4. 钳形电流表测量电流时，可以在（　）电路的情况下进行。

A. 短接　　B. 断开　　C. 不断开

5. 特种作业操作证每（　）年复审一次。

A. 4　　B. 5　　C. 3

6. 对颜色有较高区别要求的场所宜采用（　）。

A. 彩灯　　B. 白炽灯　　C. 紫色灯

7. 在狭窄场所（如锅炉、金属容器、管道内）作业时应使用（　）工具。

A. Ⅱ类　　B. Ⅰ类　　C. Ⅲ类

8. 碳在自然界中有金刚石和石墨两种存在形式，其中石墨是（　）。

A. 导体　　　　　　　　　B. 绝缘体　　　　　　　　　C. 半导体

9. 低压线路中的零线采用的颜色是（　　）。

A. 深蓝色　　　　　　　　B. 淡蓝色　　　　　　　　　C. 黄绿双色

10. 交流电路中电流比电压滞后90°，该电路属于（　　）电路。

A. 纯电阻　　　　　　　　B. 纯电感　　　　　　　　　C. 纯电容

11. 确定正弦量的三要素为（　　）。

A. 相位、初相位、相位差　　　　　　　　　　　　　　B. 最大值、频率、初相角

C. 周期、频率、角频率

12. 在对380V电动机各绕组进行绝缘检查时，发现绝缘电阻（　　），则可初步判定为电动机受潮所致，应对电动机进行烘干处理。

A. 小于10MΩ　　　　　　B. 大于0.5MΩ　　　　　　C. 小于0.5MΩ

13. 异步电动机在起动瞬间，转子绕组中的感应电流很大，使定子中流过的起动电流也很大，约为额定电流的（　　）倍。

A. 4~7　　　　　　　　　B. 2　　　　　　　　　　　C. 9~10

14. 几种线路同杆架设时，必须保证高压线路在低压线路（　　）。

A. 右方　　　　　　　　　B. 左方　　　　　　　　　　C. 上方

15. 在易燃、易爆危险场所，电气设备应安装（　　）的电气设备。

A. 安全电压　　　　　　　B. 密封性好　　　　　　　　C. 防爆型

16. 继电器是一种根据（　　）来控制电路“接通”或“断开”的一种自动电器。

A. 电信号　　　B. 外界输入信号（电信号或非电信号）　　　C. 非电信号

17. 据一些资料表明，心跳、呼吸停止后，在（　　）min内进行抢救，约80%可以救活。

A. 1　　　　　　　　　　B. 2　　　　　　　　　　　C. 3

18. 钳形电流表由电流互感器和带（　　）的磁电系表头组成。

A. 整流装置　　　　　　　B. 测量电路　　　　　　　　C. 指针

19. 绝缘安全用具分为（　　）安全用具和辅助安全用具。

A. 直接　　　　　　　　　B. 间接　　　　　　　　　　C. 基本

20. 照明线路熔断器熔体的额定电流取线路计算电流的（　　）倍。

A. 0.9　　　　　　　　　B. 1.1　　　　　　　　　　C. 1.5

21. 在一个闭合回路中，电流大小与电源电动势成正比，与电路中内电阻和外电阻之和成反比，这一定律称为（　　）。

A. 全电路欧姆定律　　　　B. 全电路电流定律　　　　C. 部分电路欧姆定律

22. 笼型异步电动机常用的减压起动有（　　）起动、自耦变压器减压起动、星-三角减压起动。

A. 串电阻减压　　　　　　B. 转子串电阻　　　　　　C. 转子串频敏

23. 建筑施工工地的用电机械设备（　　）安装剩余电流动作保护器。

A. 应　　　　　　　　　　B. 不应　　　　　　　　　　C. 没规定

24. 更换熔体或熔管时，必须在（　　）的情况下进行。

A. 不带电　　　　　　　　B. 带电　　　　　　　　　　C. 带负载

25. 人体同时接触带电设备或线路中的两相导体时，电流从一相通过人体流入另一相，这种触电现象称为（　　）触电。

A. 单相　　B. 两相　　C. 感应电

26. （　　）仪表可直接用于交、直流测量，且精确度高。

A. 磁电式　　B. 电磁式　　C. 电动式

27. 万用表由表头、（　　）及转换开关三个主要部分组成。

A. 线圈　　B. 测量电路　　C. 指针

28. 保险绳的使用应（　　）。

A. 高挂低用　　B. 低挂调用　　C. 保证安全

29. 单相三孔插座的上孔接（　　）。

A. 零线　　B. 相线　　C. 地线

30. 下列材料中，导电性能最好的是（　　）。

A. 铜　　B. 铝　　C. 铁

31. 一般电器所标或仪表所指示的交流电压、电流的数值是（　　）。

A. 最大值　　B. 有效值　　C. 平均值

32. 三相异步电动机按其（　　）的不同可分为开启式、防护式、封闭式三大类。

A. 外壳防护方式　　B. 供电电源的方式　　C. 结构形式

33. 选择电压表时，其内阻（　　）被测负载的电阻为好。

A. 远大于　　B. 远小于　　C. 等于

34. “禁止攀登，高压危险！”的标示牌应制作为（　　）。

A. 红底白字　　B. 白底红字　　C. 白底红边黑字

35. 落地插座应具有牢固可靠的（　　）。

A. 标示牌　　B. 保护盖板　　C. 开关

36. 下列现象中，可判定为接触不良的是（　　）。

A. 灯泡忽明忽暗　　B. 荧光灯启动困难　　C. 灯泡不亮

37. 相线应接在螺口灯头的（　　）。

A. 中心端子　　B. 螺纹端子　　C. 外壳

38. 下面（　　）属于顺磁性材料。

A. 水　　B. 铜　　C. 空气

39. 串联电路中各电阻两端电压的关系是（　　）。

A. 阻值越小两端电压越高　　B. 各电阻两端电压相等

C. 阻值越大两端电压越高

40. 三相笼型异步电动机的起动方式有两类，既在额定电压下的直接起动和（　　）起动。

A. 转子串频敏　　B. 转子串电阻　　C. 降低起动电压

41. 带电体的工作电压越高，要求其间的空气距离（　　）。

A. 越大　　B. 一样　　C. 越小

42. 引起电光性眼炎的主要原因是（　　）。

A. 可见光　　B. 红外线　　C. 紫外线

43. 穿管导线内最多允许（　　）个导线接头。

A. 2　　B. 1　　C. 0

44. 更换熔体时，原则上新熔体与旧熔体的规格要（　　）。

A. 相同　　B. 不同　　C. 更新

45. 通电线圈产生的磁场方向不但与电流方向有关，而且还与线圈（　　）有关。

A. 长度　　B. 绕向　　C. 体积

46. 照明电压为220V，这个值是交流电的（　　）。

A. 最大值　　B. 有效值　　C. 恒定值

47. 载流导体在磁场中将会受到（　　）的作用。

A. 电磁力　　B. 磁通　　C. 电动势

48. 频敏变阻器的构造与三相电抗相似，即由三个铁心柱和（　　）绕组组成。

A. 二个　　B. 一个　　C. 三个

49. 接触器的电气图形为（　　）。

A. 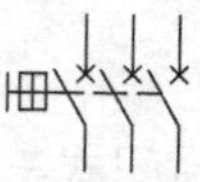　　B. 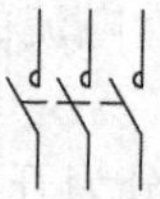　　C.

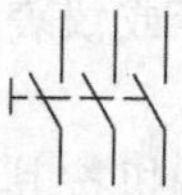

50. 熔断器的保护特性又称为（　　）。

A. 灭弧特性　　B. 安秒特性　　C. 时间特性

51. 用万用表测量电阻时，黑表笔接表内电源的（　　）。

A. 负极　　B. 两极　　C. 正极

52. 指针式万用表测量电阻时标度尺最右侧是（　　）。

A. 0　　B. ∞　　C. 不确定

53. 特种作业人员必须年满（　　）周岁。

A. 19　　B. 18　　C. 20

54. （　　）是登杆作业时必备的保护用具，无论用登高板或脚扣都要与其配合使用。

A. 安全带　　B. 梯子　　C. 手套

55. 登杆前，应对脚扣进行（　　）。

A. 人体载荷冲击试验　　B. 人体静载荷试验　　C. 人体载荷拉伸试验

56. 在易燃易爆场所使用的照明灯具应采用（　　）。

A. 防潮型　　B. 防爆型　　C. 普通型

57. 锡焊晶体管等弱电器件应使用（　　）W的电烙铁。

A. 75　　B. 25　　C. 100

58. 绝缘材料的耐热等级为E级时，其极限工作温度为（　　）℃。

A. 90　　B. 105　　C. 120

59. 在铝绞线中加入钢芯的作用是（　　）。

A. 提高导电能力　　B. 增大导线面积　　C. 提高机械强度

60. 静电防护的措施比较多，下面常用又行之有效的可消除设备外壳静电的方法是(　　)。

A. 接零　　B. 接地　　C. 串接

61. 纯电容元件在电路中（　　）电能。

A. 储存　　B. 分配　　C. 消耗

62. 三相四线制的零线的截面积一般（　　）相线截面积。

A. 小于　　B. 大于　　C. 等于

63. 电动势的方向是（　　）。

A. 从负极指向正极　　B. 从正极指向负极　　C. 与电压方向相同

64. 对电动机内部的脏物及灰尘清理时，应用（　　）。

A. 湿布抹擦　　B. 布上沾汽油、煤油等抹擦

C. 用压缩空气吹或用干布抹擦

65.《特低电压（ELV）限值》GB/T 3805—2008 中规定，在正常环境下，正常工作时工频电压有效值的限值为（　　）V。

A. 33　　B. 70　　C. 55

66. 在选择剩余电流动作保护器的灵敏度时，要避免由于正常（　　）引起的不必要的动作而影响正常供电。

A. 泄漏电压　　B. 泄漏电流　　C. 泄漏功率

67. 使用电压继电器时，其吸引线圈直接或通过电压互感器（　　）在被控电路中。

A. 串联　　B. 并联　　C. 串联或并联

68. 从制造角度考虑，低压电器是指交流 50Hz、额定电压（　　）V 或直流额定电压 1500V 及以下的电气设备。

A. 400　　B. 800　　C. 1000

69. 在用万用表检查电容器时，指针摆动后应该（　　）。

A. 保持不动　　B. 逐渐回摆　　C. 来回摆动

70. 高压验电器的发光电压不应高于额定电压的（　　）%。

A. 50　　B. 25　　C. 75

71. 每一照明（包括电风扇）支路的总容量一般不大于（　　）kW。

A. 2　　B. 3　　C. 4

72. 荧光灯属于（　　）光源。

A. 热辐射　　B. 气体放电　　C. 生物放电

73. 尖嘴钳 150mm 是指（　　）。

A. 其总长度为 150mm　　B. 其绝缘手柄为 150mm　　C. 其开口为 150mm

74. 运输液化气、石油等的槽车行驶时，在槽车底部应采用金属链条或导电橡胶使之与大地接触，其目的是（　　）。

A. 释放槽车行驶中产生的静电荷

B. 中和槽车行驶中产生的静电荷

C. 使槽车与大地等电位

75. 在均匀磁场中，通过某一平面的磁通量为最大时，这个平面就和磁力线（　　）。

A. 平行　　B. 垂直　　C. 斜交

76. 下图的电工元件符号中属于电容器的电工符号是（　　）。

A. ——□——　　B. —||—　　C. —⌒⌒⌒—

77. 笼型异步电动机减压起动能减少起动电流，但由于电动机的转矩与电压的平方成（　　），因此减压起动时转矩减少较多。

A. 正比　　B. 反比　　C. 对应

78. 在不接地系统中，如发生单相接地故障时，其他相线对地电压会（　　）。

A. 升高　　B. 降低　　C. 不变

79. 特别潮湿的场所应采用（　　）V 的安全特低电压。

A. 24　　B. 42　　C. 12

80. 属于控制电器的是（　　）。

A. 熔断器　　B. 接触器　　C. 刀开关

81. 在采用多级熔断器保护时，后级的熔体额定电流比前级大，目的是防止熔断器越级熔断而（　　）。

A. 查障困难　　B. 减小停电范围　　C. 扩大停电范围

82. 下图所示是（　　）触点。

A. 延时断开动合　　B. 延时闭合动合　　C. 延时断开动断

83. 胶壳刀开关接线时，电源线接在（　　）。

A. 上端（静触点）　　B. 下端（动触点）　　C. 两端都可

84. 指针式万用表一般可以测量交直流电压、（　　）电流和电阻。

A. 交流　　B. 交直流　　C. 直流

85. 万用表电压量程 2.5V 是指当指针指在（　　）位置时电压值为 2.5V。

A. 1/2 量程　　B. 满量程　　C. 2/3 量程

86. 线路或设备的绝缘电阻用（　　）测量。

A. 兆欧表　　B. 万用表的电阻档　　C. 接地绝缘电阻表

87. 低压电工作业是指对（　　）V 以下的电气设备进行安装、调试、运行操作等作业。

A. 500　　B. 250　　C. 1000

88. 一般线路中的熔断器有（　　）保护。

A. 过载　　B. 短路　　C. 过载和短路

89. 星-三角减压起动，是起动时将定子三相绕组进行（　　）联结。

A. 星形　　B. 三角形　　C. 延边三角形

90. （　　）的电动机，在通电前，必须先做各绕组的绝缘电阻检查，合格后才可通电。

A. 一直在用，停止没超过一天　　B. 不常用，但刚停止不超过一天

C. 新装或未用过的

91. 6~10kV 架空线路的导线经过居民区时，线路与地面的最小距离为（　　）m。

A. 6　　B. 5　　C. 6.5

92. 在易燃、易爆危险场所，供电线路应采用（　　）方式供电。

A. 单相三线制或三相四线制　B. 单相三线制或三相五线制
C. 单相两线制或三相五线制

93. 组合开关用于电动机可逆控制时，（　　）允许反向接通。
A. 在电动机停转后就　B. 不必在电动机完全停转后就
C. 必须在电动机完全停转后才

94. 电流对人体的热效应造成的伤害是（　　）。
A. 电烧伤　B. 电烙印　C. 皮肤金属化

95. 装设接地线时，当检验明确无电压后，应立即将检修设备接地并（　　）短路。
A. 两相　B. 单相　C. 三相

96. 绝缘手套属于（　　）安全用具。
A. 辅助　B. 直接　C. 基本

97. 在检查插座时，电笔在插座的两个孔均不亮，首先判断是（　　）。
A. 相线断线　B. 短路　C. 零线断线

98. 导线接头缠绝缘胶布时，后一圈压在前一圈胶布宽度的（　　）处。
A. 1/2　B. 1/3　C. 1

99. 我们平时说的瓷瓶，在电工专业中称为（　　）。
A. 绝缘瓶　B. 隔离体　C. 瓷绝缘子

100. 三个阻值相等的电阻串联时的总电阻是并联时总电阻的（　　）倍。
A. 6　B. 9　C. 3

101. 感应电流的方向总是使感应电流的磁场阻碍引起感应电流的磁通的变化，这一定律称为（　　）。
A. 特斯拉定律　B. 法拉第定律　C. 楞次定律

102. 安培定则也叫（　　）。
A. 左手定则　B. 右手定则　C. 右手螺旋法则

103. 利用（　　）来降低加在定子三相绕组上的电压的起动方式叫自耦减压起动。
A. 自耦变压器　B. 频敏变压器　C. 电阻器

104. 减压起动是指起动时降低加在电动机（　　）绕组上的电压，起动运转后，再使其电压恢复到额定电压正常运行。
A. 转子　B. 定子　C. 转子与定子

105. PE 线或 PEN 线上除工作接地外其他接地点的再次接地称为（　　）接地。
A. 直接　B. 间接　C. 重复

106. 非自动切换电器是依靠（　　）直接操作来进行工作的电器。
A. 电动　B. 外力（如手控）　C. 感应

107. 热继电器具有一定的（　　）自动调节补偿功能。
A. 频率　B. 时间　C. 温度

108. 使用钳形电流表时，应先用较大量程，然后视被测电流的大小变换量程。切换量程时应（　　）。
A. 先退出导线，再转动量程开关　B. 直接转动量程开关
C. 一边进线一边换档

109. “禁止合闸，有人工作”的标示牌应制作为（　　）。

A. 红底白字　　B. 白底红字　　C. 白底绿字

110. 当一个熔断器保护一只灯时，熔断器应串联在开关（　　）。

A. 前　　B. 后　　C. 中

111. 一般照明场所的线路允许电压损失为额定电压的（　　）。

A. ±5%　　B. ±10%　　C. ±15%

112. 利用交流接触器进行欠电压保护的原理是当电压不足时。线圈产生的（　　）不足，触点分断。

A. 磁力　　B. 涡流　　C. 热量

113. 稳压二极管的正常工作状态是（　　）。

A. 截止状态　　B. 导通状态　　C. 反向击穿状态

114. PN 结两端加正向电压时，其正向电阻（　　）。

A. 小　　B. 大　　C. 不变

115. 国家标准规定凡（　　）kW 以上的电动机均采用三角形联结。

A. 4　　B. 3　　C. 7. 5

116. 电动机在额定工作状态下运行时，定子电路所加的（　　）叫额定电压。

A. 线电压　　B. 相电压　　C. 额定电压

117. TN-S 俗称（　　）。

A. 三相五线　　B. 三相四线　　C. 三相三线

118. 断路器通过手动或电动等操作机构合闸，通过（　　）装置自动跳闸，从而达到故障保护的目的。

A. 活动　　B. 自动　　C. 脱扣

119. 主令电器很多，其中有（　　）。

A. 接触器　　B. 行程开关　　C. 热继电器

120. 交流接触器的机械寿命是指在不带负载的操作次数，一般可达（　　）。

A. 600～1000 万次　　B. 10 万次以下　　C. 10000 万次以上

121. 在对可能存在较高跨步电压的接地故障点进行检查时，室内不得接近故障点（　　）m 以内。

A. 3　　B. 2　　C. 4

122.（　　）仪表由固定的线圈，可转动的铁心及转轴、游丝、指针、机械调零机构等组成。

A. 电磁系　　B. 磁电系　　C. 感应系

123. 电容器组禁止（　　）。

A. 带电合闸　　B. 带电荷合闸　　C. 停电合闸

124. 特种作业操作证有效期为（　　）年。

A. 8　　B. 12　　C. 6

125.（　　）是保证电气作业安全的技术措施之一。

A. 工作票制度　　B. 验电　　C. 工作许可制度

126. 线路单相短路是指（　　）。

A. 电流太大　　　　B. 功率太大　　　　C. 零相线直接接通

127. 三相异步电动机虽然种类繁多，但基本结构均为由（　　）和转子两部分组成。

A. 定子　　　　B. 外壳　　　　C. 罩壳及机座

128. 具有反时限安秒特性的元件就具备短路保护和（　　）保护能力。

A. 机械　　　　B. 温度　　　　C. 过载

129. 交流接触器的电寿命约为机械寿命的（　　）倍。

A. 10　　　　B. 1　　　　C. 1/20

130. 钳形电流表是利用（　　）的原理制造的。

A. 电压互感器　　　　B. 电流互感器　　　　C. 变压器

131. 电容器可用万用表（　　）档进行检查。

A. 电压　　　　B. 电流　　　　C. 电阻

132. 接地线应采用多股软裸铜线，其截面积不得小于（　　）mm^2。

A. 10　　　　B. 6　　　　C. 25

133. （　　）可用于操作高压跌落式熔断器、单极隔离开关及装设临时接地线等。

A. 绝缘手套　　　　B. 绝缘鞋　　　　C. 绝缘棒

134. 下列（　　）是保证电气作业安全的组织措施。

A. 停电　　　　B. 工作许可制度　　　　C. 悬挂接地线

135. 墙边开关安装时距离地面的高度为（　　）m。

A. 1.3　　　　B. 1.5　　　　C. 2

136. 变压器和高压开关柜防止雷电侵入产生破坏的主要措施是（　　）。

A. 安装避雷线　　　　B. 安装避雷器　　　　C. 安装避雷网

137. 电压为5V时，导体的电阻值为5Ω，那么当电阻两端电压为2V时，导体的电阻值为（　　）Ω。

A. 10　　　　B. 5　　　　C. 2

138. 单极型半导体器件是（　　）。

A. 双极性二极管　　　　B. 二极管　　　　C. 场效应晶体管

139. 电动机定子三相绕组与交流电源的连接叫接法，其中 Y 为（　　）。

A. 星形联结　　　　B. 三角形联结　　　　C. 延边三角形联结

140. 电机在正常运行时的声音是平稳、轻快、（　　）和有节奏的。

A. 尖叫　　　　B. 均匀　　　　C. 摩擦

141. 电动机（　　）作为电动机磁通的通路，要求材料有良好的导磁性能。

A. 端盖　　　　B. 机座　　　　C. 定子铁心

142. 应装设报警式剩余电流动作保护器而不自动切断电源的是（　　）。

A. 招待所插座回路　　　　B. 生产用的电气设备　　　　C. 消防用电梯

143. 电气火灾发生时，应先切断电源再扑救，但不知道或不确定开关在何处时，应剪断电线，剪切时要（　　）。

A. 几根线迅速同时剪断B. 不同相线在不同的位置剪断

C. 在同一位置一根一根地剪断

144. 使用电流继电器时，其吸引线圈直接或通过电流互感器（　　）在被控电路中。

A. 并联　　B. 串联　　C. 串联或并联

145. 人的室颤电流约为（　　）mA。

A. 30　　B. 16　　C. 50

146. 一般情况下在 220V 工频电压作用下人体的电阻为（　　）Ω。

A. 500~1000　　B. 800~1600　　C. 1000~2000

147. 用绝缘电阻表测量电阻的单位是（　　）。

A. 千欧　　B. 欧姆　　C. 兆欧

148. 电能表是测量（　　）用的仪器。

A. 电流　　B. 电压　　C. 电能

149. 测量接地电阻时，电位探针应接在距接地端（　　）m 的地方。

A. 20　　B. 5　　C. 40

150. 为了检查可以短时停电，在触及电容器前必须（　　）。

A. 充分放电　　B. 长时间停电　　C. 冷却之后

151. 特种作业人员在操作证有效期内连续从事本工种 10 年以上，无违法行为，经考核发证机关同意，操作证复审时间可延长至（　　）年。

A. 6　　B. 4　　C. 10

152. 使用竹梯时，梯子与地面的夹角以（　　）°为宜。

A. 60　　B. 50　　C. 70

153. 图示的电路中，在开关 S_1 和 S_2 都合上后，可触摸的是（　　）。

A. 第 2 段　　B. 第 3 段　　C. 无

154. 下列灯具中功率因数最高的是（　　）。

A. 节能灯　　B. 白炽灯　　C. 荧光灯

155. 在电路中，开关应控制（　　）。

A. 零线　　B. 相线　　C. 地线

156. 电烙铁用于（　　）导线接头等。

A. 锡焊　　B. 铜焊　　C. 铁焊

157. 导线接头的绝缘强度应（　　）原导线的绝缘强度。

A. 大于　　B. 等于　　C. 小于

158. 低压断路器也称为（　　）。

A. 刀开关　　B. 总开关　　C. 自动空气开关

159. 为避免高压变配电站遭受直击雷而引发大面积停电事故，一般可用（　　）来防雷。

A. 阀型避雷器　　B. 接闪杆　　C. 接闪网

160. 对电动机各绕组进行绝缘检查时，要求是：电动机每 1kV 工作电压，绝缘电阻（　　）。

A. 大于或等于 1MΩ　　B. 小于 0.5MΩ　　C. 等于 0.5MΩ

161. 对电动机各绕组进行绝缘检查时，如果测出绝缘电阻为零，发现无明显烧毁的现象，则可进行烘干处理，这时（　　）通电运行。

A. 允许　　B. 不允许　　C. 烘干好后就可

162. 特低电压限值是指在任何条件下任意两导体之间出现的（　　）电压值。

A. 最小　　B. 最大　　C. 中间

163. 将铁壳开关作为电动机起动和停止控制元件时，要求其额定电流大于或等于（　　）倍电动机额定电流。

A. 1　　B. 2　　C. 3

164. 低压熔断器广泛应用于低压供配电系统和控制系统中，主要用于（　　）保护，有时也可用于过载保护。

A. 短路　　B. 速断　　C. 过电流

165. 如果电流从左手到双脚引起心室颤动效应，一般认为通电时间与电流的乘积大于（　　）mA · s 时就有生命危险。

A. 30　　B. 16　　C. 50

166. 人体直接接触带电设备或线路中的一相时，电流将通过人体流入大地，这种触电现象称为（　　）触电。

A. 单相　　B. 两相　　C. 三相

167. 单相电能表主要由一个可转动铝盘和分别绕在不同铁心上的一个（　　）和一个电流线圈组成。

A. 电压线圈　　B. 电压互感器　　C. 电阻

168. 电容器属于（　　）设备。

A. 危险　　B. 运动　　C. 静止

169. 生产经营单位的主要负责人在本单位发生重大生产安全事故后逃匿的，由（　　）处 15 日以下拘留。

A. 检察机关　　B. 公安机关　　C. 安全生产监督管理部门

170. 按国际和我国标准，（　　）线只能用作保护接地或保护接零线。

A. 黑色　　B. 蓝色　　C. 黄绿双色

171. 更换和检修用电设备时，最好的安全措施是（　　）。

A. 站在凳子上操作　　B. 切断电源　　C. 戴橡皮手套操作

172. 螺钉旋具的规格是以柄部外面的杆身长度和（　　）表示。

A. 厚度　　B. 半径　　C. 直径

173. 根据线路电压等级和用户对象，电力线路可分为配电线路和（　　）线路。

A. 动力　　B. 照明　　C. 送电

174. 导线接头电阻要足够小，与同长度同截面导线的电阻比不大于（　　）。

A. 1.5　　B. 1　　C. 2

175. 雷电流产生的（　　）电压和跨步电压可直接使人触电死亡。

A. 接触　　B. 感应　　C. 直击

176. 在三相对称交流电源星形联结中，线电压超前于所对应的相电压（　　）。

A. 120°　　B. 30°　　C. 60°

177. 电动机运行时，要通过（　　）、看、闻等方法及时监视。

A. 听　　B. 记录　　C. 吹风

178. 对电动机轴承润滑的检查：（　　）电动机转轴，看其是否转动灵活，听其有无异声。

A. 通电转动　　B. 用手转动　　C. 用其他设备带动

179. 当电气火灾发生时，应首先切断电源再灭火，但当电源无法切断时，只能带电灭火。500V 低压配电柜灭火可选用的灭火器是（　　）。

A. 二氧化碳灭火器　　B. 泡沫灭火器　　C. 水基式灭火器

180. 交流接触器的额定工作电压是指在规定条件下能保证电器正常工作的（　　）电压。

A. 最高　　B. 最低　　C. 平均

181. 低压电器可归为低压配电电器和（　　）电器。

A. 电压控制　　B. 低压控制　　C. 低压电动

182. 行程开关的组成包括（　　）。

A. 线圈部分　　B. 保护部分　　C. 反力系统

183. 人体体内电阻约为（　　）Ω。

A. 300　　B. 200　　C. 500

184. 如果触电者心跳停止、有呼吸，应立即对触电者施行（　　）急救。

A. 仰卧压胸法　　B. 胸外心脏按压法　　C. 俯卧压背法

185. （　　）仪表由固定的永久磁铁，可转动的线圈及转轴、游丝、指针、机械调零机构等组成。

A. 电磁系　　B. 磁电系　　C. 感应系

186. 接地电阻测量仪是测量（　　）的装置。

A. 绝缘电阻　　B. 直流电阻　　C. 接地电阻

187. 万用表实际上是一个带有整流器的（　　）仪表。

A. 电磁系　　B. 磁电系　　C. 电动系

188. 低压电容器的放电负载通常选（　　）。

A. 灯泡　　B. 线圈　　C. 互感器

189. 事故照明一般采用（　　）。

A. 荧光灯　　B. 白炽灯　　C. 高压汞灯

190. 螺口灯头的螺纹应与（　　）相接。

A. 相线　　B. 零线　　C. 地线

191. 使用剥线钳时应选用比导线直径（　　）的刃口。

A. 稍大　　B. 相同　　C. 较大

192. 导线接头的机械强度不小于原导线机械强度的（　　）%。

A. 80　　B. 90　　C. 95

193. 三相交流电路中，A 相用（　　）标记。

A. 黄色　　B. 红色　　C. 绿色

194. 导线接头要求应接触紧密和（　　）等。

A. 拉不断　　B. 牢固可靠　　C. 不会发热

195. 静电现象是十分普遍的电现象，（　　）是它的最大危害。

A. 高电压击穿绝缘　　B. 对人体放电，直接置人于死地
C. 易引发火灾

196. 将一根导线均匀拉长为原长的 2 倍，则它的电阻值为原电阻值的（　　）倍。
A. 1　　B. 2　　C. 4

197. 交流 10kV 母线电压是指交流三相三线制的（　　）。
A. 相电压　　B. 线电压　　C. 线路电压

198. 电磁力的大小与导体的有效长度成（　　）。
A. 正比　　B. 反比　　C. 不变

199. 笼型异步电动机采用电阻减压起动时，起动次数（　　）。
A. 不允许超过 3 次/小时　　B. 不宜太少　　C. 不宜过于频繁

200. 旋转磁场的旋转方向决定于通入定子绕组中的三相交流电源的相序，只要任意调换电动机（　　）所接交流电源的相序，旋转磁场即反转。
A. 一相绕组　　B. 两相绕组　　C. 三相绕组

201. 对于新装和大修后的低压线路和设备，要求其绝缘电阻不低于（　　）MΩ。
A. 1　　B. 0.5　　C. 1.5

202. 避雷针是常用的避雷装置，安装时，避雷针宜设独立的接地装置，如果在非高电阻率地区，其接地电阻不宜超过（　　）Ω。
A. 4　　B. 2　　C. 10

203. 国家规定了（　　）个作业类别为特种作业。
A. 20　　B. 15　　C. 11

204.《安全生产法》规定，任何单位或者（　　）对事故隐患或者安全生产违法行为均有权向负有安全生产监督管理职责的部门报告或者举报。
A. 职工　　B. 个人　　C. 管理人员

205. 三相对称负载接成星形时，三相总电流等于（　　）。
A. 零　　B. 其中一相电流的三倍 其中一相电流

206. 测量电动机绕组对地的绝缘电阻时，绝缘电阻表的“L”“E”两个接线柱应(　　)。
A. “E”接在电动机出线的端子，“L”接电动机的外壳
B. “L”接在电动机出线的端子，“E”接电动机的外壳
C. 随便接，没有规定

207. 在生产过程中，静电对人体、设备、产品都是有害的，要消除或减弱静电，可使用喷雾增湿剂，这样做的目的是（　　）。
A. 使静电荷向四周散发、泄漏　　B. 使静电荷通过空气泄漏
C. 使静电荷沿绝缘体表面泄漏

208. 对于低压配电网，配电容量在 100KW 以下时，设备保护接地的接地电阻不应超过（　　）Ω。
A. 6　　B. 10　　C. 4

209. 在半导体电路中，主要选用快速熔断器进行（　　）保护。
A. 过电压　　B. 短路　　C. 过热

210. 工作人员在 10kV 及以下电气设备上工作时，正常活动范围与带电设备的安全距离

为（　　）m。

A. 0.2　　B. 0.35　　C. 0.5

211. 用于电气作业书面依据的工作票应一式（　　）份。

A. 3　　B. 2　　C. 4

212. Ⅱ类手持电动工具是带有（　　）绝缘的设备。

A. 防护　　B. 基本　　C. 双重

213. 防静电的接地电阻要求不大于（　　）Ω。

A. 10　　B. 40　　C. 100

214. 运行中线路的绝缘电阻为每伏工作电压（　　）Ω。

A. 1000　　B. 500　　C. 200

215. 电感式荧光灯镇流器的内部是（　　）。

A. 电子电路　　B. 线圈　　C. 振荡电路

216. 接闪线属于避雷装置中的一种，它主要用来保护（　　）。

A. 房顶面积较大的建筑物　　B. 变配电设备　　C. 高压输电线路

217.《安全生产法》立法的目的是为了加强安全生产工作，防止和减少（　　），保障人民群众生命和财产安全，促进经济发展。

A. 生产安全事故　　B. 火灾、交通事故　　C. 重大、特大事故

218. 电容量的单位是（　　）。

A. 法　　B. 乏　　C. 安时

219. 为了防止跨步电压对人造成伤害，要求防雷接地装置距离建筑物出入口、人行道最小距离不应小于（　　）m。

A. 3　　B. 2.5　　C. 4

220. 热继电器的整定电流为电动机额定电流的（　　）%。

A. 100　　B. 120　　C. 130

221. 热继电器的保护特性与电动机过载特性贴近，是为了充分发挥电动机的（　　）能力。

A. 过载　　B. 控制　　C. 节流

222. 在民用建筑物的配电系统中，一般采用（　　）断路器。

A. 电动式　　B. 框架式　　C. 剩余电流保护

223. 在一般场所，为保证使用安全，应选用（　　）电动工具。

A. Ⅱ类　　B. Ⅰ类　　C. Ⅲ类

224. 特种作业人员未按规定经专门的安全作业培训并取得相应资格而上岗作业的，责令生产经营单位（　　）。

A. 限期改正　　B. 罚款　　C. 停产停业整顿

225. 电业安全工作规程上规定，对地电压为（　　）V 及以下的设备为低压设备。

A. 400　　B. 380　　C. 250

226. 导线的中间接头采用绞接时，先在中间互绞（　　）圈。

A. 1　　B. 2　　C. 3

227. 在易燃、易爆危险场所，电气线路应采用（　　）或者铠装电缆敷设。

A. 穿金属蛇皮管再沿电缆沟敷设　　B. 穿水煤气管

C. 穿钢管

228. 一般照明线路中，无电的依据是（　　）。

A. 用绝缘电阻表测量　B. 用验电笔验电　C. 用电流表测量

229. 电气火灾的发生是由于危险温度的存在，短路、设备故障、设备非正常运行及（　　）都可能是引起危险温度的因素。

A. 导线截面选择不当　B. 电压波动　C. 设备运行时间长

230. 当低压电气火灾发生时，首先应做的是（　　）。

A. 迅速离开现场去报告领导　B. 迅速设法切断电源

C. 迅速用干粉或二氧化碳灭火器灭火

231. 三相异步电动机一般可直接起动的功率为（　　）kW 以下。

A. 7　B. 10　C. 16

232. 暴雨天气，应将门和窗户等关闭，其目的是防止（　　）侵入屋内，造成火灾、爆炸或人员死亡。

A. 球形雷　B. 感应雷　C. 直接雷

233. 对照电动机与其铭牌的检查内容主要有（　　）频率、定子绕组的连接方法。

A. 电源电压　B. 电源电流　C. 工作制

234. 带电灭火时，二氧化碳灭火器的机体和喷嘴距 10kV 以下高压电体不得小于(　　)m。

A. 0. 4　B. 0. 7　C. 1. 0

235. 以下图形中（　　）是按钮的电气图形。

A.　B.　C.

236. 导线接头连接不紧密，会造成接头（　　）。

A. 发热　B. 绝缘不够　C. 不导电

237. 熔断器的额定电流（　　）电动机的起动电流。

A. 大于　B. 等于　C. 小于

238. 当车间电气火灾发生时，应首先切断电源，切断电源的方法是（　　）。

A. 拉开刀开关　B. 拉开断路器或者磁力开关

C. 报告负责人请求断总电源

239. 导线接头、控制器触点等接触不良是诱发电气火灾的重要原因。所谓“接触不良”，其本质原因是（　　）。

A. 触头、接触点电阻变化引发过电压

B. 触头、接触点电阻变小

C. 触头、接触点电阻变化导致功耗增大

240. 碘钨灯属于（　　）光源。

A. 气体放电　B. 电弧　C. 热辐射

241. 用喷雾水枪可带电灭火，但为了安全起见，灭火人员要戴绝缘手套、穿绝缘靴，还要求水枪头（　　）。

A. 接地　B. 必须是塑料制成的　C. 不能是金属制成的

242. 电容器的功率属于（　　）。

A. 有功功率　　B. 无功功率　　C. 视为功率

243. 万能转换开关的基本结构包括（　　）。

A. 反力系统　　B. 触点系统　　C. 线圈部分

244. 当低压断路器动作后，用手触摸其外壳，发现断路器外壳较热，则原因可能是(　　)。

A. 短路　　B. 过载　　C. 欠电压

245. 拉开刀开关时，如果出现电弧，应（　　）。

A. 迅速拉开　　B. 立即合闸　　C. 缓慢拉开

附录B 特种作业人员安全技术培训考核管理规定

根据2013年8月29日国家安全监管总局令第63号修正；根据2015年5月29日国家安全监管总局令第80号修正。

第一章 总则

第一条 为了规范特种作业人员的安全技术培训考核工作，提高特种作业人员的安全技术水平，防止和减少伤亡事故，根据《安全生产法》、《行政许可法》等有关法律、行政法规，制定本规定。

第二条 生产经营单位特种作业人员的安全技术培训、考核、发证、复审及其监督管理工作，适用本规定。

有关法律、行政法规和国务院对有关特种作业人员管理另有规定的，从其规定。

第三条 本规定所称特种作业，是指容易发生事故，对操作者本人、他人的安全健康及设备、设施的安全可能造成重大危害的作业。特种作业的范围由特种作业目录规定。

本规定所称特种作业人员，是指直接从事特种作业的从业人员。

第四条 特种作业人员应当符合下列条件：

（一）年满18周岁，且不超过国家法定退休年龄；

（二）经社区或者县级以上医疗机构体检健康合格，并无妨碍从事相应特种作业的器质性心脏病、癫痫病、美尼尔氏症、眩晕症、癔病、震颤麻痹症、精神病、痴呆症以及其他疾病和生理缺陷；

（三）具有初中及以上文化程度；

（四）具备必要的安全技术知识与技能；

（五）相应特种作业规定的其他条件。

危险化学品特种作业人员除符合前款第（一）项、第（二）项、第（四）项和第（五）项规定的条件外，应当具备高中或者相当于高中及以上文化程度。

第五条 特种作业人员必须经专门的安全技术培训并考核合格，取得《中华人民共和国特种作业操作证》（以下简称特种作业操作证）后，方可上岗作业。

第六条 特种作业人员的安全技术培训、考核、发证、复审工作实行统一监管、分级实施、教考分离的原则。

第七条 国家安全生产监督管理总局（以下简称安全监管总局）指导、监督全国特种作业人员的安全技术培训、考核、发证、复审工作；省、自治区、直辖市人民政府安全生产监督管理部门指导、监督本行政区域特种作业人员的安全技术培训工作，负责本行政区域特种作业人员的考核、发证、复审工作；县级以上地方人民政府安全生产监督管理部门负责监督检查本行政区域特种作业人员的安全技术培训和持证上岗工作。

国家煤矿安全监察局（以下简称煤矿安监局）指导、监督全国煤矿特种作业人员（含煤矿矿井使用的特种设备作业人员）的安全技术培训、考核、发证、复审工作；省、自治区、直辖市人民政府负责煤矿特种作业人员考核发证工作的部门或者指定的机构指导、监督本行政区域煤矿特种作业人员的安全技术培训工作，负责本行政区域煤矿特种作业人员的考核、发证、复审工作。

省、自治区、直辖市人民政府安全生产监督管理部门和负责煤矿特种作业人员考核发证工作的部门或者指定的机构（以下统称考核发证机关）可以委托设区的市人民政府安全生产监督管理部门和负责煤矿特种作业人员考核发证工作的部门或者指定的机构实施特种作业人员的考核、发证、复审工作。

第八条　对特种作业人员安全技术培训、考核、发证、复审工作中的违法行为，任何单位和个人均有权向安全监管总局、煤矿安监局和省、自治区、直辖市及设区的市人民政府安全生产监督管理部门、负责煤矿特种作业人员考核发证工作的部门或者指定的机构举报。

第二章　培训

第九条　特种作业人员应当接受与其所从事的特种作业相应的安全技术理论培训和实际操作培训。

已经取得职业高中、技工学校及中专以上学历的毕业生从事与其所学专业相应的特种作业，持学历证明经考核发证机关同意，可以免予相关专业的培训。

跨省、自治区、直辖市从业的特种作业人员，可以在户籍所在地或者从业所在地参加培训。

第十条　对特种作业人员的安全技术培训，具备安全培训条件的生产经营单位应当以自主培训为主，也可以委托具备安全培训条件的机构进行培训。

不具备安全培训条件的生产经营单位，应当委托具备安全培训条件的机构进行培训。

生产经营单位委托其他机构进行特种作业人员安全技术培训的，保证安全技术培训的责任仍由本单位负责。

第十一条　从事特种作业人员安全技术培训的机构（以下统称培训机构），应当制定相应的培训计划、教学安排，并按照安全监管总局、煤矿安监局制定的特种作业人员培训大纲和煤矿特种作业人员培训大纲进行特种作业人员的安全技术培训。

第三章　考核发证

第十二条　特种作业人员的考核包括考试和审核两部分。考试由考核发证机关或其委托的单位负责；审核由考核发证机关负责。

安全监管总局、煤矿安监局分别制定特种作业人员、煤矿特种作业人员的考核标准，并建立相应的考试题库。

考核发证机关或其委托的单位应当按照安全监管总局、煤矿安监局统一制定的考核标准进行考核。

第十三条　参加特种作业操作资格考试的人员，应当填写考试申请表，由申请人或者申请人的用人单位持学历证明或者培训机构出具的培训证明向申请人户籍所在地或者从业所在地的考核发证机关或其委托的单位提出申请。

考核发证机关或其委托的单位收到申请后，应当在60日内组织考试。

特种作业操作资格考试包括安全技术理论考试和实际操作考试两部分。考试不及格的，允许补考1次。经补考仍不及格的，重新参加相应的安全技术培训。

第十四条　考核发证机关委托承担特种作业操作资格考试的单位应当具备相应的场所、设施、设备等条件，建立相应的管理制度，并公布收费标准等信息。

第十五条　考核发证机关或其委托承担特种作业操作资格考试的单位，应当在考试结束后10个工作日内公布考试成绩。

第十六条　符合本规定第四条规定并经考试合格的特种作业人员，应当向其户籍所在地或者从业所在地的考核发证机关申请办理特种作业操作证，并提交身份证复印件、学历证书复印件、体检证明、考试合格证明等材料。

第十七条　收到申请的考核发证机关应当在5个工作日内完成对特种作业人员所提交申请材料的审查，作出受理或者不予受理的决定。能够当场作出受理决定的，应当当场作出受理决定；申请材料不齐全或者不符合要求的，应当当场或者在5个工作日内一次告知申请人需要补正的全部内容，逾期不告知的，视为自收到申请材料之日起即已被受理。

第十八条　对已经受理的申请，考核发证机关应当在20个工作日内完成审核工作。符合条件的，颁发特种作业操作证；不符合条件的，应当说明理由。

第十九条　特种作业操作证有效期为6年，在全国范围内有效。

特种作业操作证由安全监管总局统一式样、标准及编号。

第二十条　特种作业操作证遗失的，应当向原考核发证机关提出书面申请，经原考核发证机关审查同意后，予以补发。

特种作业操作证所记载的信息发生变化或者损毁的，应当向原考核发证机关提出书面申请，经原考核发证机关审查确认后，予以更换或者更新。

第四章　复审

第二十一条　特种作业操作证每3年复审1次。

特种作业人员在特种作业操作证有效期内，连续从事本工种10年以上，严格遵守有关安全生产法律法规的，经原考核发证机关或者从业所在地考核发证机关同意，特种作业操作证的复审时间可以延长至每6年1次。

第二十二条　特种作业操作证需要复审的，应当在期满前60日内，由申请人或者申请人的用人单位向原考核发证机关或者从业所在地考核发证机关提出申请，并提交下列材料：

（一）社区或者县级以上医疗机构出具的健康证明；

（二）从事特种作业的情况；

（三）安全培训考试合格记录。

特种作业操作证有效期届满需要延期换证的，应当按照前款的规定申请延期复审。

第二十三条　特种作业操作证申请复审或者延期复审前，特种作业人员应当参加必要的安全培训并考试合格。

安全培训时间不少于8个学时，主要培训法律、法规、标准、事故案例和有关新工艺、新技术、新装备等知识。

第二十四条　申请复审的，考核发证机关应当在收到申请之日起20个工作日内完成复审工作。复审合格的，由考核发证机关签章、登记，予以确认；不合格的，说明理由。

申请延期复审的，经复审合格后，由考核发证机关重新颁发特种作业操作证。

第二十五条　特种作业人员有下列情形之一的，复审或者延期复审不予通过：

（一）健康体检不合格的；

（二）违章操作造成严重后果或者有2次以上违章行为，并经查证确实的；

（三）有安全生产违法行为，并给予行政处罚的；

（四）拒绝、阻碍安全生产监管监察部门监督检查的；
（五）未按规定参加安全培训，或者考试不合格的；
（六）具有本规定第三十条、第三十一条规定情形的。

第二十六条　特种作业操作证复审或者延期复审符合本规定第二十五条第（二）项、第（三）项、第（四）项、第（五）项情形的，按照本规定经重新安全培训考试合格后，再办理复审或者延期复审手续。

再复审、延期复审仍不合格，或者未按期复审的，特种作业操作证失效。

第二十七条　申请人对复审或者延期复审有异议的，可以依法申请行政复议或者提起行政诉讼。

第五章　监督管理

第二十八条　考核发证机关或其委托的单位及其工作人员应当忠于职守、坚持原则、廉洁自律，按照法律、法规、规章的规定进行特种作业人员的考核、发证、复审工作，接受社会的监督。

第二十九条　考核发证机关应当加强对特种作业人员的监督检查，发现其具有本规定第三十条规定情形的，及时撤销特种作业操作证；对依法应当给予行政处罚的安全生产违法行为，按照有关规定依法对生产经营单位及其特种作业人员实施行政处罚。

考核发证机关应当建立特种作业人员管理信息系统，方便用人单位和社会公众查询；对于注销特种作业操作证的特种作业人员，应当及时向社会公告。

第三十条　有下列情形之一的，考核发证机关应当撤销特种作业操作证：
（一）超过特种作业操作证有效期未延期复审的；
（二）特种作业人员的身体条件已不适合继续从事特种作业的；
（三）对发生生产安全事故负有责任的；
（四）特种作业操作证记载虚假信息的；
（五）以欺骗、贿赂等不正当手段取得特种作业操作证的。

特种作业人员违反前款第（四）项、第（五）项规定的，3 年内不得再次申请特种作业操作证。

第三十一条　有下列情形之一的，考核发证机关应当注销特种作业操作证：
（一）特种作业人员死亡的；
（二）特种作业人员提出注销申请的；
（三）特种作业操作证被依法撤销的。

第三十二条　离开特种作业岗位 6 个月以上的特种作业人员，应当重新进行实际操作考试，经确认合格后方可上岗作业。

第三十三条　省、自治区、直辖市人民政府安全生产监督管理部门和负责煤矿特种作业人员考核发证工作的部门或者指定的机构应当每年分别向安全监管总局、煤矿安监局报告特种作业人员的考核发证情况。

第三十四条　生产经营单位应当加强对本单位特种作业人员的管理，建立健全特种作业人员培训、复审档案，做好申报、培训、考核、复审的组织工作和日常的检查工作。

第三十五条　特种作业人员在劳动合同期满后变动工作单位的，原工作单位不得以任何理由扣押其特种作业操作证。

跨省、自治区、直辖市从业的特种作业人员应当接受从业所在地考核发证机关的监督管理。

第三十六条　生产经营单位不得印制、伪造、倒卖特种作业操作证，或者使用非法印制、伪造、倒卖的特种作业操作证。

特种作业人员不得伪造、涂改、转借、转让、冒用特种作业操作证或者使用伪造的特种作业操作证。

第六章　罚则

第三十七条　考核发证机关或其委托的单位及其工作人员在特种作业人员考核、发证和复审工作中滥用职权、玩忽职守、徇私舞弊的，依法给予行政处分；构成犯罪的，依法追究刑事责任。

第三十八条　生产经营单位未建立健全特种作业人员档案的，给予警告，并处1万元以下的罚款。

第三十九条　生产经营单位使用未取得特种作业操作证的特种作业人员上岗作业的，责令限期改正；可以处5万元以下的罚款；逾期未改正的，责令停产停业整顿，并处5万元以上10万元以下的罚款，对直接负责的主管人员和其他直接责任人员处1万元以上2万元以下的罚款。

煤矿企业使用未取得特种作业操作证的特种作业人员上岗作业的，依照《国务院关于预防煤矿生产安全事故的特别规定》的规定处罚。

第四十条　生产经营单位非法印制、伪造、倒卖特种作业操作证，或者使用非法印制、伪造、倒卖的特种作业操作证的，给予警告，并处1万元以上3万元以下的罚款；构成犯罪的，依法追究刑事责任。

第四十一条　特种作业人员伪造、涂改特种作业操作证或者使用伪造的特种作业操作证的，给予警告，并处1000元以上5000元以下的罚款。

特种作业人员转借、转让、冒用特种作业操作证的，给予警告，并处2000元以上10000元以下的罚款。

第七章　附则

第四十二条　特种作业人员培训、考试的收费标准，由省、自治区、直辖市人民政府安全生产监督管理部门会同负责煤矿特种作业人员考核发证工作的部门或者指定的机构统一制定，报同级人民政府物价、财政部门批准后执行，证书工本费由考核发证机关列入同级财政预算。

第四十三条　省、自治区、直辖市人民政府安全生产监督管理部门和负责煤矿特种作业人员考核发证工作的部门或者指定的机构可以结合本地区实际，制定实施细则，报安全监管总局、煤矿安监局备案。

第四十四条　本规定自2010年7月1日起施行。1999年7月12日原国家经贸委发布的《特种作业人员安全技术培训考核管理办法》（原国家经贸委令第13号）同时废止。

附录C　低压电工上岗证报名条件及上交资料

★报名条件

需从事特种作业并符合以下条件的人员：

（一）年满18周岁，且不超过国家法定退休年龄；

（二）经社区或者县级以上医疗机构体检健康合格，并无妨碍从事相应特种作业的器质性心脏病、癫痫病、美尼尔氏症、眩晕症、癔症、震颤麻痹症、精神病、痴呆症以及其他疾病和生理缺陷；

（三）具有初中及以上文化程度；

（四）具备必要的安全技术知识与技能；

（五）相应特种作业规定的其他条件。

危险化学品特种作业人员除符合前款第（一）项、第（二）项、第（四）项和第（五）项规定的条件外，应当具备高中或者相当于高中及以上文化程度。

★缴交资料

特种作业人员报名参加培训，需向培训机构上交下列报名资料：

1.《珠海市特种作业人员操作资格申请表》原件1份（表格可在各安全生产培训机构领取或直接登录相关部门网站下载打印）；

2. 本人身份证复印件（复印件须本人签字确认，原件备查）；

3. 学历证明复印件（复印件须本人签字确认，原件备查）；

4. 本市社区或区级以上医院出具的近期体检合格证明原件（体检时间在考核前6个月内有效；体检表可在各安全生产培训机构领取或直接登录相关部门网站下载打印）；

5. 本人近期一寸免冠蓝底证件彩照3张。

★法律依据

1.《安全生产法》第二十七条；

2.《特种作业人员安全技术培训考核管理规定》（国家安监总局令第30号）第四、五、六、九、十条；

3.《安全生产培训管理办法》（国家安监总局令第44号）第三、四、五、六、九、十一条；

4.《生产经营单位安全培训规定》（国家安监总局令第3号）第四条；

★报名流程

报名→培训机构受理→参加培训

附录D　特种作业人员操作资格申请表

以下内容请打印或用黑色墨水笔正楷字体填写

<table>
<tr><td>姓　名</td><td></td><td>性 别</td><td></td><td>出生日期</td><td></td><td rowspan="6">一寸免冠
蓝底彩照</td></tr>
<tr><td>身份证号</td><td colspan="3"></td><td>健康状况</td><td></td></tr>
<tr><td>学　历</td><td></td><td>职 务</td><td></td><td>技术职称</td><td></td></tr>
<tr><td>工作单位</td><td colspan="5"></td></tr>
<tr><td>单位地址</td><td colspan="5"></td></tr>
<tr><td>联系电话</td><td colspan="3"></td><td>所在区域</td><td></td></tr>
<tr><td>培训类别</td><td colspan="3">□初培 □复审 □换证</td><td>行业分类</td><td colspan="2">□高危行业 □非高危行业</td></tr>
<tr><td>作业种类</td><td colspan="3">电工作业</td><td>作业项目</td><td colspan="2">运行、维护、安装、检修、调试</td></tr>
<tr><td>操作证号</td><td colspan="2"></td><td>发证日期</td><td></td><td>上次复审</td><td></td></tr>
<tr><td>证件领取</td><td colspan="6">□委托培训机构办理资格申请并代领资格证 □自己到市安监局服务窗口领取</td></tr>
<tr><td>诚信声明</td><td colspan="6">本申请表格所填写内容及所提交资料真实准确，本人愿意承担因未如实填写内容及提交资料造成的一切后果。
申请人签名：
年　　月　　日</td></tr>
<tr><td>违章情况</td><td colspan="6"></td></tr>
<tr><td>单位意见</td><td colspan="6">（盖章）
年　　月　　日</td></tr>
<tr><td>相关材料</td><td colspan="6">报名时请提交以下资料：□毕业证书（复印件）或最高学历证明 □身份证复印件 □银行缴款单 □报名申报表
□一寸近期免冠彩色证件照3张　□其他：</td></tr>
<tr><td>培训机构
意见</td><td colspan="6">（盖章）
年　　月　　日</td></tr>
<tr><td>考核部门
意见</td><td colspan="6">（盖章）
年　　月　　日</td></tr>
<tr><td>发证部门
意见</td><td colspan="6">（盖章）
年　　月　　日</td></tr>
</table>

＊＊市安全生产监督管理局宣教中心制

附录E 特种作业人员体检表

以下内容请用黑色墨水笔正楷字体填写

<table>
<tr><td colspan="2">姓 名</td><td></td><td>性别</td><td></td><td>出生年月</td><td></td><td rowspan="4">一寸免冠
蓝底彩照

（医院盖章）</td></tr>
<tr><td colspan="2">身份证号</td><td colspan="2"></td><td>联系电话</td><td colspan="2"></td></tr>
<tr><td colspan="2">工作单位</td><td colspan="5"></td></tr>
<tr><td colspan="2">诚信申报</td><td colspan="5">本人如实申告：本人□具有 □不具有下列疾病或者情况：
□癫痫病、□高血压、□心脏病、□恐高症、□眩晕症、□精神病□突发性昏厥症、□肺结核、□哮喘、□美尼尔氏症、□重症神经官能症、□脑外伤后遗症，如有隐瞒或未如实申报，本人愿承担一切责任。
体检人签名：
年 月 日</td></tr>
<tr><td rowspan="2">五官科</td><td>眼</td><td>裸眼视力 左
右</td><td>矫正视力</td><td>左
右</td><td>辨色力</td><td></td><td rowspan="2">签名：</td></tr>
<tr><td>耳</td><td>听力</td><td>左：</td><td>右：</td><td>耳疾</td><td></td></tr>
<tr><td rowspan="3">内外科</td><td>身高</td><td>cm</td><td>体重</td><td>kg</td><td>脊柱</td><td></td><td rowspan="2">签名：</td></tr>
<tr><td>四肢</td><td></td><td>关节</td><td></td><td>平足</td><td></td></tr>
<tr><td>血压</td><td>mmHg</td><td>脉搏</td><td>次/分</td><td></td><td></td><td>签名：</td></tr>
<tr><td>心电图</td><td colspan="6">检查结果：</td><td>签名：</td></tr>
<tr><td>检查结果及建议</td><td colspan="7">主检医生签名：
年 月 日
医院（盖章）：
年 月 日</td></tr>
<tr><td>备注</td><td colspan="7">1. 体检依据。根据国家《特种作业人员安全技术培训考核管理规定》和《××省特种作业人员安全技术培训大纲》等有关规定，申报特种作业的人员须在县级及县级以上医院进行体检。
2. 报考条件。（1）年满18周岁；（2）初中以上文化程度；（3）身体健康，无妨碍从事本职工作的疾病和生理缺陷。
3. 有下列疾病或生理缺陷者，不得从事特种作业工作：
（1）器质性心脏病：风湿性心脏病、先天性心脏病（治愈者除外）、心肌病、心电图明显异常者。
（2）血压高于160/90mmHg（21.3/12.0kPa）或低于86/56 mmHg（11.5/7.5kPa）。
（3）肢体残疾、功能受限者；两耳分别距音叉50厘米不能辨别声源方向；色盲、色弱。
（4）报考电工、制冷作业类的，两眼裸视力低于4.8，矫正后视力低于对数视力表（下同）4.9；报考焊工作业类的，双眼裸视力低于4.8或者矫正视力低于5.0；报考高处作业类的，双眼裸视力低于4.8或者矫正视力低于5.0。
4. 其他要求。（1）本表应使用黑色墨水笔填写，圆珠笔或蓝色墨水笔填写的表格无效。（2）体检表背面粘贴心电图原件，心电图复印件、涂改件无效。（3）体检不合格人员不得报名培训和考取特种作业人员操作证。（4）特种作业人员体检医院可向××市卫生局（官方网站地址）或者其他网站查询。</td></tr>
</table>

＊＊市安全生产监督管理局宣教中心制

附录F　习题参考答案

第1章

一、判断题

1. √　2. √　3. ×　4. ×　5. √　6. ×　7. ×　8. ×　9. ×　10. √
11. √　12. √　13. √　14. √　15. ×　16. ×　17. ×　18. √　19. √　20. √

二、选择题

1. A　2. C　3. B　4. C　5. A　6. B　7. A　8. C　9. B　10. B
11. C　12. A　13. C　14. A　15. C　16. A　17. B　18. B　19. C　20. B
21. B　22. B

第2章

一、判断题

1. ×　2. ×　3. ×　4. √　5. ×　6. √　7. √　8. √　9. √　10. ×
11. ×　12. ×　13. √　14. ×　15. ×　16. √　17. ×　18. √　19. √　20. ×
21. √　22. ×　23. √　24. ×　25. ×　26. ×　27. √　28. ×　29. ×　30. ×

二、选择题

1. B　2. C　3. B　4. A　5. C　6. A　7. C　8. B　9. B　10. B
11. A　12. B　13. A　14. B　15. A　16. B　17. A　18. A　19. C　20. C
21. B　22. B　23. C　24. B　25. A　26. B　27. C　28. B　29. A　30. A

第3章

一、判断题

1. √　2. ×　3. ×　4. √　5. √　6. √　7. ×　8. ×　9. ×　10. ×
11. √　12. ×　13. ×　14. ×　15. √　16. ×

二、选择题

1. A　2. C　3. C　4. B　5. C　6. C　7. A　8. B　9. A　10. A
11. B　12. C

第4章

一、判断题

1. √　2. √　3. ×　4. ×　5. ×　6. √　7. ×　8. ×　9. ×　10. ×
11. ×　12. ×　13. √　14. ×　15. ×　16. ×　17. ×　18. ×　19. √　20. ×
21. ×　22. ×　23. ×　24. √　25. ×　26. ×　27. √　28. √　29. √　30. ×

二、选择题

1. A　2. C　3. C　4. B　5. B　6. A　7. C　8. A　9. B　10. C
11. A　12. C　13. A　14. B　15. C　16. A　17. C　18. C　19. A　20. B
21. A　22. B　23. B　24. A　25. C　26. B　27. B　28. A　29. B　30. B

附录 A

一、判断题

1. √ 2. × 3. √ 4. × 5. × 6. × 7. × 8. √ 9. × 10. × 11. √ 12. × 13. ×
14. √ 15. √ 16. √ 17. √ 18. √ 19. √ 20. √ 21. √ 22. × 23. × 24. √
25. √ 26. √ 27. √ 28. × 29. √ 30. × 31. √ 32. × 33. √ 34. √ 35. √
36. √ 37. √ 38. √ 39. × 40. √ 41. × 42. √ 43. √ 44. × 45. × 46. √
47. × 48. √ 49. √ 50. × 51. × 52. √ 53. × 54. × 55. × 56. √ 57. √
58. √ 59. √ 60. √ 61. × 62. √ 63. √ 64. × 65. × 66. √ 67. √ 68. ×
69. √ 70. √ 71. × 72. √ 73. × 74. √ 75. × 76. √ 77. √ 78. √ 79. √
80. × 81. √ 82. √ 83. √ 84. √ 85. √ 86. √ 87. × 88. × 89. × 90. √
91. √ 92. √ 93. × 94. √ 95. × 96. √ 97. √ 98. × 99. × 100. √ 101. ×
102. √ 103. √ 104. √ 105. √ 106. × 107. √ 108. √ 109. √ 110. √ 111. ×
112. √ 113. √ 114. √ 115. × 116. √ 117. × 118. × 119. × 120. × 121. ×
122. × 123. × 124. √ 125. √ 126. √ 127. × 128. √ 129. × 130. √ 131. ×
132. × 133. √ 134. √ 135. √ 136. √ 137. × 138. √ 139. × 140. √ 141. √
142. √ 143. × 144. √ 145. × 146. √ 147. √ 148. × 149. √ 150. × 151. ×
152. √ 153. × 154. × 155. × 156. √ 157. √ 158. √ 159. √ 160. × 161. √
162. √ 163. × 164. √ 165. √ 166. √ 167. √ 168. × 169. √ 170. × 171. ×
172. √ 173. √ 174. × 175. √ 176. × 177. × 178. × 179. × 180. √ 181. ×
182. √ 183. × 184. √ 185. × 186. × 187. √ 188. √ 189. × 190. √ 191. ×
192. √ 193. × 194. √ 195. √ 196. √ 197. √ 198. × 199. × 200. √ 201. ×
202. × 203. × 204. × 205. × 206. × 207. √ 208. √ 209. √ 210. × 211. √
212. × 213. × 214. × 215. × 216. √ 217. × 218. × 219. × 220. × 221. ×
222. × 223. √ 224. × 225. √ 226. × 227. √ 228. × 229. √ 230. √ 231. √
232. √ 233. × 234. √ 235. × 236. √ 237. × 238. √ 239. √ 240. √ 241. ×
242. × 243. × 244. × 245. × 246. √ 247. √ 248. √ 249. √ 250. √ 251. √
252. × 253. √ 254. √ 255. √ 256. √ 257. × 258. × 259. √ 260. √ 261. √
262. √ 263. √ 264. √ 265. × 266. √ 267. × 268. √ 269. √ 270. √ 271. ×
272. √ 273. √ 274. √ 275. √ 276. √ 277. × 278. × 279. × 280. × 281. ×
282. × 283. √ 284. √ 285. √ 286. √

二、选择题

1. A 2. B 3. A 4. C 5. C 6. B 7. C 8. A 9. B 10. B 11. B 12. C 13. A
14. C 15. C 16. B 17. A 18. A 19. C 20. C 21. A 22. A 23. A 24. A 25. B
26. C 27. B 28. A 29. C 30. A 31. B 32. A 33. A 34. B 35. B 36. A 37. A
38. C 39. C 40. C 41. A 42. C 43. C 44. A 45. B 46. B 47. A 48. C 49. B
50. B 51. C 52. A 53. B 54. A 55. A 56. B 57. B 58. C 59. C 60. B 61. A
62. A 63. A 64. C 65. A 66. B 67. B 68. C 69. B 70. B 71. B 72. B 73. A
74. A 75. B 76. B 77. A 78. A 79. C 80. B 81. C 82. A 83. A 84. C 85. B

86. A　87. C　88. B　89. A　90. C　91. C　92. B　93. C　94. A　95. C　96. A　97. A
98. A　99. C　100. B　101. C　102. C　103. A　104. B　105. C　106. B　107. C　108. A
109. B　110. B　111. A　112. A　113. C　114. A　115. A　116. A　117. A　118. C
119. B　120. A　121. C　122. A　123. B　124. C　125. B　126. C　127. A　128. C
129. C　130. B　131. C　132. C　133. C　134. B　135. A　136. B　137. B　138. C
139. A　140. B　141. C　142. C　143. B　144. B　145. C　146. C　147. C　148. C
149. A　150. A　151. A　152. A　153. B　154. B　155. B　156. A　157. B　158. C
159. B　160. A　161. B　162. B　163. B　164. A　165. C　166. A　167. A　168. C
169. B　170. C　171. B　172. C　173. C　174. B　175. A　176. B　177. A　178. B
179. A　180. A　181. B　182. C　183. C　184. B　185. B　186. C　187. B　188. A
189. B　190. B　191. A　192. B　193. A　194. B　195. C　196. C　197. B　198. A
199. C　200. B　201. B　202. C　203. C　204. B　205. A　206. B　207. C　208. B
209. B　210. B　211. B　212. C　213. C　214. A　215. B　216. C　217. A　218. A
219. A　220. A　221. A　222. C　223. A　224. A　225. C　226. C　227. C　228. B
229. A　230. B　231. A　232. A　233. A　234. A　235. A　236. A　237. C　238. B
239. C　240. C　241. A　242. B　243. B　244. B　245. A

参 考 文 献

[1] 人力资源和社会保障部教材办公室．企业供电系统及运行［M］.5 版．北京：中国劳动社会保障出版社，2014.
[2] 人力资源和社会保障部教材办公室．电工基础［M］．北京：中国劳动社会保障出版社，2008.
[3] 人力资源和社会保障部教材办公室．电力拖动控制线路与技能训练［M］.5 版．北京：中国劳动社会保障出版社，2014.
[4] 人力资源和社会保障部教材办公室．电子技术基础［M］.5 版．北京：中国劳动社会保障出版社，2014.
[5] 杨有启．电工安全知识与操作技能［M］．北京：中国劳动社会保障出版社，2010.
[6] 杨有启．低压电工作业［M］．北京：中国劳动社会保障出版社，2014.
[7] 中安华邦（北京）安全生产技术研究院．低压电工作业［M］．北京：团结出版社，2016.
[8] 全国安全生产教育培训教材编审委员会．低压电工作业［M］．徐州：中国矿业大学出版社，2016.
[9] 人力资源和社会保障部教材办公室．安全用电［M］.5 版．北京：中国劳动社会保障出版社，2014.
[10] 李树海．低压运行维修电工［M］．北京：中国电力出版社，2008.
[11] 王丁．电机与拖动基础［M］．北京：机械工业出版社，2011.
[12] 人力资源和社会保障部教材办公室．工厂变配电技术［M］．北京：中国劳动社会保障出版社，2012.
[13] 李树元，孟玉茹．电气设备控制与检修［M］.2 版．北京：中国电力出版社，2016.